T0222187

Aachener Bausachverständigentage 2011

Flache Dächer: nicht genutzt,
begangen, befahren, bepflanzt

Register für die Jahrgänge
1975 bis 2011

Aachener Bausachverständigentage 2011

REFERATE UND DISKUSSIONEN

Herausgegeben von Rainer Oswald
AIBau – Aachener Institut für Bauschadensforschung
und angewandte Bauphysik

Aachener Bausachverständigentage 2011

Flache Dächer: nicht genutzt, begangen, befahren, bepflanzt

Claus Flohrer

Thomas Hegger

Christian Herold

Eberhard Hoch

Bernd W. Krupka

Kurt Michels

Martin Oswald

Rainer Oswald

Josef Rühle

Hans-Peter Sommer

Martin H. Spitzner

Ernst-Joachim Vater

Klaus Wilmes

Matthias Zöller

Rechtsfragen für Baupraktiker

Uwe Liebheit

Register für die Jahrgänge 1975 bis 2011

**VIEWEG+
TEUBNER**

Bibliografische Information der Deutschen Nationalbibliothek
Die Deutsche Nationalbibliothek verzeichnet diese Publikation in der
Deutschen Nationalbibliografie; detaillierte bibliografische Daten sind im Internet über
<http://dnb.d-nb.de> abrufbar.

1. Auflage 2012

Alle Rechte vorbehalten
© Vieweg+Teubner Verlag | Springer Fachmedien Wiesbaden GmbH 2012

Lektorat: Karina Danulat | Annette Prenzer

Vieweg+Teubner Verlag ist eine Marke von Springer Fachmedien.
Springer Fachmedien ist Teil der Fachverlagsgruppe Springer Science+Business Media.
www.viewegteubner.de

Satz: Fotosatz-Service Köhler GmbH, Würzburg
Druck und buchbinderische Verarbeitung: AZ Druck und Datentechnik, Berlin
Gedruckt auf säurefreiem und chlorfrei gebleichtem Papier

ISBN 978-3-8348-1707-5

Vorwort

Flachdächer, Dachterrassen, Grün- und Parkdächer bergen als klimatisch stark beanspruchte Bauteile ein hohes Schadenspotential. Sie erfordern daher beim Neubau wie auch bei Arbeiten im Bestand besondere Aufmerksamkeit von Planern, Ausführenden und Sachverständigen und sind deswegen periodisch immer wieder Thema der Aachener Bausachverständigentage. Der vorliegende Tagungsband zeigt das breite Spektrum der angesprochenen Themen, das von grundsätzlichen Fragen, wie den planerischen Voraussetzungen für Flachdächer mit hohen Zuverlässigkeitsanforderungen oder den Praxiskonsequenzen für Werkstoffe und Konstruktionen aus vermehrt auftretenden außergewöhnlichen Wetterereignissen bis hin zu Detailproblemen, wie der angemessenen abdichtungstechnischen Gestaltung von niveaugleichen Türschwellen reicht.

Weiterhin werden typische Fehlerquellen bei Extensivbegrünungen und das ganz besonders aktuelle Problem des abdichtungstechnischen Schadenspotentials von Fotovoltaik- und Solaranlagen dargestellt.

Einbezogen werden auch die Fragen der Praxisbewährung von erdüberschütteten Dächern, die ohne hautförmige Abdichtung als wasserundurchlässige Bauteile aus Beton mit hohem Wassereindringwiderstand konzipiert werden.

Berichtet wird auch wieder über die neuesten Forschungsergebnisse des AIBAU: Im Zuge des propagierten barrierefreien Bauens sind niveaugleiche Türschwellen von großer Bedeutung. Bei der angemessenen Flachdachsanierung ist der Umgang mit feuchter Mineralwolle eine wichtige Frage. Die Wärmeschutzanforderungen der EnEV bei Arbeiten im Bestand können nicht immer problemlos erfüllt werden: Typische Schwierigkeiten und Lösungsansätze werden in einem Beitrag behandelt, ebenso wie kostenträchtige Fallstricke beim Brandschutzkonzept von Flachdächern.

Breiteren Raum nahmen auf der Tagung von 2011 die geplanten Änderungen und die Aufgliederung der Bauwerksabdichtungsnorm DIN 18195 ein. Hier werden die Vor- und Nachteile einer solchen Aufteilung ebenso dargelegt wie die Planungen zur Neugestaltung dieser Norm.

Ein zweiter, nicht unmittelbar das Rahmenthema der Tagung des Jahres 2011 berührender, aktueller Themenkomplex betraf den im September 2010 erschienenen „DIN-Fachbericht 4108, Teil 8 – Vermeidung von Schimmelwachstum in Wohngebäuden".

Es gehört seit Jahren zum Grundkonzept der Tagung, Probleme komplex anzugehen und dem Für und Wider ernsthafter Streitfragen Raum zu geben. Es wird natürlich versucht, die Streitfragen möglichst zu klären. Manche Problemstellungen sind aber offen und werden dann auch als „unerledigt" hervorgehoben.

Wie in den vorangegangenen Jahren lege ich den Lesern des Tagungsbandes daher wieder ganz besonders die Podiumsdiskussionen ans Herz, da die dort von den Referenten vorgebrachten Erläuterungen und Zusatzargumente wichtige Details zu typischen Streitpunkten klarer werden lassen.

Ich danke den Referenten für ihre engagierte Mitarbeit und allen Tagungsteilnehmern für das Vertrauen, das sie unserer unabhängigen Arbeit schenken. Die zahlreiche Teilnahme bestärkt uns darin, den eingeschlagenen Weg weiter zu gehen.

Prof. Dr.-Ing. R. Oswald   Oktober 2011

Inhaltsverzeichnis

Neue Entwicklungen im Baurecht – Konsequenzen für den Sachverständigen

Uwe Liebheit, Vorsitzender Richter am OLG i.R., Lehrbeauftragter der FH Münster

1.1 Die Ausweitung der Mängelhaftung

Nach dem in § 633 BGB geregelten subjektiven Fehlerbegriff ist die vertragliche Beschaffenheitsvereinbarung für die Anforderungen maßgebend, die an die Soll-Beschaffenheit eines Bauteils oder Bauwerks zu stellen sind. Nach der Vorstellung des Gesetzgebers sollte durch eine möglichst präzise Beschaffenheitsvereinbarung die Grundlage für eine ausgewogene und angemessene Vergütung klargestellt werden. Nach der Rechtsprechung des BGH schuldet der Auftragnehmer jedoch unabhängig von der ausdrücklichen Beschaffenheitsvereinbarung ein **zweckentsprechendes und funktionstaugliches Werk,** das den anerkannten Regeln der Technik entspricht. Das muss der Auftragnehmer bei der Gestaltung des Preises der von ihm geschuldeten Leistung berücksichtigen.

Einen gewissen Höhepunkt hat diese Rechtsprechung in der **Blockheizkraftwerk-Entscheidung** des BGH vom 8.11.2007[1] erreicht. Ein Heizungsinstallateur hatte in einem Forsthaus, das nicht an das öffentliche Stromnetz angeschlossen war, genau die Heizungsanlage, die vertraglich vereinbart war, fachgerecht installiert. Die Beheizung des Forsthauses sollte durch die Abwärme eines Blockheizkraftwerks erfolgen, mit dessen Errichtung ein anderer Unternehmer beauftragt war. Dieses erbrachte wegen des zu geringen Stromverbrauchs der Familie des Försters keine ausreichende thermische Leistung für die Heizungsanlage. Der BGH hat entschieden, dass eine Heizung, die nicht warm wird, nicht funktionstauglich und unabhängig von deren Ursache mangelhaft ist.

1.2 Die Einschränkung der Mängelhaftung

Die vorgenannte Ausweitung der Mängelhaftung auf Umstände, die in den Leistungsbe-

reich eines Dritten fallen, hat der BGH – über den Wortlaut des § 633 BGB hinaus – dadurch wieder eingeschränkt, dass er dem Auftragnehmer eine **Haftungsbefreiung** zubilligt, wenn dieser seine **Prüf- und Bedenkenhinweispflicht** erfüllt hat. Es ist bemerkenswert, dass der BGH sich erstmals Ende 2007 in der zitierten Blockheizkraftwerk-Entscheidung mit der dogmatischen Bedeutung, dem Umfang und Inhalt der Prüf- und Bedenkenhinweispflicht intensiv auseinander gesetzt hat.

Dem Baupraktiker ist bekannt, dass die Prüf- und Bedenkenhinweispflicht in der Praxis häufig vernachlässigt wird. Das hat dem BGH gut ein Jahr nach der Blockheizkraftwerk-Entscheidung Gelegenheit gegeben, in dem **Glasfassadenurteil** vom 27.11.2008[2] die Dogmatik der Anrechnung eines Planungsverschuldens weiterzuentwickeln. Die Entscheidung bezieht sich auf die Errichtung einer Wohnanlage mit einer Glasfassade. Der Bauleiter hatte die Planungsfehler eines Architekten nicht erkannt, so dass die Glasfassade mit einem Kostenaufwand von 2 Millionen € erneuert werden musste. Der BGH hat entschieden, dass sich der Auftraggeber die **Planungsfehler** des von ihm beauftragten Architekten gegenüber dem bauleitenden Architekten **als Mitverschulden** anspruchsmindernd zurechnen lassen müsse.

Nunmehr haben Mitglieder und der Vorsitzende des Bausenats des BGH angekündigt, dass der BGH diese Rechtsprechung auf alle mangelhaften Vorunternehmerleistungen ausdehnen will, deren Mängel der Nachunternehmer nicht erkannt hat, mit der Folge, dass auch sein Werk nicht funktionstauglich ist. Das erscheint mir in einem hohen Maß problematisch.

---

[1] BGH, Urteil vom 08.11.2007 – VII ZR 183/05, BGHZ 174, 110 = BauR 2008, 344 = NJW 2008, 511 = ZfBR 2008, 168 = NZBau 2008, 109

[2] BGH, Urteil vom 27.11.2008 – VII ZR 206/06, IBR 2009, 92 = BauR 2009, 515

1.3 Die Aufwertung des Sachverständigen vom weisungsgebundenen Gehilfen zum Berater des Gerichts

Mit der dargestellten Entwicklung der Rechtsprechung ist ein positiver Effekt verbunden. Es setzt sich beim BGH allmählich die Erkenntnis durch, dass die Gerichte all die oben genannten Voraussetzungen und das Beziehungsgeflecht der verschiedenen Baubeteiligten nur dann zutreffend beurteilen können, wenn die Sachverständigen sich nicht auf die Beantwortung der *„technischen Gebrauchstauglichkeit"* oder *„handwerklichen Sollbeschaffenheit"* eines Bauteils beschränken, was nach dem subjektiven Fehlerbegriff ohnehin verfehlt ist, sondern ihm ihre **Kenntnisse der Baupraxis** umfassend und ohne jede Einschränkung vermitteln. Nur dann wenn der Sachverständige problembezogen zu allen Details des komplexen Fehlerbegriffs und des erforderlichen Zusammenwirkens sowie dem Umfang und den Möglichkeiten der kritischen Überprüfung der Leistung eines Dritten aus der **Sicht eines erfahrenen Baupraktikers** Stellung nimmt, verfügt das Gericht über alle Informationen, die es als Grundlage für eine praxisgerechte Entscheidung benötigt. Das hat Kniffka bei einem Vortrag vor Sachverständigen in Essen am 29.11.2010 mit einer erfreulichen Klarheit zum Ausdruck gebracht.

2.1 Das zweckentsprechende, funktionstaugliche Werk – stillschweigend vereinbarte Voraussetzung der Soll-Beschaffenheit – Prüf- und Hinweispflicht bezüglich der ausdrücklichen Beschaffenheitsvereinbarung

2.1.1 Schalldämmmaß von Arztpraxistüren (BGH, Urt. 9.2.1995 – VII ZR 143/95[3])

Soweit ersichtlich, hat der BGH bei der Auslegung einer Leistungsbeschreibung des Schalldämmmaßes von Arztpraxistüren erstmals betont, dass „zu den berücksichtigungsfähigen Umständen unter anderem **Funktion**, Ausstattung und Zuschnitt des Gebäudes gehören". In der Leistungsbeschreibung des Generalunternehmers war ein Schalldämmmaß von 42 dB angegeben. Der Streit der Parteien bezog sich darauf, ob sich dieses Maß auf die Türen im eingebauten Zustand

bezieht oder lediglich auf das Laborschalldämmmaß. Nur dieses war eingehalten. Der BGH hat ausgeführt: „Angesichts der erkennbaren **Zweckbestimmung** der Türen habe die Beklagte allen Anlass gehabt, darauf **hinzuweisen**, dass sie das angegebene Schalldämmmaß nicht auf die effektive Schalldämmung der Räume zu beziehen beabsichtige".

Diese häufig zitierte Entscheidung soll hier nicht wegen der Schallschutzproblematik erörtert werden, sondern deshalb, weil sie verdeutlicht, dass der BGH aufgrund eines inzwischen überholten Verständnisses von der Bedeutung eines Sachverständigengutachtens die Bedeutung der Prüf- und Hinweispflicht eines Unternehmers und ihr Verhältnis zur Vertragsauslegung verkannt hat. Der BGH hat in der Entscheidung nachhaltig kritisiert, dass das Berufungsgericht der Auslegung des Sachverständigen bezüglich des Leistungsverzeichnisses gefolgt sei. Die umfangreichen Leitsätze der Entscheidung beziehen sich alle darauf, dass bei der gebotenen Auslegung von Leistungsverzeichnissen den Ausführungen eines technischen Sachverständigen nur eine „begrenzte Funktion" zukommen dürfe. Diesen kernigen Satz hat der BGH in späteren Entscheidungen öfters wiederholt und die Gerichte, Anwälte und insbesondere die Sachverständigen dadurch in unheilvoller Weise verunsichert, inwieweit sich Sachverständige zu der Frage äußern dürfen, wie ein Leistungsverzeichnis aus der Sicht des Baupraktikers zu verstehen ist.

Es ist eine Selbstverständlichkeit, dass es der **Funktion** einer Tür in einer Arztpraxis entspricht, dass Patienten auf dem Flur nicht das vertraulich geführte Gespräch des Arztes mit dem Patienten im Behandlungszimmer verstehen. Dass dieser **Erfolg** als Ergebnis des herzustellenden Werks geschuldet war, musste ein Gericht auch ohne die Hilfe eines technischen Sachverständigen erkennen. Bei verständiger Würdigung des Gutachtenauftrags kann die Beantwortung dieser Frage nicht die Kernfrage der – wie so oft – nicht zielführenden Beweisfragen gewesen sein. Die Aufgabe des Sachverständigen bestand deshalb in einer auf die Beweisfrage bezogenen praxisgerechten Erläuterung der Bauabläufe von der Planung bis zur Fertigstellung des Bauteils, die das Gericht vielfach nicht kennt. Er musste in dem Beispielsfall erläutern, dass der Schallschutz, der nach dem Einbau einer Tür erreicht werden soll, einer **umfassenden Planung** und Berücksichtigung aller Faktoren

---

[3] BGH, Urteil vom 9.2.1995 – VII ZR 143, 95, BauR 1995, 538 = NJW-RR 1995, 914 = ZfBR 1995, 192

bedarf, die für diesen relevant sind, wie die Art der Wände, die Gestaltung des Anschlusses der Zargen an diese, des Fußbodenbelags und der Decken etc. Er musste darauf hinweisen, dass sich die Angabe des Schalldämmmaßes in dem Leistungsverzeichnis nach dem Verständnis erfahrener Baupraktiker auf eine Komponente bezieht, die zusammen mit den anderen Faktoren geeignet sein muss, den für eine Arztpraxis erforderlichen Schallschutz herbeizuführen. Verschiedene Sachverständige haben den Verfasser darauf hingewiesen, dass der Schreiner die Türen zu einem Zeitpunkt bestellen muss, in dem er die anderen Komponenten nicht kennt und nicht erkennen kann. Die Prüfung, ob der Planer bei seiner Angabe alle relevanten Umstände zutreffend berücksichtigt hat, sei keine Aufgabe des Schreiners, so dass die Angabe nur auf das Laborschalldämmmaß zu beziehen sei. Dieser Gesichtspunkt ist für die Auslegung der ausdrücklichen vertraglichen Beschaffenheitsvereinbarung relevant.

Das entscheidende Problem bestand darin,

1. dass die vom Sachverständigen zutreffend gewürdigte Leistungsbeschreibung nicht zur Herstellung eines zweckentsprechenden, funktionstauglichen Werks geeignet war und weiterhin,

2. ob der Schreiner das im Rahmen seiner Prüf- und Hinweispflicht erkennen konnte oder nicht mit der Folge, dass er seine Prüf- und Hinweispflicht nicht verletzt hat.

Wenn der Schreiner im Zeitpunkt des Einbaus der Türen wusste, dass sie der Herstellung einer Arztpraxis dienen, und er zudem als Fachunternehmer die anderen für den Schallschutz relevanten Komponenten hätte erkennen können, mit der Folge, dass er Bedenken haben musste, ob ein Laborschalldämmmaß von 42 dB für die angestrebte Funktion ausreichend ist, dann hätte er den Auftraggeber auf seine Bedenken in einer Weise hinweisen müssen, die dem Auftraggeber Veranlassung zur kritischen Überprüfung der Planung gegeben hätte. Die Annahme des BGH, dass der Schreiner dem Auftraggeber hätte mitteilen müssen, wie er das Leistungsverzeichnis versteht, ist dagegen praxisfremd und als Bedenkenhinweis zureichend.

Für die sachgerechte Beantwortung einer Beweisfrage ist also die Darstellung einer Vielzahl von bautechnischen und baupraktischen Gesichtspunkten erforderlich, die für den Baupraktiker eine Selbstverständlichkeit darstellen, die von dem Gericht aber nur berücksichtigt und richtig eingeordnet werden können, wenn der Sachverständige dieses darauf hinweist.

Fazit:

Der Sachverständige muss dem Gericht die Bauabläufe, die Kenntnisse und die Erkenntnismöglichkeiten des Auftragnehmers, die dieser im Zeitpunkt der Herstellung des von ihm geschuldeten Werks hat, verständlich erläutern, damit das Gericht in einem ersten Schritt das Leistungsverzeichnis mit Hilfe des Sachverständigen zutreffend auszulegen vermag und in einem zweiten Schritt die Frage entscheiden kann, ob der Auftragnehmer Bedenken gegen die Planungsvorgaben hätte anmelden müssen.

2.1.2 Schallschutz einer Eigentumswohnung (H VII Urt. v. 4.06.2009 – ZR 54/07[4])

Auch diese wegen der Schallschutzproblematik bereits eingehend diskutierte Entscheidung soll hier nicht wegen der Schallschutzproblematik erörtert werden, sondern wegen ihrer verallgemeinerungsfähigen grundsätzlichen Bedeutung für die **Beratungspflicht des Auftragnehmers**, die von der **Prüf- und Bedenkenhinweispflicht** zu unterscheiden ist, sowie wegen ihrer Bedeutung für die Vertragsauslegung. Auch der Sachverständige muss grundsätzlich über den Wortlaut der Leistungsbeschreibung hinaus zu dem nach den Gesamtumständen geschuldeten „Qualitäts- und Komfortstandard" eines Bauteils bzw. des gesamten Bauwerks Stellung nehmen, was in vielen Beweisbeschlüssen nicht ausreichend zum Ausdruck kommt.

In der Baubeschreibung des Bauvertrags aus dem Jahr 1996, der der BGH-Entscheidung zugrunde lag, hieß es:

„In den Wohngeschossen kommt ein schwimmender Estrich auf Wärme- bzw. Trittschalldämmung gemäß DIN 4109 zur Ausführung."
„Grundlagen der Planung und Ausführung" sind die **anerkannten Regeln der Technik.**

Das OLG Hamm hatte insoweit eine verbindliche vertragliche Beschaffenheitsvereinbarung angenommen. Der BGH ist dagegen aufgrund der folgenden **Vertragsauslegung** zum ge-

---

[4] BGH VII ZR 54/07, Urt. vom 04.06.2009, BauR 2009, 1288 = NJW 2009, 2439 = MDR 2009, 978

genteiligen Ergebnis gelangt. Er hat ausgeführt, dass:

- eine **Gesamtabwägung** geboten ist, in die nicht nur der **Vertragstext** einzubeziehen ist, sondern auch
- die erläuternden und präzisierenden **Erklärungen der Vertragsparteien,**
- die sonstigen **vertragsbegleitenden Umstände,**
- die **konkreten Verhältnisse des Bauwerks** und seines **Umfeldes,**
- der **qualitative Zuschnitt,**
- der **architektonische Anspruch,**
- die **Zweckbestimmung des Gebäudes** und
- die **üblichen Komfort- und Qualitätsansprüchen** entsprechenden **Eigenschaften.**

Der BGH hat in dieser Entscheidung betont, dass die dargestellte Gesamtabwägung auch dann stattzufinden hat, wenn die Parteien (hinsichtlich der Schalldämmung) auf eine bestimmte DIN Norm Bezug genommen haben, da allein die Bezugnahme auf diese nicht den Rückschluss rechtfertige, es seien die Mindestanforderungen der DIN Norm vereinbart, wenn die in der DIN Norm genannten Werte nicht mehr den anerkannten Regeln der Technik für die Herstellung eines Bauteils entspreche, das üblichen Qualitäts- und Komfortstandards genüge.
Eine Beschränkung auf die Mindestanforderungen einer DIN Norm sei nur dann wirksam, wenn eine entsprechende **Aufklärung** des Bauherrn/Erwerbers durch den Werkunternehmer/Veräußerer/ Bauträger mit dem klaren Hinweis erfolgt ist, dass die Mindestanforderungen der DIN Norm nicht mehr den anerkannten Regeln der Technik entsprechen.
Die auf die DIN 4109 bezogenen Ausführungen des BGH wurden hier verallgemeinert, um zu verdeutlichen, dass sie für alle Regelwerke gelten, die lediglich Mindestanforderungen zum Inhalt haben und nicht mehr den üblichen Komfort- und Qualitätsansprüchen entsprechen. Damit soll vor einer übersteigerten „DIN Norm Gläubigkeit" gewarnt werden.
Die vom BGH angesprochene **Aufklärungs- und Beratungspflicht** ist nicht mit der **Prüf- und Bedenkenhinweispflicht** zu verwechseln. Die **zweckentsprechende Beratung** ist Grundlage für den vom Planer geschuldeten Erfolg. Das Gleiche gilt für den Unternehmer, der Planungsleistungen übernimmt. Diese

müssen das Werk so planen, dass es den Wünschen und erkennbaren Vorstellungen des Auftraggebers entspricht. Vorstellungen und Wünsche des Auftraggebers sind aber noch keine verbindlichen Planungsvorgaben des Auftraggebers. Erst wenn der Auftragnehmer sie zur Grundlage seiner Planung macht, verpflichtet er sich ohne jede Einschränkung zu ihrer Umsetzung.
Er kann sich, anders als bei Planungsvorgaben des Auftraggebers, die für ihn verbindlich sind, nicht darauf berufen, dass er trotz einer sorgfältigen Überprüfung nicht erkennen konnte, dass die Vorstellungen des Auftraggebers nicht realisierbar waren oder dass bestimmte Details, die Voraussetzung für die Herbeiführung des geschuldeten Erfolgs sind, nicht zu dem von ihm zu erwartenden Fachwissen gehören. Er schuldet nach dem Werkvertragsrecht die Herbeiführung des vertraglich vereinbarten Erfolgs. Diese Verpflichtung besteht nur dann nicht, wenn der Auftragnehmer in dem Vertrag den Eintritt des Erfolges – die Herstellung eines zweckentsprechenden funktionstauglichen Werks – ausdrücklich ausschließt. Das kommt beispielsweise bei einer risikobehafteten Altbausanierung in Betracht, wenn die Untersuchung aller Risikofaktoren zu einer Kostenexplosion führen würde mit der Folge, dass der Auftraggeber nach einer entsprechenden Belehrung über die unaufgeklärten Risiken auf deren Untersuchung verzichtet. Solch eine ausdrückliche Beschränkung führt zu einem Ausschluss der Haftung. Die Annahme eines stillschweigenden Haftungsausschlusses kommt nur in Betracht, wenn feststeht, dass dem Auftraggeber bewusst war, dass der Auftragnehmer für die Herbeiführung des Erfolgs nicht einstehen kann und will.
Wenn der Bauherr die Planungsverantwortung einem Dritten überträgt und dem Unternehmer **verbindliche Vorgaben** macht, kann dieser sich im Einzelfall darauf berufen, dass ihm auf der Grundlage seines Fachwissens und seiner Prüfungsmöglichkeiten keine Bedenken gegen die Vorgaben kommen mussten mit der Folge, dass er seine Prüf- und Bedenkenhinweispflicht nicht verletzt hat und deshalb nach Treu und Glauben von der Haftung befreit ist.

Fazit:
Der Sachverständige muss
1. wie ein Bauleiter oder Unternehmer den Inhalt von Leistungsverzeichnissen, Baubeschreibungen, Plänen etc. auslegen, um

das Vertrags-Soll „aus der Sicht des Baupraktikers" zu klären,

2. bei der Auslegung „aus der Sicht des Baupraktikers" die Verhältnisse des Bauwerks und seines Umfelds, seinen technischen und qualitativen Zuschnitt, seinen architektonischen Anspruch würdigen,

3. dazu Stellung nehmen, welche Voraussetzungen ein Bauteil „aus der Sicht des Baupraktikers" erfüllen muss, damit es den üblichen Komfort- und Qualitätsansprüchen entspricht,

4. klären, ob die Beschaffenheitsvereinbarung zur Herstellung eines zweckentsprechenden funktionstauglichen Werks geeignet ist,

5. dazu Stellung nehmen, ob der Auftragnehmer aus der Sicht des Baupraktikers seine Prüf- und Bedenkenhinweispflicht nicht verletzt hat (vgl. dazu unten 2.1.4.).

Er sollte betonen, dass er die vorgenannten Kriterien lediglich „aus der Sicht des Baupraktikers" bewertet, um das Gericht in die Lage zu versetzen, auf der Grundlage seiner Informationen und baupraktischen Bewertungen den Vertrag eigenverantwortlich auszulegen.

2.1.3 Schallschutz einer Mietwohnung (GH VIII Urt. v. 7.07.2010 – ZR 85/09[5])

Die Mieter einer Wohnung in einem Mehrfamilienhaus, das 2001/2002 errichtet worden ist, haben gerügt, dass aus der darüber liegenden Wohnung permanent alltägliche Wohngeräusche zu hören seien und die Bruttomiete um 10 % wegen Mängeln der (Tritt-)Schalldämmung gemindert. Vertragliche Vereinbarungen des Trittschallschutzes gab es nicht.

Der VIII. Zivilsenat des BGH, der für Mietrecht zuständig ist, hat angenommen, dass ein Wohnraummieter ohne eine entsprechende vertragliche Regelung regelmäßig keinen Anspruch auf einen Schallschutz habe, der gegenüber den Grenzwerten der zur Zeit der Errichtung des Gebäudes geltenden DIN-Norm erhöht sei. Dem Mietverhältnis liege in aller Regel keine Baubeschreibung oder vergleichbare Beschaffenheitsvereinbarung zugrunde, aus der sich gegenüber dem Mindeststandard der DIN 4109 erhöhte Anforderungen an den Schallschutz ergeben könnten. Die vom VII.

Zivilsenat des BGH für das Bauvertragsrecht entwickelten Grundsätze ließen sich nicht auf das Wohnraummietrecht übertragen.

Im Gegensatz zum Bauvertragsrechts werde beim Mietvertrag regelmäßig keine Parteivereinbarung über die Bauweise des Mietobjekts getroffen. Maßgeblich seien die konkreten vertraglichen Vereinbarungen der Parteien über die Sollbeschaffenheit der Wohnung, die vom Vermieter bei Übergabe einzuhalten und für die ganze Mietzeit aufrechtzuerhalten seien. Der Vermieter schulde nur, dass die angemieteten Räume einen Wohnstandard aufweisen, der bei vergleichbaren Wohnungen üblich ist. Hierbei werde auf Alter, Ausstattung und Art des Gebäudes sowie die Höhe der Miete und eventuelle Ortssitte abgestellt. Sofern technische Normen für die Anforderungen an den Wohnstandard existieren, seien sie auf Basis des bei Errichtung des Gebäudes geltenden Maßstabs durch den Vermieter zu erfüllen. Der baurechtlich nicht versierte VIII. Zivilsenat des BGH hat die Bedeutung technischer Normen verkannt. Diese bestimmen nicht die vertragliche Beschaffenheitsvereinbarung, sondern umgekehrt, die technischen Normen sind nach der geschuldeten Leistung auszurichten, damit diese vertragliche Verpflichtung erfüllt werden kann.

Fazit:

Bei Mietwohnungen muss der Sachverständige dem Gericht erläutern, welchen Schallschutzstandard Wohnungen aufweisen, die hinsichtlich Alter, Ausstattung und Art des Gebäudes sowie die Höhe der Miete etc. vergleichbar sind. Insoweit muss er auch zu den vom VII. Zivilsenat entwickelten Kriterien nachprüfbar Stellung nehmen. Die Parteien und das Gericht müssen in die Lage versetzt werden, die Relevanz der einzelnen Voraussetzungen nachzuvollziehen und eigenverantwortlich zu beurteilen. Die Entscheidung ist sodann die Aufgabe des Gerichts.

2.1.4.1 Blockheizkraftwerk-Entscheidung (BGH Urt. v. 8.11.2007 – VII ZR 183/05[6])

Der BGH hat zu dem eingangs dargestellten Fall ausgeführt:
*Der vertraglich geschuldete Erfolg bestimmt sich **nicht allein** nach der zu seiner Errei-*

---

5 GH, Urteil vom 07.07.2010.- VIII ZR 85/09, BauR 2010, 1756; NJW 2010, 3088; NZBau 2010, 701; NZM 2010, 618, ebenso schon BGH, Urteil vom 6. Oktober 2004 – VIII ZR 355/03, NJW 2005, 218

6 BGH, Urteil vom 08.11.2007 – VII ZR 183/05, BGHZ 174, 110 = BauR 2008, 344 = NJW 2008, 511 = ZfBR 2008, 168 = NZBau 2008, 109

chung **vereinbarten Leistung** oder Ausführungsart, sondern auch danach, welche **Funktion das Werk** nach dem Willen der Parteien erfüllen soll. ... Das gilt unabhängig davon, ob die Parteien eine bestimmte Ausführungsart vereinbart haben oder die anerkannten Regeln der Technik eingehalten worden sind. ... (Der Unternehmer) schuldet ... die **vereinbarte Funktionstauglichkeit.** ...
Ohne Bedeutung ist, dass die von der Klägerin einzubauenden Teile der Heizung ... für sich gesehen ordnungsgemäß errichtet worden sind. Denn das führt nicht dazu, dass die vereinbarte Funktion erfüllt ist. Ohne Bedeutung ist auch, dass die mangelnde Funktion der Heizungsanlage ausschließlich darauf zurückzuführen ist, dass das Blockheizkraftwerk keine ausreichende Wärme zur Verfügung stellt. Denn ein Werk ist auch dann mangelhaft, wenn es die vereinbarte Funktion nur deshalb nicht erfüllt, weil die vom Besteller zur Verfügung gestellten Leistungen anderer Unternehmer, von denen die Funktionsfähigkeit des Werkes abhängt, unzureichend sind.

Die Freude des Auftraggebers an der Entscheidung des BGH war nicht von langer Dauer. Die Entscheidung hat nämlich nicht nur klargestellt, dass ein Werk mangelhaft ist, wenn es nicht funktionstauglich ist, sondern darüber hinaus auch, dass der Auftragnehmer von der **Mängelhaftung befreit** wird, wenn er seine **Prüf- und Hinweispflicht nicht verletzt** hat. Das setzt voraus, dass er bei sorgfältiger Prüfung der Leistungsbeschreibung und aller Umstände, die für die Funktionstauglichkeit des Werks relevant sind, erkennen konnte, dass das von ihm herzustellende Werk nicht geeignet ist, den geschuldeten Erfolg herbeizuführen und weiterhin, dass er den Auftraggeber nicht mit der gebotenen Klarheit darauf hingewiesen hat.

Nach der Aufhebung und Zurückverweisung der Sache hat das **OLG München** durch eine Einzelrichterin in dem Urteil vom 27.05.2008 – 28 U 4500/04[7] der Werklohnklage des Heizungsinstallateurs u. a. mit der Begründung stattgegeben, dass er seine **Prüf- und Hinweispflicht nicht verletzt** habe. Es hat die Widerklage des Auftraggebers auf Rückzah-

lung seiner Anzahlung abgewiesen. Die Leitsätze der Entscheidung lauten u. a.:

1. Von einem Heizungsbauer, der beauftragt ist, eine Heizungsanlage zu installieren und an ein von einem anderen Unternehmer errichtetes Blockheizkraftwerk anzuschließen, ist Fachwissen über Blockheizkraftwerke nicht zu erwarten, so dass ihn keine Hinweispflichten zur Funktion der Gesamtanlage treffen.

2. Ein Heizungsbauer, der beauftragt ist, eine Heizungsanlage zu installieren und an ein von einem anderen Unternehmer errichtetes Blockheizkraftwerk (BHKW) anzuschließen, ist von seiner Haftung für die unzulängliche Funktionsfähigkeit der Heizungsanlage befreit, wenn diese auf der geringen thermischen Leistung des BHKWs beruht, auf welche der Auftraggeber bei der Bestellung des BHKWs von dessen Lieferanten hingewiesen worden ist.

Die Einzelrichterin des OLG München ist entsprechend der Entscheidung des BGH davon ausgegangen, dass sich die **Grenzen der Prüf- und Hinweispflicht aus dem Grundsatz der Zumutbarkeit** ergeben, wie sie sich nach den besonderen Umständen des Einzelfalles darstellt. Was hiernach zu fordern ist, bestimmt sich in erster Linie durch das

– **vom Unternehmer zu erwartende Fachwissen** und durch
– **alle Umstände**, die für den Unternehmer bei hinreichend sorgfältiger Prüfung als bedeutsam erkennbar sind.

Der Heizungsinstallateurin hätten keine Hinweispflichten zum Funktionsschema der Gesamtanlage obliegen, weil Fachwissen über Insel-Blockheizkraftwerke von ihr nicht zu erwarten war. Sie habe ohne die Sachkunde eines Elektrikers die Problematik der streitgegenständlichen Anlage nicht überblickt und sich in die Materie nicht einarbeiten müssen, sondern sie habe auf die Kompetenz des BHKW-Lieferanten vertrauen dürfen. Nach dem eingeholten Sachverständigengutachten seien Sonderkenntnisse für den Bau einer Kraft-Wärme-Koppelungsanlage bei einer Fachfirma für Heizung und Sanitär nicht standardmäßig vorauszusetzen; die wesentlichen Informationen bzw. Planungen für den wirtschaftlichen Betrieb der Anlage hätten aus

[7] OLG München, Urteil vom 27.05.2008 – 28 U 4500/04, BauR 2009, 1337 ; BGH, Beschluss vom 24.03.2009 – VII ZR 137/08 (Nichtzulassungsbeschwerde zurückgewiesen bzw. zurückgenommen); BauR 2009, 1337

dem Gewerk Elektro kommen müssen, was näher ausgeführt wird.

Zudem sei der Auftraggeber auf die Unterdimensionierung des BHKW-Moduls nach dem Ergebnis der Beweisaufnahme von der mit der Lieferung und Montage des BHKW beauftragten Unternehmerin ausreichend hingewiesen worden. Das Angebot über das BHKW sei von 24 kW auf 12 kW Heizleistung reduziert worden. Der Beklagte wollte mit einem Kachelofen zuheizen. Der Beklagte habe das BHKW einbauen lassen, obwohl er nach dem Ergebnis der Beweisaufnahme bei der Bestellung vom Lieferanten auf die geringe Leistungsfähigkeit der Energiequelle hingewiesen worden sei.

Fazit:
Die Entscheidung verdeutlicht, dass die wesentliche Problematik in diesen Fällen in dem **Umfang der Prüf- und Bedenkenhinweispflicht** besteht. Der Sachverständige muss dazu Stellung nehmen,

1. mit welchen Auswirkungen des Werks eines Vorunternehmers der Nachunternehmer auf sein Werk rechnen muss,
2. welchen Anlass er im konkreten Fall hat, die Vorunternehmerleistung auf ihre Mangelfreiheit zu überprüfen,
3. welche Prüf- und Erkenntnismöglichen der Nachunternehmer unter Würdigung aller Umstände bezüglich der Auswirkungen der Leistung eines anderen Unternehmers auf die Funktionstauglichkeit des von ihm herzustellenden Werks hat,
4. welches **Fachwissen von einem Unternehmer insoweit zu erwarten** ist.

In diesen Fällen ist die Abgrenzung der Prüf- und Hinweispflicht von der oben erläuterten Aufklärungs- und Beratungspflicht, welche Voraussetzungen für die Funktionstauglichkeit des eigenen Werks erfüllt sein müssen, erforderlich. Diese Pflichten muss der Sachverständige „aus der Sicht des Baupraktikers" differenziert und für einen Laien verständlich erläutern.

2.1.4.2 Die Verletzung der Prüf- und Hinweispflicht ist keine haftungsbegründende Pflichtverletzung

In der Ende letzten Jahres erschienenen 13. Auflage der „Bibel der Baurechtler", dem Werner/Pastor, heißt es (Rdnr. 2030):
Die Gewährleistungspflicht des Werkunternehmers für einen objektiv festgestellten

Mangel setzt lediglich voraus, dass dieser Mangel dem Werk des Unternehmers anhaftet, d. h. also, aus seinem Verantwortungsbereich herrührt und nicht von außen, insbesondere auf von Dritten gesetzten Ursachen beruht.

Die Konsequenz dieser Auffassung wäre, dass eine Haftung nur in Betracht kommt, wenn dem Auftragnehmer eine Pflichtverletzung vorzuwerfen wäre, die zu der Herstellung des nicht funktionstauglichen Werks hinzukommt, weil diese Herstellung zur Begründung seiner Haftung nicht ausreichen soll, wenn die mangelnde Funktionstauglichkeit „nicht aus seinem Verantwortungsbereich herrührt". Solch eine Pflichtverletzung könnte die Verletzung der Prüf- und Hinweispflicht sein. Das nimmt Busche in der 5. Auflage des Münchener Kommentars, einem Großkommentar, der 2 Jahre nach der Blockheizkraftwerk-Entscheidung des BGH erschienen ist, immer noch an:
... aus dem Vertragsverhältnis des Nachunternehmers mit dem Besteller folgt gegebenenfalls die Nebenpflicht des Nachunternehmers, sich darüber zu vergewissern, ob die anderweitige Leistung eine geeignete Grundlage für die Vertragserfüllung bildet. ... Die Verletzung dieser Nebenpflicht kann einen Schadensersatzanspruch des Bestellers auslösen (§ 280 Abs. 1 S. 1 BGB) und das „aufbauende" Werk selbst mangelhaft machen.

Diese Auffassung entspricht nicht der inzwischen gefestigten obergerichtlichen Rechtsprechung. Der Nachunternehmer haftet nicht wegen einer Verletzung einer Nebenpflicht, sondern deshalb, weil sein Werk nicht funktionstauglich und damit mangelhaft ist. Dieser Mangel wird ihm nach Treu und Glauben (§ 242 BGB) unter der Voraussetzung **nicht zugerechnet**, dass er seine **Prüf- und Hinweispflicht nicht verletzt** hat.

2.1.5 Eigenleistungen des Auftraggebers – BGH Urt. v. 10.06.2010 – Xa ZR 3/07[8]

Der Auftraggeber hatte die Herstellung eines Bauteils – eines Einschütttrichters – für eine vom Auftragnehmer herzustellenden Aufbereitungsanlage „bauseits" zu erbringen. Der Auftraggeber hat sich darauf berufen, dass der Auftragnehmer seine **Aufklärungs- und Beratungspflichten** hinsichtlich der konstruktiven Gestaltung des Trichters verletzt habe,

---

[8] BGH, Urt. v. 10.06.2010 – Xa ZR 3/07, BauR 2011, 517, 518 f.

so dass dieser unbrauchbar war – er hat sich also nicht auf eine Verletzung der Prüf- und Hinweispflicht bezogen.

Das OLG hatte eine **Aufklärungs- und Beratungspflicht** des Auftragnehmers bezüglich der Eigenleistungen verneint.

Der BGH hat dagegen angenommen, dass Eigenleistungen des Auftraggebers nichts an der Verpflichtung des Auftragnehmers ändern, ein funktionsfähiges Gesamtwerk herzustellen. Das Werk sei auch dann mangelhaft, wenn es eine vereinbarte Funktion nur deshalb nicht erfüllt, weil vom Besteller gelieferte Stoffe oder Bauteile oder Vorleistungen anderer Unternehmer, von denen die Funktionsfähigkeit des Werks abhängt, unzureichend sind. Der Unternehmer könne in diesen Fällen der Verantwortlichkeit für den Mangel seines Werks nur durch Erfüllung seiner **Prüf- und Hinweispflichten** entgehen.

2.2.1.1 Glasfassadenurteil (BGH, Urt. v. 27.11.2008 – VII ZR 206/06[9])

Die Entscheidung bezieht sich auf die Errichtung einer Wohnanlage mit einer Glasfassade. Der Bauleiter hatte die Planungsfehler eines Architekten nicht erkannt, so dass die Glasfassade mit einem Kostenaufwand von 2 Millionen € erneuert werden musste. Der BGH hat entschieden, dass sich der Auftraggeber die **Planungsfehler** des von ihm beauftragten Architekten gegenüber dem bauleitenden Architekten **als Mitverschulden** anspruchsmindernd zurechnen lassen müsse.

Der BGH hat es als entscheidend angesehen, dass die Lieferung von Plänen, eine Mitwirkungshandlung des Auftraggebers sei, die für diesen die **Obliegenheit** begründe, dass die zur Verfügung gestellten Pläne mangelfrei seien. Dem Geschädigten könne die schuldhafte Mitverursachung des Schadens durch Dritte entgegengehalten werden, wenn er sich dieser Personen zur Erfüllung der ihn aus § 254 Abs. 1 BGB **im eigenen Interesse treffenden Obliegenheit** bedient hat. Im Rahmen seiner Mitwirkungshandlungen habe der Besteller dem Unternehmer zuverlässige Pläne und Unterlagen zur Verfügung zu stellen. Sind diese mangelhaft, muss er sich ein Verschulden des planenden Architekten gemäß §§ 254 Abs. 1, 278 BGB zurechnen lassen. Der BGH **habe schon früher darauf hingewiesen**, dass ein **mitwirkendes Verschulden des planenden Architekten** dann vorliege, wenn **Pflichten und Obliegenheiten verletzt worden seien, die den Besteller gegenüber dem Unternehmer träfen**, wie z. B. die Lieferung von Plänen. In gleicher Weise treffe den Besteller regelmäßig die **Obliegenheit, dem bauaufsichtsführenden Architekten einwandfreie Pläne zur Verfügung zu stellen**.

Die Entscheidung verdient Zustimmung[10]. Jede noch so geringe Bauleistung ist die Umsetzung einer Planung. Die Bauausführung ist untrennbar mit der ihr zugrunde liegenden Planung verbunden. Es besteht sogar eine Wechselwirkung, weil Details der Planung im Rahmen der Bauausführung häufig modifiziert oder zumindest konkretisiert werden. Die Planung und die Bauausführung stellen in der Baupraxis Teilakte einer einheitlichen Bauleistung dar. Wenn der Besteller den ersten Teilakt – mit Hilfe des Planers „selbst herstellt", übernimmt er die Verantwortung für dessen Mangelfreiheit. Er hat die Obliegenheit, sich selbst vor Baumängeln zu schützen und zu verhindern, dass derjenige, der die Planung umsetzt, ein mangelhaftes Bauwerk erstellt. Dadurch wird der bauüberwachende Architekt nicht von seiner Verantwortung dafür befreit, dass er mit seinem Teilakt dazu beitragen muss, dass das Bauwerk mangelfrei hergestellt wird. Dieses Zusammenwirken begründet eine gemeinschaftliche Verantwortlichkeit für die mangelfreie Herstellung des Bauwerks.

Fazit:

Der Sachverständige muss dem Gericht nachvollziehbar erläutern, ob

a) ein vom Bauleiter nicht erkannter Planungsfehler oder

b) ein „selbständiger" Bauaufsichtsfehler die Ursache eines Mangels ist, der also nicht auf einem Planungsfehler beruht.

2.2.1.2 Quotenbildung

Die dargestellte Berücksichtigung des Planungsverschuldens als Mitverschulden des Auftraggebers gem. §§ 254, 278 BGB führt zu einer Quotenbildung und diese zu einem schwer abzuschätzenden Prozessrisiko des Auftraggebers. Die Gerichte haben erhebliche Schwierigkeiten mit einer **praxisgerechten Quotenbildung** bei der Berücksichtigung

---

[9] BGH, Urteil vom 27.11.2008 – VII ZR 206/06, IBR 2009, 92 = BauR 2009, 515

[10] Liebheit, IBR 2010, 604

eines Planungsfehlers. Der Sachverständige muss das Gericht umfassend über die Prüf- und Erkenntnismöglichkeiten eines Bauleiters unter Berücksichtigung der Baupraxis informieren und dem Gericht erläutern, wie die unterschiedliche Verantwortlichkeit „aus der Sicht der Baupraxis" zu gewichten ist.

2.2.1.3 Vermeidung einer Quotenbildung

Ein Bauherr, der sich davor schützen will, dass seine Schadensersatzklage gegen einen Bauleiter teilweise abgewiesen wird, sollte den Bauleiter mit der eigenverantwortlichen, intensiven Prüfung der Planung beauftragen. Das ist eine vergütungspflichtige „Besondere Leistung". Deren Vereinbarung kann mit einem Ausschluss der Haftung des Bauherrn für Fehler des von ihm beauftragten Planers verbunden werden.

Wenn der Bauherr solch eine Vereinbarung nicht getroffen hat, sollte er im Zweifelsfall vorsorglich ein Privatgutachten zur Klärung der Abgrenzung eines Planungsverschuldens vom „selbständigen" Bauaufsichtsfehler einholen, um jedes kostenträchtige Prozessrisiko zu vermeiden.

Nimmt der Auftraggeber den Bauleiter in Anspruch, dürfte eine **Streitverkündung** gegenüber dem Planer nur zur Verhinderung der Möglichkeit geboten sein, dass dieser sich im Folgeprozess erfolgreich darauf berufen kann, dass die Schäden entgegen der Annahme des ersten Gerichts nicht auf einen **Planungsfehler** zurückzuführen sind, sondern ausschließlich auf einen **Bauaufsichtsfehler.**

2.2.2 Anrechnung des Mitverschuldens weiterer Baubeteiligter?

2.2.2.1 Anrechnung der Verletzung der Prüf- und Hinweispflicht des Bauleiters im Verhältnis zum Planer

Der Planer und der Bauunternehmer sind für die mangelfreie Ausführung ihrer Vertragsleistungen allein verantwortlich und nicht auf die Überwachung durch den Besteller angewiesen. Sie können und müssen ihre Leistungen völlig unabhängig von einer Bauüberwachung erbringen, die der Bauherr ausschließlich in seinem eigenen Interesse beauftragt hat. Der Schutzzweck der Bauüberwachung bezieht sich weder auf den Planer noch den Unternehmer. Zudem ergibt sich aus einer Verletzung der Prüf- und Hinweispflicht keine Haftung, sondern ihre Erfüllung führt zu einer Befreiung von einer Haftung. Die Prüf- und Hinweis-

pflicht kann deshalb auch keine Mithaftung begründen. Damit fehlt der für die Anwendung des § 254 Abs. 1 BGB auf Ansprüche des Bestellers gegen den Planer der erforderliche Bezug zwischen Herstellungsverpflichtung des Planers und der in der Bauüberwachung liegenden Obliegenheit des Auftraggebers.

2.2.2.2 Mitverschulden des Bestellers wegen Mängeln der Vorunternehmerleistung im Verhältnis zum Nachunternehmer

Fehler eines Vorunternehmers können dem Auftraggeber im Verhältnis zum Nachunternehmer nach der bisher gefestigten Rechtsprechung des BGH **nicht zugerechnet** werden. Etwas anderes kommt nur dann in Betracht, wenn **aufgrund besonderer Umstände** davon auszugehen ist, dass der Auftraggeber dem Nachfolgeunternehmer für die mangelfreie Erbringung der Vorleistungen einstehen will.

Kniffka[11] hat 1999 noch betont, dass diese Rechtsprechung zu sachgerechten Ergebnissen führe. Sie verteile auch das Insolvenzrisiko angemessen, weil es Sache des Nachunternehmers ist, sich über die ordnungsgemäße Beschaffenheit der Vorunternehmerleistung zu informieren und seiner Bedenkenhinweispflicht nachzukommen. **Fehler in diesem Bereich dürften nicht auf dem Rücken des Auftraggebers ausgetragen werden.** ... Der Nachunternehmer sei ausreichend dadurch geschützt, dass er frei wird, wenn er den Fehler der Vorleistung bei ordnungsgemäßer Prüfung nicht erkennen konnte oder auf die Bedenken hingewiesen hat.

Leupertz[12] vertritt demgegenüber mit Unterstützung von Kniffka[13], der seine Meinung inzwischen geändert hat, die Auffassung, dass der Nachunternehmer in vielen Fällen darauf angewiesen sein werde, sich auf die Qualität der für ihn maßgebenden Vorleistungen anderer verlassen zu können. Vor diesem Hintergrund erscheine es gerechtfertigt, den Schutzzweck der Obliegenheit „Ausführung fehlerfreier Vorarbeiten" auf die Vermeidung von Mängeln an den Werkleistungen derjenigen Unternehmer zu erstrecken, deren Arbeiten in technischer Hinsicht von der Beschaffenheit

---

[11] Kniffka, BauR 1999, 1312
[12] Leupertz, Festschrift für Koeble 2010, 139 ff, BauR 2010, Heft 12
[13] Kniffka als Teilnehmer bei verschiedenen Baurechtsveranstaltungen

eben jener Vorarbeiten abhängen oder zumindest nachteilig beeinflusst werden können.

Leupertz meint unter Hinweis auf eine BGH-Entscheidung aus dem Jahr 1984[14], dass in der Rechtsprechung und Literatur anerkannt sei, dass der § 254 BGB innewohnende Rechtsgedanke der Abwägung beiderseitigen Verursachungsbeiträge für werkvertragliche Ansprüche auf Nacherfüllung und Minderung zumindest entsprechende Anwendung finde. Nach seinem Wortlaut bezieht sich § 254 BGB aber nur auf Schadensersatzansprüche und nicht auf Erfüllungs- bzw. Nacherfüllungsansprüche. Die von Leupertz zitierte Entscheidung bezieht sich auf ein Planungsverschulden im Rahmen eines VOB/B Vertrags. Grundlage der Zurechnung des planerischen Verschuldens des vom Auftraggeber eingeschalteten Architekten im Verhältnis zum bauausführenden Unternehmen ist in diesen Fällen § 3 Abs. 1 VOB/B, der bestimmt, dass der Auftraggeber dem Auftragnehmer die für die Ausführung erforderlichen Unterlagen zur Verfügung stellen muss. Außerdem ergibt sich aus § 4 Abs. 3 VOB/B nicht nur die bereits erörterte Prüf- und Bedenkenhinweispflicht des Auftragnehmers, sondern auch:
„der Auftraggeber bleibt jedoch für seine Angaben, Anordnungen oder Lieferungen verantwortlich.“
In diesen Fällen erscheint eine entsprechende Anwendung des Rechtsgedankens des § 254 BGB unter Berücksichtigung von Treu und Glauben gem. § 242 BGB auf die gegen den Unternehmer gerichteten Erfüllungsansprüche wegen der unmittelbaren Abhängigkeit der Bauausführung von der Bauplanung und deren Wechselbeziehung vertretbar und sachgerecht, wie bereits ausgeführt wurde.
In der Rechtsprechung[15] und Literatur[16] wird eine weitergehende **Anwendbarkeit des § 254 BGB auf Erfüllungsansprüche überwiegend verneint**. Das erscheint sachgerecht, zumal § 254 nur dann anwendbar wäre, wenn man den Vorunternehmer als Erfüllungsgehilfen des Auftraggebers im Verhältnis zum Nachunternehmer ansehen würde.

---

[14] BGH, Urteil vom 22.03.1984 – VII ZR 50/82, BauR 1984, 395, NJW 1984, 1676, 1677

[15] BGH, NJW 1967, 248, 250

[16] Münch-Komm-Oetker, 4. Aufl. § 254 BGB, Rdnr. 22 m.w.Nachw.; Palandt/Grüneberg, 69 Aufl. § 254 BGB Rdnr. 4; Staudinger/Schiemann (2004) § 254 BGB, Rdnr. 24; Soergel/Mertens, § 254 BGB, Rdnr. 14

Dagegen spricht die Tatsache, dass der Nachunternehmer aufgrund der in den §§ 633, 634 Nr. 1 – 3 BGB geregelten Mängelhaftung die Herbeiführung eines Erfolges schuldet. Es ist unerheblich, ob er den Mangel verschuldet hat oder nicht.
Diese weitreichende Haftung des Nachunternehmers aufgrund der §§ 633, 634 Nr. 1 – 3 BGB entfällt gem. § 242 BGB nach Treu und Glauben nur, wenn der Mangel durch verbindliche Vorgaben des Auftraggebers und Vorleistungen anderer Unternehmer verursacht worden ist und der Unternehmer seine **auf die ordnungsgemäße Vertragserfüllung gerichtete Pflicht** erfüllt hat, den Besteller auf die Bedenken hinzuweisen, die ihm bei der gebotenen Prüfung gegen die Geeignetheit der verbindlichen Vorgaben, der gelieferten Stoffe oder Bauteile oder der Vorleistung anderer Unternehmer gekommen sind oder bei ordnungsgemäßer Prüfung hätten kommen müssen.
Die Prüf- und Hinweispflichtverletzung weitet die Haftung also nicht auf Umstände aus, die eigentlich in den Verantwortungsbereich Dritter fallen, was gelegentlich angenommen wird. Sie führt vielmehr zu einem Haftungsausschluss für solche Umstände, die der Unternehmer trotz sorgfältiger Prüfung nicht erkannt hat und nicht erkennen konnte bzw. auf die er pflichtgemäß hingewiesen hat. In der bereits zitierten Blockheizkraftwerk-Entscheidung[17] hat der BGH ausgeführt:
*Der Rahmen der Prüfungs- und Hinweispflicht und ihre Grenzen ergeben sich aus dem Grundsatz der **Zumutbarkeit**, wie sie sich nach den besonderen Umständen des Einzelfalls darstellt. Was hiernach zu fordern ist, bestimmt sich in erster Linie durch das vom Unternehmer zu erwartende Fachwissen und durch alle Umstände, die für den Unternehmer bei hinreichend sorgfältiger Prüfung als bedeutsam erkennbar sind. Steht die Arbeit eines Werkunternehmers in engem Zusammenhang mit der Vorarbeit eines anderen Unternehmers oder ist sie auf Grund dessen Planung auszuführen, muss er prüfen und gegebenenfalls auch geeignete Erkundigungen einziehen, ob diese Vorarbeiten, Stoffe oder Bauteile eine geeignete Grundlage für sein Werk bieten und keine Eigenschaften besitzen, die den Erfolg seiner Arbeit in Frage stellen können.*

---

[17] BGH, Urteil vom 08.11.2007 – VII ZR 183/05, BGHZ 174, 110 =BauR 2008, 344 = NJW 2008

Damit wird die Erfolgshaftung gem. §§ 633 ff BGB, die nach dem Gesetz kein Verschulden des Auftragnehmers voraussetzt, im Ergebnis einer Verschuldenshaftung angenähert. Wenn der Unternehmer diese Chance nicht nutzt, soll er nach der im Vordringen befindlichen Auffassung gleichwohl immer noch nicht voll haften.

Die Zurechnung eines Fehlers der Vorunternehmerleistung als Mitverschulden gem. § 254 BGB setzt die entsprechende Anwendung des § 278 BGB voraus. Diese Norm begründet eine Art **Erfolgshaftung** bzw. eine Garantiehaftung, die dann gerechtfertigt erscheint, wenn der Gläubiger sein Vertrauen in den Schuldner gesetzt hat. Der Schuldner muss sich das Verschulden seines Erfüllungsgehilfen dann zurechnen lassen, ohne sich durch den Nachweis von dessen sorgfältiger Auswahl und Überwachung entlasten zu können.

Diese Gesichtspunkte beschreiben nicht das Verhältnis und die Beziehung des Nachunternehmers zum Auftraggeber in der täglichen Baupraxis. Es ist zwar sachgerecht den sehr weitgehenden Umfang eines vertraglichen Erfüllungsanspruchs unter Berücksichtigung von Treu und Glauben durch das Rechtsinstitut der Prüf- und Bedenkenhinweispflicht zu einer Art Verschuldenshaftung umzufunktionieren und auf diese Weise die Haftung des Nachunternehmers zu beschränken, es erscheint aber problematisch, dem Nachunternehmer auch dann, wenn er diese Chance der Haftungsbefreiung nicht nutzt, auf Kosten des Auftraggebers eine weitere Reduzierung seiner Haftung zu zubilligen. Das setzt die entsprechende Anwendung des § 278 BGB voraus. Damit wird eine vom Gesetz nicht vorgesehene **Erfolgshaftung zum Nachteil des Auftraggebers** begründet und zwar ohne eine Entlastungsmöglichkeit bezüglich der Auswahl und Überwachung des Vorunternehmers. Das lässt sich nicht mit einer nach Treu und Glauben gem. § 242 BGB gebotenen Berücksichtigung der Verkehrssitte in der Baupraxis oder ähnlichen Erwägungen rechtfertigen.

2.2.2.3 Aushöhlung des Nacherfüllungsrechts

Die gesetzliche Regelung des Werkvertragsrechts geht in den §§ 633, 634 Nr. 1, 635 BGB und der VOB/B von dem **Vorrang der Nacherfüllung des Auftragnehmers** aus. Dieses würde durch die Anrechnung der Fehler der Vorunternehmerleistung als Mitverschulden ausgehöhlt.

Beispiel:
Der Auftraggeber hat mit dem Fliesenleger für die Lieferung und Verlegung eines Fliesenbelags einen Werklohn in Höhe von 12.000 € vereinbart. Der Estrich wies Mängel auf, die der Fliesenleger bei pflichtgemäßer Prüfung der Vorunternehmerleistung hätte erkennen können. Er verlegt die Fliesen jedoch ohne die gebotene Prüfung, so dass an diesen Risse auftreten, die eine Neuverlegung des Fliesenbelags erforderlich machen.

Bei einem kooperativen Zusammenwirken der Baubeteiligten müsste zunächst dem Estrichleger Gelegenheit gegeben werden, den Estrich zu erneuern damit der Fliesenleger sodann erneut gleiche Fliesen verlegen kann. Die Eigenkosten des Fliesenlegers können unter Berücksichtigung seiner Vorteile beim Materialeinkauf und der Verlegearbeiten mit eigenen Arbeitskräften beispielhaft auf **8.000 €** geschätzt werden.

Dem Fliesenleger stünde dann ein Gesamtschuldnerausgleichsanspruch gem. § 426 BGB gegen den Estrichleger zu, der vielfach auf 50 % geschätzt wird. Dessen Höhe richtet sich nach dem wirtschaftlichen Wert der Leistung, der der Einfachheit halber auf die Höhe der ursprünglich vereinbarten Vergütung von **12.000 €** geschätzt werden soll. 50 % davon sind 6.000 €. Der wirtschaftliche Schaden des Fliesenlegers beträgt 8.000€ – 6.000€ = 2.000 €.

Falls sich die entsprechende Anwendung der §§ 254, 278 BGB durchsetzen sollte, die eine Besserstellung des Fliesenlegers bezweckt, erscheint es absehbar, dass der Anwalt des Bestellers diesem unter Würdigung aller Umstände davon abraten wird, den steinigen Weg der Durchsetzung eines Nacherfüllungsanspruchs gegen den Fliesenleger zu beschreiten, auf dem er ohnehin nur eine Quote durchsetzen könnte, deren Höhe er nicht einmal genau vorhersehen kann.

In einem Rechtsstreit könnte er sich nicht mehr darauf beschränken, im Einklang mit der Symptom-Rechtsprechung des BGH lediglich die Mangelerscheinungen der Nachunternehmerleistung, zum Beispiel Risse und Hohlstellen der Fliesen, darzustellen, sondern er müsste aus anwaltlicher Vorsicht zur **Vermeidung eines Prozesskostenrisikos** vor einer Klageerhebung auf jeden Fall ein **Privatgutachten** bezüglich der Ursache der Mangelerscheinungen einholen.

Ein über 2 Instanzen mit Sachverständigengutachten geführter „12.000 € – Prozess" kann ohne weiteres 12.000 € kosten. Wenn dem Besteller letztlich nur ein Quote in Höhe von 50 % der eingeklagten 12.000 € zuerkannt wird, würde der Erfolg in Höhe von 6.000 € durch den Kostenanteil in Höhe von 6.000 € aufgezehrt, den der Kläger tragen müsste. Ergibt das **zwingend erforderliche Privatgutachten** (Kosten 2.000 €), dass Mängel des Estrichs zu der Rissbildung der Fliesen geführt haben, wird der Besteller zur Vermeidung des vorgenannten Prozessrisikos und der Beschränkung seines Anspruchs auf eine Quote den Vorunternehmer, in dem Beispiel den Estrichleger, auf Ersatz der gesamten Fremdnachbesserungskosten in Anspruch nehmen, die regelmäßig um $^1/_3$ höher sind als der ursprüngliche Werklohn (in dem Beispiel 12.000 €), also insgesamt **16.000 €** betragen würden.

Der Estrichleger würde in Höhe von 100 % auf Ersatz dieser Kosten haften und er müsste auch noch die Privatgutachterkosten als Mangelfolgeschaden tragen. Er könnte sich nicht auf ein Mitverschulden des Bestellers mit der Begründung berufen, dass der Nachunternehmer seine Prüf- und Hinweispflicht verletzt hat oder der Bauleiter seine Bauaufsichtspflicht verletzt habe.

In diesem Fall könnte der Estrichleger im Wege des Gesamtschuldnerausgleichs vom Fliesenleger 50 % von 18.000 € (16.000 € + 2.000 €) verlangen, also **9.000 €**.

Die entsprechende Anwendung der §§ 254, 278 BGB würde wirtschaftlich gesehen zu einer **höheren Belastung** des Fliesenlegers in Höhe von **7.000 €** führen. Ebenso würde sich die Belastung des Estrichslegers von 6.000 € auf **9.000 €** erhöhen. Er würde zudem das Insolvenzrisiko des Fliesenlegers tragen, auf dessen Auswahl er keinen Einfluss hat.

Fazit:
Die entsprechende Anwendung der §§ 254, 278 BGB auf fehlerhafte Vorunternehmerleistung wird zu einer Erhöhung der Privatgutachteraufträge führen. Diese werden auf 3 Fragen konzentriert sein:

1. Hat sich ein Mangel der Vorunternehmerleistung schadensursächlich auf das Werk des Nachunternehmers ausgewirkt?
2. Konnte der Nachunternehmer im Rahmen seiner Prüf- und Hinweispflicht den Mangel erkennen?

3. Wie hoch sind die Quoten der Verursachungsanteile des Vor- und Nachunternehmers aus der Sicht der Baupraxis zu bewerten?

Bisher geht die h. M. zwar davon aus, dass der Sachverständige sein Gutachten auf die **„Festlegung der Quote der Verursachung aus technischer Sicht"** beschränken müsse, bei der Verletzung der Prüf- und Hinweispflicht handelt es sich jedoch nicht ausschließlich um technische Fragen, sondern um eine baupraktische Bewertung der Kenntnisse und Erkenntnismöglichkeiten des Nachunternehmers, die für ihn „bei hinreichend sorgfältiger Prüfung als bedeutsam erkennbar sind". Diese Frage kann der Sachverständige nicht ohne Stellungnahme zu dem Umfang der Prüf**pflichten** des Auftragnehmers beantworten.

2.2.2.4 Vermeidung der Aushöhlung des Nacherfüllungsrechts

Zur Vermeidung einer Aushöhlung seines Nacherfüllungsrechts muss der Unternehmer seine uneingeschränkte Bereitschaft zur Nacherfüllung bei begründeten Beanstandungen seiner Leistung verdeutlichen. Wenn der Mangel seiner Leistung auf einem Fehler der Vorunternehmerleistung beruht, den er bei pflichtgemäßer Prüfung der Vorunternehmerleistung hätte erkennen können, sollte der Unternehmer seine Bereitschaft zur Nacherfüllung verdeutlichen und mit dem Auftraggeber klären, dass er gegen den Vorunternehmer im Wege des Gesamtschuldnerausgleichs vorgehen wird, wenn das aus den oben erörterten Gründen für ihn wirtschaftlich sinnvoll erscheint.

Da der Auftraggeber grundsätzlich an der raschen Herstellung eines mangelfreien Werks interessiert ist, kann es sinnvoll sein, mit diesem zu vereinbaren, dass er dem Unternehmer im Interesse der Schadensminderung zunächst Gelegenheit zur Nacherfüllung geben muss, bevor er einen Mangelfolgeschaden gegen den Vorunternehmer geltend macht. Zum Ausgleich sollte der Nachunternehmer auf die Geltendmachung eines Mitverschuldens verzichten.

Fazit:
Der Sachverständige muss eingehend zu den Kriterien der Prüf- und Hinweispflicht Stellung nehmen und damit zu einer praxisgerechten Entscheidung beitragen. Die Anforderungen

an den Umfang und die Zumutbarkeit der Prüf- und Hinweispflicht dürfen nicht überspannt werden.

Zusammenfassung

Es erscheint problematisch, ob es bei einer praxisgerechten Begrenzung der Prüf- und Hinweispflicht Fälle gibt, in denen eine weitergehende Beschränkung der Haftung des Nachunternehmers, der seine Prüf- und Hinweispflicht verletzt hat, nach Treu und Glauben die Annahme geboten erscheint, weil

– er sich auf die Mangelfreiheit der Vorunternehmerleistung verlassen durfte, obwohl die Mängel der Vorunternehmerleistung bei deren sach- und fachgerechter Überprüfung erkennbar waren und
– dieses Vertrauen so schützenswert erscheint, dass der Besteller sich diese Mängel als anspruchsminderndes Mitverschulden zurechnen lassen muss, obwohl er den Vorunternehmer sorgfältig ausgewählt hat und ihm auch sonst persönlich keine Obliegenheitsverletzung zur Last fällt.

Das ist eine Frage, die einer eingehenden Diskussion in der Baupraxis und vor allem in Sachverständigenkreisen bedarf. Nach meinen Befürchtungen zeichnet sich ein Wandel der Rechtsprechung ab, der die Realität der Baupraxis verkennt, wie sich auch aus den nachfolgenden Überlegungen ergibt.

3 Dachterrassentscheidung des OLG Düsseldorf Urt. v. 06.02.2009 – 21 U 63/07[18]
Dauerstreitpunkt:
Entspricht ein Nullgraddach den anerkannten Regeln der Technik?

3.1.1 Die Bedeutung der Entscheidung für Sachverständigengutachten
Das OLG Düsseldorf hat sich in seiner Entscheidung vom 06.02.2009 um eine grundsätzliche Klärung der altbekannten Problematik bemüht, ob ein Nullgraddach den anerkannten Regeln der Technik entspricht. Das ist ihm nicht gelungen. Die Entscheidung zeigt eindrucksvoll, welche typischen methodischen Fehler es zu vermeiden gilt, um ein verwertbares und überzeugendes Sachverständigengutachten zu erstellen, das eine

geeignete Grundlage für eine sachgerechte Entscheidung bilden kann.

3.1.2 Der Sachverhalt
Die Mitglieder einer Eigentümergemeinschaft erwarben von den Beklagten jeweils einen Miteigentumsanteil an einer noch zu errichtenden Eigentumswohnungsanlage. Der Plattenbelag auf den Dachterrassen, die insgesamt 238,12 m² groß waren, war auf Stelzlagern verlegt. Die Dachterrassen waren mit zweilagigen Polymerbitumenbahnen ohne Gefälle abgedichtet. Der Baubeschreibung war nicht zu entnehmen, dass eine Gefälledämmung einzubauen sei. Aus der Schnittskizze ergab sich keine Planung eines Gefälleestrichs.
Die Erwerber haben die Auffassung vertreten, dass nach den allgemein anerkannten Regeln der Bautechnik und den einschlägigen DIN-Vorschriften ein Gefälle bei der Abdichtung der Dachterrasse hätte hergestellt werden müssen. Sie haben behauptet, durch stehendes Wasser werde die Lebensdauer der Bitumenabdichtung verringert. Niederschlag könne in die Baukonstruktion eindringen und dort schädigend wirken.
Die Beklagten haben sich darauf berufen, dass kein Gefälle auf den Terrassen geschuldet sei. Aus der DIN 18195 ergebe sich keine Notwendigkeit eines Gefälles bei einer Abdichtung mit zweilagigen Polymerbitumenbahnen.

3.1.3 Die Entscheidung des OLG Düsseldorf vom 6.02.2009
Das OLG Düsseldorf hat angenommen, dass den Klägern ein Schadensersatz in Höhe von 46.119,25 € netto zustehe. Eine Abdichtung mit einer Neigung unter 2 % stelle nach Ziff. 4.6.1.1 Abs. 7 der Flachdachrichtlinien (2001) eine „Sonderkonstruktion" dar, die nur in Ausnahmefällen vorgesehen werden soll. Da kein Ausnahmefall vorliege, müsse die fachgerecht hergestellte zweilagige Polymerbitumenbahnabdichtung durch „2 je einlagige Polymer-Bitumen-Kaltklebebahnen" auf einem Gefälle ersetzt werden. Zu diesem Zweck seien u. a. die Türschwellen zu erhöhen und 6 Türen auszutauschen[19]. Dass die ausgeführten zweilagigen Polymerbitumenbahnen den Anforderungen einer „Sonderkonstruktion" genügen, entlastet den Auftragnehmer nach der Auffassung des OLG nicht:

---

[18] lbr-online

[19] Das deutet darauf hin, dass es um 6 Terrassen mit einer Größe von jeweils 39,7 m² ging.

„*Gemäß Ziff. 2.1 Abs. 1 der „Fachregeln für Dächer mit Abdichtungen" soll ein Gefälle von mind. 2% geplant werden. Diese „Soll-Vorschrift" ist als bedingt fordernde Regel zu bewerten, die eine durch Verabredung oder Vereinbarung freiwillig übernommene Verpflichtung formuliert, von der nur in begründeten Fällen abgewichen werden darf. ...*
Gemäß Ziff. 4.6.1.1 Abs. 7 der Flachdachrichtlinien sollen Abdichtungen mit einer Neigung unter 2% nur in Ausnahmefällen vorgesehen werden. ... Der für die Sonderkonstruktionen beschriebene Abdichtungsmodus trägt dem Umstand Rechnung, dass die bevorzugte Gefällekonstruktion nicht realisierbar ist. Auf die Sonderkonstruktionen wird nur zurückgegriffen, wenn eine andere Herstellung nicht möglich oder nicht praktikabel erscheint. ...
... Die Flachdachrichtlinien geben eine klare Reihenfolge vor: Nur dann, wenn kein hinreichendes Gefälle konstruiert werden kann, ist eine Sonderlösung mit einer verstärkten Abdichtung zulässig. Diese ist der Ausnahmefall und keine Alternative zu dem beschriebenen Gefälle.
Die Bestimmungen der DIN 18195 „Bauwerksabdichtungen" gehen den Flachdachrichtlinien bei genutzten Dächern nicht vor, sondern sie ergänzen sie bzw. grenzen diese gemäß Ziff. 1.1. Abs. 2 der Flachdachrichtlinien ab. Soweit also nach den Flachdachrichtlinien für Abdichtungen Bitumenbahnen notwendig sind, bestimmt die DIN 18195 -1[20] unter Punkt 8.3.2. wie diese im Einzelnen herzustellen sind. Hierbei wird auch in der DIN 18195 zwischen einem Gefälle unter und über 2% differenziert. Dass dort keiner Konstruktion der Vorrang eingeräumt wird, ist ohne Belang. Denn die DIN 18195 betrifft nur die Qualität und Beschaffenheit der Abdichtung; die Dachkonstruktion wird als vorgegeben hingenommen. Für diese gelten als Spezialnormen die Flachdachrichtlinien."
ergebe sich keine Notwendigkeit eines Gefälles bei einer Abdichtung mit zweilagigen Polymerbitumenbahnen.

3.2 Stellungnahme

3.2.1 Die Soll-Beschaffenheit
Gem. § 633 Abs. 2 S. 1 BGB ist für die Soll-Beschaffenheit die **vertragliche Beschaffenheitsvereinbarung** maßgeblich. Das OLG Düsseldorf verweist darauf, dass „eine spezielle Beschaffenheit der Abdichtung der Dachterrassendächer nicht vereinbart" worden sei.
Aus der Baubeschreibung und den Schnittskizzen ergab sich nach den Feststellungen des erstinstanzlichen Gerichts, die vom OLG nicht beanstandet worden sind, keine Verpflichtung zur Herstellung eines Gefälleestrichs oder einer Gefälledämmung. Daraus folgt zumindest zunächst, dass kein Gefälle geschuldet war.
Die Herstellung des Gefälles hätte ausweislich der Entscheidung eine Erhöhung der Türschwellen erforderlich gemacht; die Terrasse wäre zudem auf 5 m um 10 cm abgefallen. Eine in der Leistungsbeschreibung nicht vorgesehene Erhöhung der Türschwellen und ein Gefälle, das beispielsweise zu einer Schräglage eines Terrassentisches führt, kann nach dem subjektiven Fehlerbegriff als Mangel bewertet werden, wenn diese Umstände durch eine Ausführungsweise hätten vermieden werden können, die der ausdrücklichen vertraglichen Beschaffenheitsvereinbarung entspricht. Nach dem Verständnis des BGH vom subjektiven Fehlerbegriff kommt es nicht darauf an, ob die erbrachte Leistung, die von der konkret vereinbarten Leistung abweicht, mit dieser gleichwertig oder sogar besser als die vereinbarte Leistung ist; es sei auch nicht entscheidend, dass die abweichende Ausführung zu einer optimalen Funktionstauglichkeit des Werks geführt hat[21]. Der BGH hat betont, dass es nicht entscheidend sei, ob ein Sachverständiger eine bestimmte Herstellungsweise als ausschließlich fachgerecht ansehe, sondern die vertragliche Beschaffenheitsvereinbarung.
Demzufolge war das Regelwerk anzuwenden, das die Herstellung einer dauerhaften Abdichtung ohne Gefälle beschreibt. Dieses findet sich in der DIN 18195-5, die bei einer Flachdachabdichtung ohne Gefälle eine Abdichtung mit zweilagigen Polymerbitumenbahnen vorsieht. Dass diese in dem vom OLG Düsseldorf entschiedenen Fall fachgerecht ausgeführt und dicht war, hat der vom OLG herangezogen Sachverständige bestätigt. Das OLG hat dementsprechend festgestellt, dass „die hier ausgeführten zweilagigen Polymerbitumenbahnen den Anforderungen an eine Sonderkonstruktion genügen".

---

[20] gemeint ist 18195-5 (der Verf.)

[21] BGH, NZBau 2002, 571 = BauR 2002, 1536; Kniffka/Koeble, 6. Teil Rn 22, 30; Werner/Pastor, Der Bauprozess, 13. Aufl. Rdnr. 1963 = 12. Aufl. Rdnr. 1456

Es ist allerdings zutreffend davon auszugehen, dass der Unternehmer nach der Rechtsprechung des BGH unabhängig von dem Wortlaut der Leistungsbeschreibung und den Plänen ein **funktionsgerechtes Werk schuldet, das den anerkannten Regeln der Technik entspricht**. Die anerkannten Regeln der Technik sind nach der Rechtsprechung des BGH Gegenstand jeder Beschaffenheitsvereinbarung. Deren Einhaltung sichert der Unternehmer üblicherweise stillschweigend bei Vertragsschluss zu[22]. Die allgemein anerkannten Regeln der Technik sind bekanntlich die technischen Regeln, die in der technischen Wissenschaft als durchweg bekannt und als theoretisch richtig anerkannt sind. Sie müssen in dem Kreis der Techniker, die für die Anwendung der betreffenden Regeln nach dem neuesten Erkenntnisstand vorgebildet sind, aufgrund fortdauernder praktischer Erfahrungen als technisch geeignet, angemessen und notwendig anerkannt sein.

Eine zweckentsprechende Abdichtung erfüllt nur dann ihre **Funktion**, wenn sie dauerhaft dicht ist. Es stellt sich deshalb die Frage, ob trotz der fachgerechten Herstellung der „Sonderkonstruktion" nach „gesicherten und allgemein anerkannten Erfahrungen" (a.R.d.T.) das Risiko besteht, dass diese nicht dauerhaft dicht ist, so dass die Herstellung eines Gefälles erforderlich ist, um die Funktionstauglichkeit der Abdichtung dauerhaft zu gewährleisten.

Das hat das OLG Düsseldorf bezüglich des von ihm als unverzichtbar angesehenen Gefälles nicht ausreichend begründet. Es beschränkt sich auf Interpretationen des Wortlauts verschiedener, teilweise überholter, Regelwerke. Bei methodengerechten Anforderungen an das eingeholte Sachverständigengutachten hätten diese Mängel ausgeräumt werden können.

3.2.2.1 Mängel des Sachverständigengutachtens

Die nachfolgende Kritik bezieht sich auf den von dem OLG Düsseldorf in den Entscheidungsgründen dargestellten Inhalt des Gutachtens. Dieser hätte dem OLG Veranlassung geben müssen, den Sachverständigen zu einer Ergänzung seines Gutachtens aufzufordern oder zu dessen ergänzender Anhörung. Da das OLG Düsseldorf das verkannt hat, kann nicht ausgeschlossen werden, dass in dem Gutachten entscheidungsrelevante Ausführungen enthalten waren, die das OLG lediglich nicht als erwähnenswert angesehen hat.

Wenn ein **Regelwerk in der Wissenschaft und Praxis allgemein anerkannt** ist, darf es einem Sachverständigen keine Schwierigkeiten bereiten, entsprechende Veröffentlichungen von anerkannten Experten auf dem entsprechenden Fachgebiet zu zitieren. Die Parteien müssen eine faire Chance erhalten, dazu Stellung zu nehmen, ob die Befürworter einer bestimmten Ausführungsweise für die Baupraxis repräsentativ sind, um ggf. Vertreter einer gegenteiligen Auffassung zitieren zu können. Fehlen in einem Gutachten bezüglich der entscheidenden Problematik die erforderlichen Nachweise, so deutet das darauf hin, dass der Sachverständige nur seine **persönliche Meinung für allgemeingültig** hält oder eine verbreitete Auffassung für zutreffend hält, die einer tatsächlichen Grundlage entbehrt.

Das Fehlen der entsprechenden Begründung in dem Urteil, dass allein die vom Sachverständigen favorisierte Herstellungsweise den anerkannten Regeln der Technik entspricht, deutet darauf hin, dass sich der Sachverständige darauf beschränkt hat, seine höchstpersönliche Überzeugung darzustellen, was die Unbrauchbarkeit seines Gutachtens zur Folge hat. Da diese Möglichkeit in der Praxis keinen Seltenheitswert hat, hätte das Gericht ihr Vorliegen vor einer Verurteilung des Auftragnehmers zur Zahlung von rund 46.000 € durch eine entsprechende Nachforschung ausschließen müssen.

Bei dieser Gelegenheit hätte das OLG zugleich erkennen können, dass sich das Gutachten auf ein **Regelwerk** stützt, das **im Zeitpunkt der Entscheidung überholt** war. Das OLG Düsseldorf stellt in seiner Entscheidung aus dem Jahr 2009 mehrfach darauf ab, dass nach den Flachdachrichtlinien 2001 nur bei „Sonderkonstruktionen" auf ein Gefälle verzichtet werden dürfe. Diese Richtlinien waren **im Zeitpunkt der Entscheidung durch die Flachdachrichtlinien 2008**, die der DIN 18195 stark angepasst worden sind, bereits

---

[22] BGH, BauR 2006, 2040 = NJW 2006,3413; Kniffka, ibr-online-Kommentar Bauvertragsrecht, § 633 BGB Rdnr. 48; Kniffka/Koeble, Kompendium des Baurechts, 3. Aufl. 6.Teil, Rdnr. 36; Werner/Pastor, der Bauprozess, 13. Aufl. Rdnr. 1964, 2030 = 12. Aufl. Rdnr. 1457; Ingenstau/Korbion/Wirth, Vor § 13 VOB/B Rdnr. 121 und § 13 Nr. 1 VOB/B Rdnr. 35 und zum VOB-Vertrag § 13 Nr. 1 VOB/B Rdnr. 78, 79

abgelöst. Mehrere Sachverständige[23] haben dem Verfasser erklärt, dass in den Flachdachrichtlinien 2008 zur Vermeidung von Missverständnissen der Begriff „Sonderkonstruktion" gestrichen worden sei.

Technische Regelwerke können sich im Laufe der Zeit weiterentwickeln, was dazu führen kann, dass ältere Fassungen überholt sind, selbst wenn sie noch nicht durch ein entsprechend modifiziertes Regelwerk ersetzt sind. Nach der Änderung eines Regelwerks ist es zwingend erforderlich, dass das Gericht mit Hilfe des Sachverständigen klärt, welche Bedeutung die Änderung für die Bewertung des überholten Regelwerks als anerkannte Regel der Technik hat. Warum das OLG diese Klärung versäumt hat, ist unklar.

Bezüglich der Mängelfreiheit eines Werks ist grundsätzlich auf den Zeitpunkt der Abnahme abzustellen[24]. Es sind aber auch noch nachträglich erzielte neuere wissenschaftliche und/oder technische Erkenntnisse zu berücksichtigen, wobei allerdings die Verantwortlichkeit des Unternehmers für einen aus diesem Grund nachträglich erkannten Mangel eingeschränkt sein kann[25]. Die Annahme des OLG, dass ein Bauteil auf den Stand eines überholten Regelwerks „zurücksaniert" werden müsse, ist grundsätzlich unabhängig von der Frage verfehlt, ob dieses Regelwerk jemals die allgemein anerkannten Regeln der Technik dargestellt hat.

3.2.2.2 Widersprüche bezüglich der Erforderlichkeit der Beachtung des Regelwerks

Ein schwerwiegender Rechtsfehler ist die in sich widersprüchliche Annahme des OLG, dass es einerseits nach den anerkannten Regeln der Technik **erforderlich** sei, dass die Abdichtung auf einem Gefälle von mindestens 2 % hergestellt wird, dass andererseits auf dieses aber auch verzichtet werden könne, wenn die Herstellung des Gefälles „**nicht praktikabel**"(!) sei. Aus Praktikabilitätsgründen darf kein Auftragnehmer von den anerkannten Regeln der Technik abweichen. Das

---

ist nur dann zulässig, wenn er den Auftraggeber eingehend über die damit verbundenen Nachteile und Risiken aufgeklärt und er sich vergewissert hat, dass der Auftraggeber die Einzelheiten dieser Beratung verstanden hat[26] und dennoch nach Abwägung aller Umstände auf der riskanten und mangelhaften Ausführung besteht.

Die vom OLG Düsseldorf angenommene Praktikabilitätserwägung ist mit der Definition der allgemein anerkannten Regeln der Technik nicht vereinbar. Sie würde im Klartext bedeuten, dass eine Flachdachabdichtung ohne Gefälle grundsätzlich mangelhaft ist, dass es dem Auftraggeber aber zuzumuten ist, solch eine mangelhafte Ausführung hinzunehmen, wenn die mangelfreie Herstellung „nicht praktikabel" ist. Wenn solche Praktikabilitätserwägungen zulässig sind, dann folgt daraus, dass es nach den anerkannten Regeln der Technik allenfalls empfehlenswert sein mag, eine Abdichtung auf einem Gefälle herzustellen, dass das aber nicht „zwingend **erforderlich**" ist, sondern eine andersartige fachgerechte Herstellung ebenso zulässig ist. Das gilt insbesondere dann, wenn nur diese der vertraglichen Beschaffenheitsvereinbarung entspricht.

3.2.2.3 Erläuterung des Sinns und Zwecks eines Regelwerks statt seiner Wortinterpretationen

Der Sachverständige muss dem Gericht den Sinn und Zweck eines Regelwerks sowie die konkreten Vorteile erläutern, die mit der von ihm allein als fachgerecht angesehenen Herstellungsweise verbunden sind. Nicht der Wortlaut, sondern der **Sinn und Zweck eines Regelwerks** und die technischen Erfahrungen, auf die es sich gründet, sind entscheidungsrelevant. Aufgabe des Sachverständigen wäre es deshalb gewesen, ausführlich darzustellen, welche konkreten Nachteile und Risiken „nach dem Erkenntnisstand der maßgeblichen Techniker aufgrund fortdauernder praktischer Erfahrungen" mit einer Abdichtung verbunden sind, die aus zweilagigen Polymerbitumenbahnen ohne Gefälle besteht. Das hätte er durch entsprechende Zitate belegen müssen.

Falls das Verständnis eines Regelwerks bautechnische Spezialkenntnisse voraussetzt, ist es die Aufgabe des Sachverständigen, diese

---

[23] Dachdeckermeister Josef Rühle, Geschäftsführer Technik des ZVDH; Dachdeckermeister Stefan Ibold.

[24] BGHZ 139, 16 = BauR 1998, 872; Kniffka/Koeble, Kompendium 6. Teil, Rdnr. 36; Werner/Pastor, Rdnr. 1975 m.w.Nachw.

[25] Kniffka/Koeble, Kompendium 6. Teil, Rdnr. 36; Werner/Pastor, Rdnr. 1975 m.w.Nachw.

[26] BGH VII ZR 54/07, Urt. vom 04.06.2009, BauR 2009, 1288 = NJW 2009, 2439 = MDR 2009, 978

---

zu erläutern. Das gilt ebenso wie bei der Auslegung eines Leistungsverzeichnisses und seiner technischen Vorbemerkungen[27] besonders dann, wenn Formulierungen von Fachleuten möglicherweise in einem spezifischen technischen Sinn verstanden werden und das Verstehen dieser Formulierungen Kenntnisse von der üblichen Herstellungsweise eines Bauteils sowie der Baupraxis und den Bauabläufen bedarf.

Es ist aber nicht die Aufgabe eines Sachverständigen, wie ein Deutschlehrer mit juristischen Ambitionen aus einer syntaktischen Interpretation des Wortlauts verschiedener Regelwerke (Abdichtungen mit einer Neigung unter 2 % **sollen** nur in Ausnahmefällen vorgesehen werden) zu der **Bewertung** der Flachdachrichtlinie 2001 als „bedingt forderende Regel" zu gelangen und diese entgegen der Wortbedeutung des Begriffs „sollen" dahingehend auszulegen, dass das „Vorliegen eines Ausnahmefalls" eine zwingende Voraussetzung für die Zulässigkeit der Herstellung einer Abdichtung ohne Gefälle sei. Der Sachverständige hätte vielmehr mit gefestigten bautechnischen und baupraktischen Erfahrungen begründen müssen, dass die DIN 18195-5 eine durch die Flachdachrichtlinien 2001 ergänzungsbedürftiges Regelwerk ist, wenn das tatsächlich der Fall und die alte Flachdachrichtlinie noch berücksichtigungsfähig gewesen wäre.

Bei einer Beschränkung auf eine Interpretation des Wortlauts der Regelwerke erscheint es nämlich in gleicher Weise vertretbar, dass es in der DIN 18195-5 klargestellt worden wäre, dass sich die Dauerhaftigkeit einer Abdichtung ausschließlich mit Hilfe eines Gefälles von mindestens 2 % erreichen lässt, wenn das zuträfe. Aus dem Fehlen solch einer Klarstellung lässt sich mit syntaktischen Überlegungen der Umkehrschluss ziehen, dass eine fachgerechte Abdichtung nach den anerkannten Regeln der Technik auch ohne ein Gefälle hergestellt werden kann[28]. Die DIN 18195 kann als ein vollständiges Regelwerk für eine dauerhafte Abdichtung angesehen werden. DIN-Normen sind bekanntlich Empfehlungen, die vom Arbeitsausschuss des Deutschen Instituts für Normung e. V. erarbeitet werden und grundsätzlich den Anspruch

erheben, allgemein anerkannt zu sein. Es erscheint ohne eine fundierte technische Begründung nicht überzeugend, dass die DIN 18195 ohne jeden Hinweis Regelwerke enthalten soll, die für eine fachgerechte Herstellung eines Bauteils im „Normalfall" unzureichend sind und im „Ausnahmefall" trotz ihrer Mängel hingenommen werden müssen. Die Annahme des OLG Düsseldorf, dass in der DIN 18195-5 eine Abdichtungsweise geregelt ist, die grundsätzlich als unzureichend zu bewerten ist, was der Anwender nicht erkennen könnte, wenn es nicht die Flachdachrichtlinie des Zentralverbands des Deutschen Dachdeckerhandwerks – Fachverband Dach-, Wand- und Abdichtungstechnik – e. V. gäbe, verkennt die Bedeutung, den Inhalt und die Systematik von DIN-Normen.

3.2.2.4 Unzureichende Feststellung der Ist-Beschaffenheit

Es wird nicht verkannt, dass die Herstellung einer Abdichtung ohne Gefälle mit gewissen Risiken verbunden sein kann[29], auf die der Sachverständige ausweislich des Urteils des OLG Düsseldorf allerdings nicht eingegangen ist. Es fehlen jegliche Ausführungen dazu, ob und in welchem Umfang irgendwelche Risiken trotz der fachgerechten Herstellung einer „Sonderkonstruktion" feststellbar waren. Solche Ausführungen sind in einem Gutachten unverzichtbar, um es dem Gericht zu ermöglichen, die Folgerichtigkeit der Argumentation des Sachverständigen zu überprüfen.

Deitschun[30] weist in seiner Anmerkung zu der Entscheidung des OLG Düsseldorf darauf hin, dass es bei genutzten Dachterrassenflächen ohne ausreichende Gefälleausbildung zu stehendem Wasser kommen könne, mit der Folge von Geruchsbelästigungen und auf Dauer zur Ansammlung von Flugsamen mit nicht gewolltem Bewuchs auf den Plattenbelägen. Ob und in welchem Maß das im konkreten Fall bei den auf Stelzenlagern befestigten Platten zutraf und ggf. nicht durch eine Verbesserung der Abflüsse hätte behoben werden können, ergibt sich aus der Entscheidung nicht.

Das OLG hätte sich mit den Befürchtungen der Kläger auseinandersetzen müssen, dass durch stehendes Wasser die Lebenszeit der Bitumenabdichtung verringert werde und Niederschlag in die Baukonstruktion eindrin-

---

[27] Vgl. Dazu Kniffka/Koeble, Kompendium des Baurechts, 3. Aufl. 5.Teil, Rdnr. 70

[28] Das entspricht der Auffassung der in Fn. 2 genannten Experten.

[29] Oswald/Abel, Hinzunehmende Unregelmäßigkeiten bei Gebäuden, 3. Aufl. 3.7

[30] Deitschun, IBR 2010, 324

gen und dort schädigend wirken könne. Die im Urteil dargestellten Untersuchungen des Sachverständigen deuten darauf hin, dass diese Befürchtungen unbegründet waren. Der Sachverständige hätte feststellen müssen, ob und in welchem Umfang sich das Risiko einer Pfützenbildung bei einem Nullgraddach in dem konkreten Fall verwirklicht hat. Aus der Entscheidung sind die Breite der Dachterrassen und die vorhandenen Entwässerungsmöglichkeiten nicht ersichtlich. Aus ihr ergibt sich aber, dass durch nachträgliche Kernbohrungen zusätzliche Abläufe hätten geschaffen werden können.

3.2.2.5 Expertenmeinungen

Die dargestellten methodischen Fehler bei der Gutachtenerstattung korrespondieren nach Hinweisen von ausgewiesenen Experten[31] mit technischen Fehlvorstellungen des OLG bzw. des Sachverständigen.

Die Flachdachrichtlinien sehen unter Ziff. 2.4. Abs. 1 ausdrücklich vor, die Dachentwässerung so zu konstruieren, dass Niederschläge auf kurzem Weg abgeleitet werden.

In der zur Ausführungszeit geltenden DIN 18195-5 wird im Abschnitt 6.1 „Bauliche Erfordernisse" im Pkt. 6.5 nur beschrieben, dass durch bautechnische Maßnahmen grundsätzlich dafür Sorge getragen werden müsse, dass Wasser, welches auf einer Abdichtung einwirken kann, in der Art abgeführt wird, dass es keinen oder nur einen geringfügigen hydrostatischen Druck auf die Abdichtung ausüben kann. Das ist nach der Logik der Norm dann der Fall, wenn eine Anstaubewässerung 100 mm Höhe nicht übersteigt (s. 18195-5 Abschnitt 1.1).

Im Abschnitt 3.2.1 der neuen Flachdachfachregel 10/2008 „Gefälle und Entwässerung",

---

[31] Die 37. Aachener Bausachverständigentage haben sich schwerpunktmäßig mit flachen Dächern befasst. Der Verf. hat die Problematik eines Nullgraddaches zur Vorbereitung seiner Besprechung der Entscheidung des OLG Düsseldorf mit Prof. Dr.-Ing. Oswald (seit Februar 2011 Obmann DIN 18195); Dipl.-Ing. Hans-Peter Sommer (bis zum Februar 2011 Obmann DIN 18195) und dem Sachverständigen Dachdeckermeister Stefan Ibold erörtert. Deren Auffassung wurde bei den 37. Aachener Bausachverständigentagen insbesondere von Dipl.-Ing. Matthias Zöller in seinem Referat und vom Dachdeckermeister Josef Rühle, Geschäftsführer Technik des ZVDH, in einem Gespräch mit dem Verfasser bestätigt.

der Regel für Abdichtungen genutzter Dächer und Flächen, sind die Vorgaben der DIN 18195-5 Abschnitt 6.5 übernommen. Danach kann eine bautechnische Maßnahme ein Gefälle aber auch eine erhöhte Anzahl von Abläufen oder Ablaufrinnen darstellen[32]. Mithin sind Alternativen im Bereich der Bauwerksabdichtung durchaus möglich. Sie stellen bei Einhaltung der in den Regelwerken vorgegebenen Maßnahmen keinen Mangel aus technischer Sicht dar, es sei denn, ein Gefälle wäre explizit vereinbart worden. Es gibt keine zwingende Notwendigkeit im Bereich der Bauwerksabdichtung ein Gefälle zu erstellen, wenn die alternativen baulichen Maßnahmen vorhanden sind.

Es muss allerdings ggf. beachtet werden, dass der nachfolgende Belag (Plattenbelag), der für die Dachterrasse über deren Abdichtung vorgesehen ist, dieser entsprechen muss. Die Verlegung eines Plattenbelags in einem Mörtelbett ohne Gefälle kann zu Problemen führen. Der Dachbauhandwerker ist verpflichtet, sich über die Art und die sich nach dem Belag richtende erforderliche Ausführungsweise Informationen einzuholen. Ggf. muss er beim Planer Bedenken anmelden, wenn die planerischen Notwendigkeiten nicht eingehalten wurden. Daraus haben sich im vorliegenden Fall bei der Verlegung der Platten auf Stelzenlagern, soweit ersichtlich, keine Probleme ergeben.

3.3 Unverhältnismäßigkeit der Nacherfüllung

Kniffka[33] verweist darauf, dass an die Voraussetzungen der Unverhältnismäßigkeit der Nacherfüllung nach der Rechtsprechung hohe Anforderungen zu stellen sind. Er kritisiert, dass Sachverständige in ihren Gutachten häufig die Auffassung vertreten, dass die Mängelbeseitigung wegen Unverhältnismäßigkeit nicht verlangt werden könne.

In gleicher Weise kritikwürdig ist es, dass einige Gerichte die Berufung des Auftragnehmers auf die Unverhältnismäßigkeit der Mängelbeseitigung entgegen der gesetzlichen Regelung in § 635 Ab.3 BGB grundsätzlich als unbeachtlich ansehen. Die Entscheidung des OLG Düsseldorf weist insoweit mehrere Rechtsfehler auf.

---

[32] vergl. Flachdachrichtlinie – Kommentar eines Sachverständigen, Stefan Ibold, 1. Auflage 2009, Seite 170 ff, Verlagsgesellschaft Rudolf Müller
[33] Kniffka/Koeble, 6. Teil Rdnr. 42; 20. Teil Rdnr. 48

Der Einwand der Unverhältnismäßigkeit ist gerechtfertigt, wenn das Bestehen auf ordnungsgemäßer Vertragserfüllung im Verhältnis zu dem dafür erforderlichen Aufwand unter Abwägung aller Umstände gegen Treu und Glauben verstößt. Hat der Besteller **objektiv ein berechtigtes Interesse** an einer **ordnungsgemäßen Erfüllung des Vertrages**, was insbesondere dann anzunehmen ist, wenn die **Funktionsfähigkeit des Werkes spürbar beeinträchtigt** ist, so kann die Nachbesserung regelmäßig nicht wegen hoher Kosten verweigert werden. Von Bedeutung bei der Abwägung ist auch, ob und in welchem Ausmaß der Unternehmer den Mangel verschuldet hat.

Eine konkrete **Beeinträchtigung der Funktionstauglichkeit der Abdichtung** hat das OLG Düsseldorf **nicht festgestellt**, was ihm hätte Veranlassung geben müssen, die Richtigkeit seiner syntaktischen Überlegungen bezüglich der Auslegung der Regelwerke zu überprüfen. Sie kann nach den übereinstimmenden Ausführungen der vom Verfasser angesprochenen Sachverständigen nicht unterstellt werden. Es ist aus der Entscheidung des OLG auch kein **objektiv berechtigtes Interesse** des Bestellers an einer Ausführung erkennbar, die von der vertraglichen Beschaffenheitsvereinbarung abweicht.

Das OLG hat angenommen, dass der Auftragnehmer vorsätzlich auf ein hinreichendes Gefälle verzichtet habe, obwohl der Dachdecker ihn auf die Flachdachrichtlinien hingewiesen und einen Auszug aus den Flachdachrichtlinien beigefügt hatte. Daraus ergibt sich entgegen der Annahme des OLG Düsseldorf keine vorsätzliche Pflichtverletzung. Der Vorwurf des Vorsatzes setzt im Zivilrecht das Bewusstsein der Pflichtwidrigkeit voraus. Ein Irrtum über den Umfang der Pflichten schließt den Vorsatz aus. Lediglich ein Irrtum über grundlegende Anforderungen des Rechts, die annähernd den Grad der Rechtsblindheit erreicht, schließt den Vorsatz nicht aus. Dass dem Auftragnehmer aufgrund des Schreibens der Dachdeckerfirma seine Pflichtwidrigkeit bewusst gewesen ist, obwohl in der Leistungsbeschreibung die Herstellung eines Gefälles nicht vorgesehen war, erscheint fraglich, zumal in der Praxis nicht nur vereinzelt, sondern überwiegend die Auffassung vertreten wird, dass eine Abdichtung mit zweilagigen Polymerbitumenbahnen nicht zwingend ein Gefälle voraussetzt.

Nach der Auffassung der vom Verfasser angesprochenen Experten gründet sich die Entscheidung des OLG Düsseldorf auf technische Fehlvorstellungen, obwohl das erstinstanzliche Landgericht ihm zumindest bezüglich der Frage der Unverhältnismäßigkeit der Nacherfüllung den richtigen Weg gewiesen hat. Daraus kann aber selbstverständlich nicht gefolgert werden, dass das OLG Düsseldorf vorsätzlich falsch entschieden hat.

3.4 Zusammenfassung

Soweit der Sachverständige die Auffassung vertritt, dass ausschließlich eine bestimmte Herstellungsweise den allgemein anerkannten Regeln der Technik entspricht, muss er in seinem Gutachten nachprüfbare Nachweise für seine Auffassung angeben, um den Parteien eine faire Chance zu geben dazu Stellung zu nehmen, ob die Vertreter dieser Meinung für die Baupraxis repräsentativ sind und diese tatsächlich allgemein anerkannt ist.

Der Sachverständige muss dem Gericht nachvollziehbar erläutern, welche Nachteile und Risiken *„nach dem Erkenntnisstand der maßgeblichen Techniker aufgrund fortdauernder praktischer Erfahrungen"* mit einer von ihm als mangelhaft bewerteten Herstellungsweise verbunden sind. Das gilt entsprechend für die Vorteile, die mit dem nach seiner Auffassung allein fachgerechten Herstellungsweise verbunden sind.

Der Planer und ebenso der bewertende Sachverständige muss die Gesamtheit mehrerer Regelwerke zusammen würdigen, um entscheiden zu können, ob und wie die Herstellung eines Bauteils im jeweiligen Einzelfall unter Berücksichtigung der vertraglichen Beschaffenheitsvereinbarung entsprechend den anerkannten Regeln der Technik herzustellen ist bzw. war.

4 Der Sachverständige als Berater des Gerichts

Die Erweiterung der Mängelrechte durch den funktionalen Mangelbegriff und der Ausschluss der Haftung über das Rechtsinstitut der Prüf- und Hinweis**pflicht** sowie die Bewertung des Mitverschuldens eines Auftraggebers erfordern umfassende **Kenntnisse der Baupraxis**, die der Sachverständige dem Gericht vermitteln muss. Nur dann, wenn der Sachverständige problembezogen zu allen Details des komplexen Fehlerbegriffs, des Beziehungsgeflechts und des erforderlichen Zusammenwirkens der unterschiedlichen

Baubeteiligten sowie dem Umfang und die Möglichkeiten der kritischen Überprüfung der Leistung eines Dritten aus der **Sicht eines erfahrenen Baupraktikers** Stellung nimmt, verfügt das Gericht über alle Informationen, die es als Grundlage für eine praxisgerechte Entscheidung benötigt.

Angesichts der Komplexität der Materie werden häufig weder die Anwälte noch das Gericht in der Lage sein, zielführende Beweisfragen zu formulieren. Deshalb ist eine konstruktive Zusammenarbeit des Gerichts mit dem Sachverständigen erforderlich, bei der dem **Sachverständigen die Funktion eines Beraters** zukommt.

Der Sachverständige sollte bereits bei der Formulierung der Beweisfragen durch das Gericht als Berater hinzugezogen werden. Er muss im Rahmen einer konstruktiven Zusammenarbeit mit dem Gericht klären, ob zur Erstattung eines zielführenden Gutachtens und zur Vermeidung von Ergänzungsgutachten einzelne Beweisfragen änderungsbedürftig oder ergänzungsbedürftig sind.

Der Sachverständige muss

1. wie ein Bauleiter oder Unternehmer den Inhalt von Leistungsverzeichnissen, Baubeschreibungen, Plänen etc. auslegen, um das Vertrags-Soll „aus der Sicht des Baupraktikers" zu klären,
2. bei der Auslegung „aus der Sicht des Baupraktikers" die Verhältnisse des Bauwerks und seines Umfelds, seinen technischen und qualitativen Zuschnitt, seinen architektonischen Anspruch würdigen,
3. dazu Stellung nehmen, welche Voraussetzungen ein Bauteil „aus der Sicht des Baupraktikers" erfüllen muss, damit es den üblichen Komfort- und Qualitätsansprüchen entspricht,

4. wie ein Bauleiter den Ist-Zustand mit dem gem. 1. bis 2. geklärten Soll-Zustand vergleichen, um zu beurteilen, ob ein Mangel vorliegt,
5. klären, ob die Beschaffenheitsvereinbarung zur Herstellung eines zweckentsprechenden funktionstauglichen Werks geeignet war,
6. dem Gericht nachvollziehbar erläutern,
   – welche Nachteile und Risiken mit einer bestimmten Ausführungsweise verbunden sind,
   – welche Vorteile mit einer nach seiner Auffassung allein fachgerechten Ausführungsweise verbunden sind
   – und auf welche nachprüfbaren allgemein anerkannten Erkenntnisse sich seine Annahme gründet, so
   – dass nur die von ihm favorisierte Ausführungsweise den anerkannten Regeln der Technik entspricht.
7. Wie ein Bauleiter während der Bauzeit die übliche Rollenverteilung der am Bau Beteiligten und die Grenzen des Fachwissens der verschiedenen Verfahrensbeteiligten kennen und benennen.
8. Er darf und soll zu der Verantwortlichkeit und der Höhe der Verursachungsquote der verschiedenen Baubeteiligten „aus der Sicht des Baupraktikers" Stellung nehmen.

Insoweit muss er zwangsläufig auch zu der Beurteilung von Rechtsfragen aus der Sicht des Baupraktikers Stellung nehmen. Das muss er offen und in einer Weise tun, die es den Anwälten und dem Gericht ermöglicht, zu überprüfen, ob er von zutreffenden Voraussetzungen ausgegangen ist. Kniffka, der Vorsitzende des Bausenats des BGH, hat das bei einem Vortrag vor Sachverständigen in Essen am 29.11.2010 mit einer erfreulichen Klarheit zum Ausdruck gebracht.

Uwe Liebheit
Studium der Theologie, seit 1964 Jurastudium. Richter am Amtsgericht Dortmund, am Landgericht Dortmund und seit 1983 am Oberlandesgericht Hamm, dort zuletzt 16 Jahre stellvertretender Vorsitzender bzw. Vorsitzender Richter eines Bausenats. Zwischendurch Rechtsanwalt in einer schwerpunktmäßig mit Bausachen befassten Anwaltskanzlei. Referent zu Fragen des Baurechts vor Rechtsanwälten, Unternehmern und insbesondere vor Sachverständigen. Lehrbeauftragter an der FH Münster/Steinfurt.

Planerische Voraussetzungen für Flachdächer mit hohen Zuverlässigkeitsanforderungen

Dipl.-Ing. Matthias Zöller, AIBAU, Aachen

Noch immer ist die Auffassung weit verbreitet, dass Flachdachabdichtungen nicht sicher seien. Dabei sind geneigte Dächer mit Eindeckungen nicht zuverlässiger als flache mit Abdichtungen. Nur lassen sich Fehler bei geneigten Dächern schneller lokalisieren und können deswegen mit vergleichsweise geringem Aufwand beseitigt werden. Bei Flachdächern dagegen besteht in der Regel das grundsätzliche Problem, dass aus der Lage der Schadensstelle im Gebäudeinnern keine Rückschlüsse auf die der schadensverursachenden Fehlstelle in der Abdichtung gezogen werden können. Nicht selten wird in einem Akt der Verzweiflung der gesamte Flachdachaufbau erneuert, um mit dem „Schuss aus Kanonen" den „Spatz" der Fehlstelle sicher zu erwischen. Die daraus entstehenden hohen Kosten und die nach wie vor bestehende Furcht vor erneuten Schadensfällen führen zu einem allgemein schlechten Ruf von Flachdachkonstruktionen. Wie aber kann diesem Problem begegnet werden? Mit dieser Frage beschäftigt sich folgender Beitrag, wobei der Schwerpunkt auf den technischen Zusammenhängen liegt und weniger auf Erläuterungen von Regelwerken, die im Beitrag [1] dargestellt wurden.

Zuverlässige Abdichtungen müssen sicher, gebrauchstauglich sowie dauerhaft sein. Flachdachabdichtungen sollen über ihre wirtschaftliche Nutzungsdauer auch bei Überlagerungen von ungünstigen Beanspruchungen unter Berücksichtigung sachgemäßer Wartung funktionieren. Vorgaben von Regelwerken dienen unter verallgemeinernden Bedingungen der Vermeidung von Schäden während der Nutzungsdauer und berücksichtigen dabei baupraktische Umstände. Dazu zählen die nötige Fehlertoleranz der handwerklichen Herstellung sowie das Risiko, dass die Abdichtung während der Verarbeitung und beim Aufbringen der folgenden Schichten beschädigt wird. Für die Dauerhaftigkeit der Abdichtung sind Alterungsprozesse durch Verwitterung sowie durch chemische und physikalische Prozesse zu berücksichtigen, die die Abdichtung im Laufe der Zeit verändern.

Das notwendige Maß der Zuverlässigkeit wird bestimmt durch die Bedeutung des Versagens sowie den Aufwand zur Schadensbeseitigung. Für einfache Bauaufgaben, wie zum Beispiel Vordächer, bei denen Undichtigkeiten zu keinen nennenswerten Schadensfolgen führen und Fehlstellen leicht gefunden werden können, sind einfache Abdichtungsmaßnahmen ausreichend. Wenn aber zum Beispiel Fehlstellen nur durch großflächige Entfernung von aufwändigen Gartengestaltungselementen aufgefunden werden können, wenn die unter den Flachdachflächen liegenden Räume hochwertig genutzt werden (zum Beispiel zur Produktion von hochwertigen Gütern, als Museen oder Archiven) oder wenn eine Reparatur mit kostenintensiven Betriebsunterbrechungen verbunden ist, muss die Abdichtung zuverlässig und dauerhaft an allen Stellen funktionieren. Ebenso sind an Dächer hohe Zuverlässigkeitsanforderungen zu stellen, wenn diese nur schwer zugänglich und Reparaturen mit einem hohen Aufwand verbunden sind. Dazu zählen Dächer von Hochhäusern oder solche, bei denen wegen eines hohen Installationsgrades die Dachabdichtung nicht zugänglich ist.

Zuverlässige Abdichtungen sollen auch bei hoher Beanspruchung einem nur geringen Beschädigungsrisiko unterliegen, dennoch eventuell vorkommende Beschädigungen der Abdichtung dürfen sich nicht oder nur unbedeutend auf den Feuchteschutz auswirken. Die Dichtungsfunktion und die zu erwartende Nutzungsdauer müssen überdurchschnittlich sein.

Bei Beachtung folgender Aspekte können Abdichtungen zuverlässig hergestellt werden.

1 Schichtdicke

Alle Abdichtungsstoffe sind auch in dünnen Schichtdicken wasserdicht. Größere Dicken erhöhen aber den Schutz gegen Beschädigung und Verwitterung, stabilisieren die Abdichtung über Fehlstellen im Untergrund, verbessern die Rissüberbrückung und ermöglichen die Verarbeitung unter Baustellenbedingungen.

So sehen die Regelwerke für Abdichtungen [3], [5] und [6] bei höheren Anforderungen oder bei höheren Qualitätsklassen größere Schichtdicken vor.

2 Stoffe

Abdichtungsstoffe müssen unter Baustellenbedingungen verarbeitet werden können. Dazu zählen Beanspruchungen aus dem Untergrund, etwa unvermeidbare Unebenheiten, Rissrandbewegungen oder Baufeuchte. Abdichtungen müssen auch unter vergleichsweise ungünstigen klimatischen Bedingungen unter freiem Himmel hergestellt werden können. Sie müssen auch unter ungünstigen Bedingungen in Abhängigkeit der Anordnung unter Belägen, Begrünungen oder ohne zusätzlichen Oberflächenschutz ausreichend beständig sein und dürfen sich nicht auflösen oder rasch verwittern. Das gilt sowohl für die Abdichtungen, als auch für deren Nahtfügungen sowie für die Anschlüsse an aufgehende Bauteile.

3 Gefällegebung

Seitens der am Bau Beteiligten werden gerne folgende Gründe gegen Gefällegebungen angeführt:

- für die Herstellung eines Gefälles entsteht ein hoher Aufwand;
- eine fachgerechte Gefällegebung führt zu funktionellen und formalen Zwängen;
- ein gefälleloses Dach mit Pfützen ist auch dicht;
- durch Instandhaltungsmaßnahmen (im Sinne der DIN 18531 Teil 4 [5]) werden negative Folgen gefälleloser Dächer kompensiert.

Gefällegebungen erfordern größere Konstruktionshöhen, können Probleme bei den Anschlüssen an aufgehende Bauteile ergeben, bedeuten einen erhöhten Aufwand für gefällegebende Schichten entweder im Rohbau oder aber für Estriche beziehungsweise Dämmungen. Abdichtungen sind aufgrund der zum Teil gegeneinander geneigten Oberflächen an Kehlen und Graten aufwändiger in der Herstellung. Dachabläufe müssen an Tief-

punkten liegen, was nicht selten zu Problemen der Leitungsführung in den darunterliegenden Geschossen führt. Bei größeren Gefällen besteht ein gewisses Risiko, das der Belag abrutscht. Gefällegebung bedeutet daher einen deutlich höheren Planungs- und Herstellungsaufwand.

Bei gefällelosen Dächern aber unterliegt die Abdichtung deutlich höheren Beanspruchungen:

An den Rändern von Pfützen wird die Abdichtung wechselweise durch Feuchtigkeit und abtrocknenden Schlamm bei unterschiedlichen Temperatursituationen in unmittelbarer Nachbarschaft beansprucht. In länger stehenden Pfützen können sich Rotalgen oder andere Mikroorganismen bilden, die die Abdichtung beziehungsweise deren Nähte angreifen. Auf gefällelosen Abdichtungen können sich Schmutzkrusten bilden, die beim Abtrocknen an denselben Stellen aufreißen und durch Kerbspannungen die Abdichtung gefährden (Bild 1-3).

Dauernässe auf Kunststoffdachbahnen kann zur Anlagerung von Wasser in der molekularen Struktur führen, wodurch sich die Eigenschaften der Bahnen verschlechtern können. Insbesondere unter Frosteinwirkung können die Bahnen verhärten und zerspringen (sog. Shattering).

Dauernässe in Belagsschichten können Frostschäden an Estrichen oder Belägen verursachen. Stauwasser in Belagsschichten kann zum Versumpfen insbesondere von extensiven Begrünungen oder Veralgung der Oberflächen von Terrassenplatten führen bzw. hat einen erhöhten Wartungsaufwand zur Beseitigung unerwünschten Pflanzenbewuchses zur Folge.

Dagegen wird sich auf Abdichtungen mit Gefällegebung Wasser nicht wesentlich anstauen. Der hydrostatische Druck und die Dauer der Einwirkung auf kleinere Fehlstellen sind unter diesen Bedingungen gering (Bild 4).

Die zuvor beschriebenen Nachteile von gefällelosen Dachabdichtungen werden durch Gefällegebungen vermieden. Pfützenfreiheit erfordert aber ein Gefälle von 4–5 % (in Abhängigkeit der Rauigkeit der Oberflächen). Das ist in vielen Fällen nicht realisierbar. Auf Dachterrassen führt ein Gefälle von mehr als 3 % zu Nutzungseinschränkungen auf den vergleichsweise stark geneigten Flächen. Die Regelwerke fordern daher nicht pfützenfreie Dächer, sondern ein Mindestgefälle, um für einen ausreichenden raschen Wasserabfluss

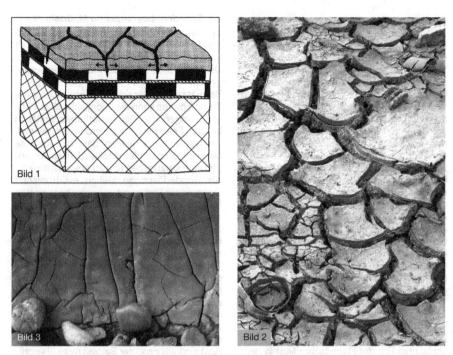

Bild 1, 2, 3: Rissbildungen in der Oberfläche der Abdichtung aufgrund Kerbspannungen aus Schmutzauflage

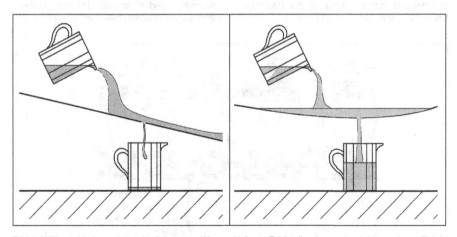

Bild 4: Während bei geneigten Abdichtungen Wasser kleinere Fehlstellen kaum durchdringen kann (links), kann die gleiche Fehlstelle in Pfützenbereichen (rechts) erhebliche Schäden zur Folge haben (aus [7])

zu sorgen. Kleinere Pfützenbildungen sind unvermeidbar, die sich aber nicht wesentlich auswirken.

Gefällegebungen haben daher den großen Vorteil, die Beanspruchung auf die Abdichtung zu verringern und die Folgen von Fehlstellen erheblich zu vermindern. Dennoch sind sie bei Standardausführungen nicht immer erforderlich, bei geplanten Anstaubewässerungen von intensivem Begrünungen soll die Abdichtung sogar gefällelos sein.

Bei Verzicht auf Gefälle ist aufgrund zulässiger Unebenheiten auf großen Dachflächen in Überlagerung mit Deckendurchbiegungen, die sich durch Schwinden und Kriechen erst nachträglich einstellen, und mit Staustufen an Abläufen aufgrund mehrlagiger Abdichtungsanschlüsse mit großen Pfützen mit Tiefen von bis zu 10 cm zu rechnen. Daher sollte auch bei Unterschreitung der Regelvorgaben zu Gefällegebungen von 2 % ein Mindestgefälle planerisch vorgegeben werden, das tiefe und große Pfützen vermeidet.

4 Vermeidung der Unterläufigkeit

Die eingangs erwähnte Hauptursache für den schlechten Ruf der Flachdächer liegt in dem schon beschriebenen Problem, eine Abtropfstelle im Innenraum nicht unmittelbar einer verursachenden Leckstelle in der Abdichtung zuordnen zu können, solange der Dachaufbau hinterläufig gestaltet ist (Bild 5).

4.1 Schadensbegrenzende Maßnahmen

Zur Vermeidung dieses Problems werden in den Regelwerken [5] und [6] in Abhängigkeit von der Dachgröße, der Nutzung und der Qualitätsklasse folgende Maßnahmen vorgegeben.

Bei wasserdurchlässigen Dämmschichten mit Dampfsperren kann die Dachfläche durch Abschottungen des Dämmstoffquerschnitts in kleinere Felder unterteilt werden, um bei evtl. Leckstellen zu vermeiden, dass der gesamte Dachaufbau durchfeuchtet wird. Abschottungen sind vorzugeben und zu dokumentieren.

Als Sonderlösungen stehen elektronische Systeme zur Verfügung, die unter bestimmten Randbedingungen durch in den Dachaufbau eingelegte, rasterförmige Feuchtigkeitsmessfühler evtl. Leckstellen auf Bildschirmen sichtbar machen und damit die Leckortung ermöglichen sollen.

Die Abschottung des Dämmstoffquerschnitts oder automatisierte Leckortungsmaßnahmen sind aber nur schadensbegrenzende Maßnahmen. Sie helfen nicht, Schäden grundsätzlich zu vermeiden. Die Wirkung von Abschottungen hängt stark von der Ausführungssorgfalt des jeweiligen Handwerkers ab und lässt sich während der Bauzeit nicht überprüfen. Elektronische Leckortungssysteme sind nur sinnvoll, wenn sie dauerhaft über Jahre hinweg den Feuchtezustand der Dachflächen überprüfen und nicht erst aktiviert werden, wenn es zu Abtropfstellen im Innenbereich

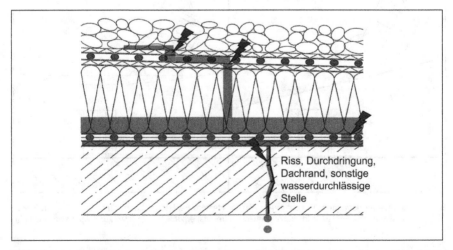

Riss, Durchdringung, Dachrand, sonstige wasserdurchlässige Stelle

Bild 5: Bei einzelnen Fehlstellen in jeweils mehreren Lagen, die in Verbindung stehen, ist eine Abtropfstelle im Innenraum nur schwer einer verursachenden Stelle in der Abdichtung zuzuordnen

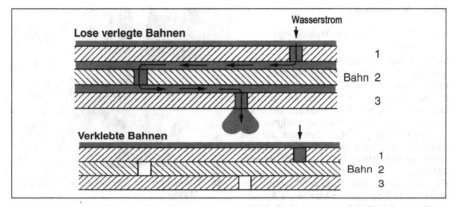

Bild 6: Funktionsprinzip von mehrlagig ausgeführten und vollflächig miteinander verbundenen Dichtungsschichten. Fehlstellen in einzelnen Schichten führen zur Wasserdurchlässigkeit der Abdichtung (oben) und bleiben ohne Auswirkung, solange kein Wasser zwischen den Abdichtungsschichten fließen kann (unten)

kommt. Zu diesem Zeitpunkt wird bereits ein größerer Teil der Dachfläche so stark durchfeuchtet sein, dass eine Leckortung mithilfe der elektronischen Systeme nicht mehr möglich ist.

4.2 Schadensvermeidende Konzepte

Die Zuverlässigkeit einer Abdichtung sollte daher durch schadensvermeidende Konzepte erhöht werden, bei denen mögliche Fehler in der Abdichtung sich nicht oder nur unwesentlich auswirken. Dazu zählen Konzepte, bei denen aus der Lage von evtl. Abtropfstellen im Innenraum auf die der schadensverursachenden Leckstelle in der Abdichtung geschlossen werden kann. Bei Industriegebäuden mit Leichtdachkonstruktionen sind Dachflächen in der Regel vergleichsweise stark geneigt, so dass Wasser im Dachaufbau sich nur in eine Richtung zur Traufe verteilt und deswegen schadensverursachende Leckstellen mit vergleichsweise geringem Aufwand feststellbar sind.

Bei mehrlagigen Abdichtungssystemen kann die Zuverlässigkeit nur durch vollflächiges Verbinden der einzelnen Lagen erzielt werden (Bild 6).

Diese Eigenschaft kann auf die Verbindung der Abdichtung zum Untergrund übertragen werden, Deckenkonstruktionen aus Stahlbeton können zum Feuchteschutz mitgenutzt werden (Bild 7).

Konstruktionsbeton weist bereits wasserundurchlässige Eigenschaften auf mit Ausnah-

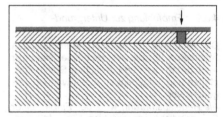

Bild 7: Fehlstellen in der Abdichtung bleiben auch ohne Auswirkung, solange kein Wasser zwischen dieser und einem wasserundurchlässigen Untergrund sickern kann

me an Rissen, Fugen, Durchdringungen oder vergleichbaren Stellen, an denen Wasser die Decke durchdringen kann. Wenn Abdichtungssysteme so fest mit dem Beton verbunden werden, dass sich kein Wasser zwischen Untergrund und Abdichtung verteilen kann, werden sich Fehlstellen in dieser nur auswirken, wenn sie über Rissen oder andere wasserführende Stellen liegen. In solchen Fällen kann die Abtropfstelle im Innenraum unmittelbar der schadensverursachenden Fehlstelle in der Abdichtung zugeordnet werden, die deswegen mit geringem Aufwand beseitigt werden kann. In den meisten Fällen aber werden Fehlstellen in der Abdichtung zu keinerlei Schäden führen, da unter Löchern in der Abdichtung der Feuchteschutz durch den sonst wasserundurchlässigen Beton übernommen wird.

4.3 Ausführung

4.3.1 Empfehlung zum Abdichtungssystem

Verbundabdichtungen können durch flächiges Aufschmelzen von Bitumenbahnen ausgeführt werden, wobei aber die Hohlstellenfreiheit sehr stark von der Ausführungssorgfalt des jeweiligen Handwerkers abhängt. Besser ist das Gießverfahren geeignet, bei dem heiß-flüssige Bitumenmasse auf die Stahlbetondecke aufgegossen wird, in die Bitumenbahnen blasenfrei eingerollt werden (Bild 8).

Prinzipiell lassen sich Verbundabdichtungen auch durch flüssig zu verarbeitende Abdichtungssysteme herstellen, wobei die Anforderungen an die klimatischen Bedingungen vor und während der Verarbeitung, an die Trockenheit des Untergrundes und an die Ausführungssorgfalt höher sind als bei Verfahren mit Heißbitumen.

4.3.2 Empfehlung zur Untergrundvorbehandlung

Die Richtlinie für wasserundurchlässigen Stahlbeton [8], die WU-Richtlinie, sieht zur Ausführung der Fuge zwischen Stahlbetonplatten und aufgehenden Außenwänden Folgendes vor:

Als Regelausführung wird der Einbau einer Fugenabdichtung empfohlen. Für ... Mindestwanddicken von 300 mm ist es jedoch auch möglich, bei entsprechend sorgfältiger Fugenvorbereitung und sorgfältigem Anbetonieren einen dichten Anschluss des Betons in bewehrten Arbeitsfugen ohne zusätzliche Einbauteile zu erreichen. Dazu sind folgende Maßnahmen durchzuführen:

Am Tag nach dem Betonieren der Bodenplatte ist die Zementschlämme auf der Oberfläche ... mit scharfem Wasserstrahl zu entfernen und das Korngerüst freizulegen ... Die Arbeitsfuge muss kornrau, mattfeucht, frei von Verunreinigungen und von Rückständen (z. B. Schalungstrennmittel) sein ...

In Bild 9 ist eine Stahlbetondecke zu sehen, auf der in einem Teilbereich die wasserführende Zementschlämme, die Zementleimschicht, noch vorhanden ist und im anderen Bildteil diese bereits entfernt wurde.

Für adhäsive Verbindungen von Abdichtungen aus KMB und wasserundurchlässigem Beton beim Lastfall zeitweise stauendes Sickerwasser fordert DIN 18195 in Teil 9 [4] zur Untergrundvorbereitung und -vorbehandlung

Bild 8: Verlegung von Bitumenbahnen im Gießverfahren

Bild 9: Links ist die Oberfläche einer Stahlbetondecke mit Zementleimschicht (Betonschlämme) zu sehen, durch die Wasser sickern kann. Im rechten Bildteil ist diese (durch Strahlen) entfernt, das Korngerüst des Betons ist freigelegt

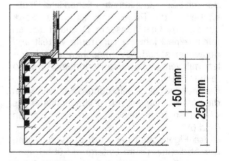

Bild 10: Die gepunkteten Flächen sollen mechanisch abtragend vorbehandelt werden, um eine nicht unterläufig in Verbindung zwischen Abdichtung und wasserundurchlässige Beton sicherzustellen (aus [9])

Folgendes: *Bei Ort-Betonbauteilen ist der Untergrund mechanisch abtragend, z. B. durch Fräsen, so vorzubereiten, dass er frei von Verunreinigungen und losen Bestandteilen ist ...* (Bild 10).

Durch mechanisch abtragende Vorbehandlung mit Entfernung der Zementleimschicht kann der Sickerweg durch die Bodenanschlussfuge bei WU-Wänden vermieden sowie eine nichtunterläufige Verbindung zwischen Abdichtung und Beton hergestellt werden.

Die mechanische abtragende Vorbehandlung des Untergrunds kann auch auf Deckenflächen ausgeführt werden, um die Sickerfähigkeit zwischen Abdichtung und Beton zu verringern und damit die Zuverlässigkeit zu erhöhen. Wie bereits beschrieben, kann dazu *am Tag nach dem Betonieren ... die Zementschlämme auf der Oberfläche ... mit scharfem Wasserstrahl entfernt* werden, um *das Korngerüst* (des Betons) *freizulegen.*

Bei älteren Deckenplatten kann die Oberfläche durch Sand- oder Kugelstrahlen bearbeitet werden, wobei aber mit großen Staubbelastungen und Lärm zu rechnen ist. Das Schleifen der Oberfläche mit Diamant bestückten Scheiben und direkter Staubabsaugung hat sich bewährt, dieses Verfahren ist schneller und weniger umweltbelastend.

Die vorbehandelte Stahlbetondecke soll grundiert werden, um den Untergrund zu verfestigen sowie kleinste Unebenheiten zu füllen und damit die Haftfläche zwischen Flüssigbitumen zum Beton zu vergrößern (Bild 11).

4.4 Wärmeschutz

Der Wärmeschutz bei Verbundabdichtungen kann durch geeignete extrudierte Hartschaum-Dämmplatten auf der Seite der Wasserbeanspruchung der Abdichtung erreicht werden, den sogenannten Umkehrdächern.
Soll die Dämmung unter der Abdichtung liegen, sind Dachaufbauten mit hitzebeständigen Dämmplatten geeignet, wobei dafür geeignete Schaumglasplatten und Duroplast-Platten aus Polyurethan jeweils auch als Gefälledämmplatten erhältlich sind. Bei diesen sogenannten Kompaktdächern werden Dämmplatten in Heißbitumen eingegossen und auf diesen Bitumenbahnen im Gießverfahren verlegt. Da längere Sickerwege aufgrund möglicherweise nicht vollständig gefüllter Fugen zwischen den Dämmplatten nicht ganz vermeidbar sind, können zur Erhöhung der Zuverlässigkeit Kompaktdächer mit Verbundabdichtungen kombiniert werden.

5 Fehlertoleranz

Dachabdichtungen werden von Handwerkern unter freiem Himmel hergestellt. Daher sollen Stoffe nicht nur unter Laborbedingungen verarbeitbar sein, sondern auch bei durchschnittlicher Ausführungssorgfalt zu zuverlässigen Abdichtungen führen.

Die Anforderungen an den Untergrund, die Arbeitsbedingungen und der Zeitabschnitt nach der Verarbeitung müssen die Baustellenrealität berücksichtigen. Wenn Stoffe bzw. Systeme nur zu funktionierenden Abdichtungen führen, wenn z. B.:

– der Untergrund bei der Verarbeitung besonders trocken ist,
– die frisch verarbeitete Abdichtung geschützt werden muss, damit diese durch Witterungseinflüsse, unbeabsichtigtes Begehen oder Tiere nicht beschädigt werden kann,
– bei Dächern mit geringem Gefälle mit Stoffen geringer Mikrobenbeständigkeit durch besondere Maßnahmen zu sorgen ist, dass Wasser an keiner Stelle längerfristig stehen bleibt,
– besondere Anforderungen an die Nahtfügetechnik von Bahnen zu beachten sind, um

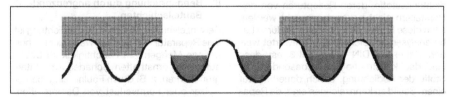

Bild 11: Die heiße Bitumenmasse haftet nur auf den Kuppen, füllt aber nicht die (mikrofeinen) Täler der Oberfläche des Untergrunds (links). Die niedrig-viskose Grundierung füllt die Täler (Mitte), so dass die flüssig aufzubringende Abdichtung eine deutlich größere Verbindungsfläche zum Untergrund aufweist und damit der Haftverbund größer und die Gefahr der Unterläufigkeit kleiner wird (rechts)

diese auf Dächern mit wechselnden klimatischen Bedingungen ausreichend sicher verbinden zu können,

sind hohe Anforderungen an die Organisation der Baustelle und die Verarbeiter zu stellen. Dennoch kann bereits die Nichtbeachtung einer dieser besonderen Anforderung die Zuverlässigkeit der Abdichtung mindern oder gar aufheben.
Daher sind Systeme zuverlässiger, bei denen einzelne, geringfügige Abweichungen nicht zum Versagen des Gesamtsystems führen. Dazu zählen Abdichtungen, die bei schwierigen klimatischen Verhältnissen auf noch leicht feuchten Untergründen verarbeitet werden können, bei denen einzelne kleinere Verarbeitungsfehler nicht zu Schäden führen und solche, die unmittelbar nach der Verarbeitung begehbar und gegen mechanische Beschädigungen wenig anfällig sind.

6 Wartbar- und Reparierbarkeit

Die Reparierbarkeit möglicher Schäden ist ein wesentlicher Aspekt der Zuverlässigkeit. Wie im Abschnitt 4 bereits dargelegt, setzt die Reparierbarkeit die Auffindbarkeit einer möglichen Fehlstelle voraus.
DIN 18531 fordert in Teil 3 [5] zwischen Aggregaten, Rohrleitungen etc. einen Mindestabstand zur Abdichtung von 50 cm, damit die Abdichtung gewartet werden kann.
Der Abdichtungsstoff soll so beschaffen sein, dass auch nach Jahren ein Reparaturabdichtungsstreifen mit der Dachabdichtung dauerhaft verbunden werden kann, wobei homogene Verbindungen durch Aufschmelzen bzw. Schweißen dauerhafter sind als Klebeverbindungen. Wie aber kann ein Planer oder ein Dachdecker vor Ort herausfinden, welche Materialien verwendet wurden, um überhaupt eine homogene Verbindung herstellen zu können? Bei der Vielzahl der heute üblichen Abdichtungsstoffe, deren Rezepturen von den Herstellern nicht bekannt gemacht werden, kann diese Frage noch nicht einmal durch Laboranalysen mit Sicherheit beantwortet werden. Daher legt DIN 18531 Teil 3 fest, dass Flachdachkonstruktionen, insbesondere die Stoffe der Abdichtung, örtlich dauerhaft auf einem Schild zu kennzeichnen sind, da Reparaturen die Kenntnisse der verarbeiteten Stoffe voraussetzt.
Einbauteile sollen demontabel und damit wartbar gestaltet sein und nicht eingeklebt

werden, damit Inspektionen sowie Reparaturen ohne größere zerstörende Maßnahmen möglich sind.
Diese Anforderungen gelten bislang grundsätzlich für nicht genutzte Dachflächen, sind aber unter Berücksichtigung der jeweiligen Nutzung des Daches und der Schichtenfolge über der Abdichtung auch auf andere Dachflächen übertragbar.

7 Schutzlagen

Abdichtungen können durch schwere Schutzschichten wie Kies, Begrünungen oder Dämmungen geschützt werden. Dies setzt die Mikrobenbeständigkeit der Abdichtung einschließlich deren Nahtfügungen voraus.
Der Nachteil von dickeren Schutzlagen besteht in einer höheren Wartungsintensität für die Kontrolle von Verwehungen (bei Schüttungen), der Reinigung der Oberflächen sowie Pflegemaßnahmen bei Terrassenbelägen und Begrünungen. Weiterhin ist die Abdichtung für Kontrollen schwer beziehungsweise nicht zugänglich.
Andererseits lassen sich durch dicke Schutzschichten Abdichtungen gut schützen. Temperaturschwankungen sind wesentlich geringer, die UV-Einstrahlung und andere Strahlungsbelastungen werden von den Oberflächen der Abdichtungen effizient ferngehalten, mechanische Beanspruchungen z. B. aus Windeinwirkung oder Hagelschlag werden gemindert. Alterungsprozesse der Abdichtung werden erheblich verzögert, die Nutzungsdauer wird deutlich erhöht. Der beste Schutz wird in Umkehrdächern durch Dämmlagen über Abdichtungen erzielt.
Allerdings sollen auch die Teile der Abdichtung an Durchdringungen und Dachrändern geschützt werden, damit in diesen Bereichen keine vorzeitigen Schwachstellen entstehen.

8 Beanspruchung durch angrenzende Bauteilschichten

Bei einzelnen Fehlstellen in der Abdichtung ist eine Reparatur nur möglich, wenn nicht schon geringe Mengen von Feuchtigkeit im Dachaufbau zu ernsthaften Schäden am Untergrund führen, z. B. durch Fäulnis eingebauter Hölzer oder Formverlust von Dämmstoffen. Abdichtungen auf formstabilen, feuchteunempfindlichen und dauerhaften Untergründen führen daher zu einer geringeren Beanspruchung der Abdichtung.

9 Detailausbildungen

Details, wie Dachrandabschlüsse oder Anschlüsse an aufgehende Bauteile, wie Durchdringungen, Anschlüsse an Terrassentüren, aufgehende Fassaden etc., sollen zuverlässig und dauerhaft ausgebildet werden sowie zu Wartungszwecken zugänglich sein.

Durchdringungsstellen und Dachränder sowie Anschlüsse an aufgehende Bauteile sollen als Hochpunkte ausgebildet werden, um dort Stauwasser zu vermeiden. Die Anzahl von Durchdringungen soll auf ein Mindestmaß reduziert werden, wozu die Abdichtung durchdringende Leitungsführungen gebündelt werden können. Liegen die Durchdringungen an Dachrändern bzw. vor Fassaden, können diese durch Einbindung in quaderförmige Umhausungen über die wasserführende Ebene angehoben werden, an die die Abdichtung einfach angeschlossen werden kann (Bild 12).

Niveaugleiche Türschwellen sollen ebenfalls in der Abdichtungsebene höher liegend ausgeführt werden, um eine Gefällegebung der Abdichtung (und des Belags) von der Schwelle zur Dachfläche zu ermöglichen und die Beanspruchung auf die Schwelle zu mindern. Details dazu können dem Beitrag zu niveaugleichen Türschwellen [10] entnommen werden.

10 Zusammenfassung

Die Zuverlässigkeit von Flachdachabdichtungen hängt stark von der Auffindbarkeit von möglichen Fehlstellen in der Abdichtung ab. Bei den häufig hinterläufigen Dachaufbauten sind Abtropfstellen im Innenraum schadensverursachenden Leckstellen in der Abdichtung nicht zuordbar. Dieser Zusammenhang führt zur landläufigen Meinung, Flachdächer seien nicht sicher dicht zu bekommen. Unter Beachtung bestimmter Maßnahmen können aber sehr zuverlässige, dauerhafte und wenig wartungsintensive Abdichtungen geplant und hergestellt werden.

Leichte Dachkonstruktionen, die im Industrie- und Gewerbebau üblich sind, vermeiden durch starke Gefällegebungen Pfützen, weswegen sich kleinere Fehlstellen nicht auswirken. Falls doch Wasser in die Dachkonstruktion eindringen sollte, sind wegen des Gefälles keine langen Sickerwege zu erwarten, so dass Fehlstellen auffindbar sind.

Im Wohnungs- und Objektbau bestehen Dachdecken häufig aus Stahlbeton, der zum Feuchteschutz bei der Anordnung von Verbundabdichtungen herangezogen werden kann. Hautförmige Abdichtungen im festen und nicht hinterläufigen Verbund zur Stahlbetondecke wirken schadensvermeidend, evtl. Fehlstellen in der Abdichtung werden sich nur

Bild 12: Links: Die Rohrdurchführungen sind sehr ungünstig vor dem Dachrand zu einem Kamin angeordnet und weisen einen zu geringen Abstand zueinander auf.
Rechts: Da gerade bei Maßnahmen im Gebäudebestand die Lage der Durchdringungsstellen i. d. R. nicht auf das notwendige Maß von mindestens 15 cm (nach [4], gemessen zwischen Aufkantung und Außenkante Flansch) verändert werden kann, bietet sich die quaderförmige Umhausung und Zusammenfassung der Durchdringungsstellen an

über wasserweiterleitenden Stellen im Beton, wie Risse, Fugen oder Durchdringungen, überhaupt erst auswirken können. Für Abdichtungen sollen bewährte Stoffe verwendet werden. Gefällegebungen vermindern die Beanspruchung auf die Abdichtung und mögliche Folgen von kleineren Fehlstellen. Abdichtungen sollen, sofern sie nicht durch dickere Schutzschichten abgedeckt sind, wartbar und kontrollierbar sein. Dickere Schutzschichten, insbesondere solche mit Dämmlagen, reduzieren erheblich die Beanspruchung auf Abdichtungen und erhöhen deren Nutzungsdauer. An- und Abschlüsse von Dächern sollen höher liegend ausgeführt werden, um auch deren Beanspruchung zu reduzieren. Grundsätzlich sollten Details eine möglichst einfache Führung der Abdichtung zulassen.

Sind aber diese Maßnahmen alle gleichzeitig zu ergreifen oder genügen einzelne davon, wenn ja, welche sind in Kombination erforderlich?

DIN 18531 [5] fordert für die höhere Qualitätsklasse (Anwendungskategorie K2) die Kombination von dickeren Stoffen, Gefällegebung von 2 % (1 % in Kehlen), die Zugänglichkeit der Oberfläche sowie an Details und empfiehlt Maßnahmen gegen Folgen der Unterläufigkeit.

Einzelne Maßnahmen, die einen hohen Grad an Zuverlässigkeit gewähren, können bereits zu sicheren Abdichtungen führen.

So werden sich zum Beispiel bei pfützenfreien Abdichtungen mit Gefälle von mehr als 5 % (auch in Rinnen und Kehlen) aus bewährten, dauerhaften Stoffen kleinere Fehlstellen nicht auswirken. Solche Abdichtungen sind zuverlässig.

Abdichtungen im Verbund mit Stahlbeton unter schwerem Oberflächenschutz aus bewährten, dauerhaft wasserdichten Stoffen vermeiden die Folgen von Unterläufigkeit und altern praktisch nicht. An- und Abschlüsse sollten dabei angehoben werden, um deren Beanspruchung zu minimieren. Auch solche Abdichtungen sind selbst bei einer Unterschreitung des Gefälles von 2 % zuverlässig.

Die planerischen Voraussetzungen für Flachdächer mit hohen Zuverlässigkeitsanforderungen haben folgende Ziele: einen hohen Grad an Sicherheit, die dauerhaft zuverlässige Abdichtung, die Einschränkung oder Vermeidung der Folgen von Unterläufigkeiten, bei evtl. auftretenden Schäden die Auffindbarkeit und damit Reparierbarkeit einer Fehlstelle. Diese Ziele lassen sich auch erreichen, wenn nicht alle der oben aufgeführten Maß-

nahmen gleichzeitig ergriffen werden. Für sichere Flachdächer ist eine sachbezogene Beurteilung erforderlich, nicht die formale Einhaltung aller in den Regelwerken stehenden Anforderungen.

11 Regelwerke und Literatur

[1] Zöller, M.: Bahnenförmig oder flüssig, mehrlagig oder einlagig, mit oder ohne Gefälle? Zur Theorie und Praxis der Bauwerksabdichtungen. Tagungsbeitrag Aachener Bausachverständigentage 2009

[2] DIN 18195-2:2009-04 Bauwerksabdichtungen Teil 2: Stoffe

[3] DIN 18195-5:2000-08 Bauwerksabdichtungen Teil 5: Abdichtungen gegen nichtdrückendes Wasser auf Deckenflächen und in Nassräumen; Bemessung und Ausführung

[4] DIN 18195-9:2010-05 Bauwerksabdichtungen Teil 9: Durchdringungen, Übergänge, An- und Abschlüsse

[5] DIN 18531:2010-05 Dachabdichtungen – Abdichtungen für nicht genutzte Dächer
Teil 1: Begriffe, Anforderungen, Planungsgrundsätze
Teil 2: Stoffe
Teil 3: Bemessung, Verarbeitung der Stoffe, Ausführung der Dachabdichtung
Teil 4: Instandhaltung

[6] Fachregel für Abdichtungen – Flachdachrichtlinie. Regel für Abdichtungen nicht genutzter Dächer; Regel für Abdichtungen genutzter Dächer und Flächen. Zentralverband des Deutschen Dachdeckerhandwerks, Ausgabe Oktober 2008

[7] Oswald, R., Rojahn, H.: Schäden an genutzten Flachdächern. Band 35, Reihe Schadenfreies Bauen, Fraunhofer IRB Verlag, Stuttgart, 2005.

[8] DAfStb Richtlinie Wasserundurchlässige Bauwerke aus Beton (WU-Richtlinie), Ausgabe November 2003 (erhältlich seit Mai 2004), Deutscher Ausschuss für Stahlbeton im Deutschen Institut für Normung e.V., Berlin
und
Heft 555 Deutscher Ausschuss für Stahlbeton, Erläuterungen zur DAfStb-Richtlinie wasserundurchlässige Bauwerke aus Beton

[9] Oswald, R.: Schwachstellen – Schubladendenken, die Beanspruchung und Abdichtung erdberührter Bauteile. In: db Deutsche Bauzeitung, September 2009

[10] Wilmes, K., Zöller, M.: Praxiserfahrungen und Lösungsansätze bei niveaugleichen Türschwellen. Beitrag 15 in vorliegendem Band, mit dem die wesentlichen Ergebnisse des Forschungsberichts vorgestellt werden: Oswald, R., Wilmes, K., Abel, R.: Schadensfreie niveaugleiche Türschwellen. AIBau Aachener Institut für Bauschadensforschung und angewandte Bauphysik, gem. GmbH, Aachen, 2010

Dipl.-Ing. Matthias Zöller
*Architekturstudium an der TU Karlsruhe; seit 1995 eigenes Architektur-
und Sachverständigenbüro in Neustadt a. d. Weinstraße; seit 2003 Lehr-
beauftragter für Bauschadensfragen an der Fakultät für Architektur an der
Universität Karlsruhe und Freier Mitarbeiter im AIBau; seit 2004 ö.b.u.v.
Sachverständiger für Schäden an Gebäuden und seit 2007 Referent im
Masterstudiengang Altbauinstandsetzung an der Universität Karlsruhe.*

Sturm, Hagelschlag, Jahrhundertregen – Praxiskonsequenzen für Dachabdichtungs-Werkstoffe und Flachdachkonstruktionen

Kurt Michels, Obmann DIN 18531, Dachdeckermeister, Mayen

1 Alle reden vom Wetter – wir auch!

Sturm, Hagelschlag, Jahrhundertregen, lang anhaltende Hitzeperioden sowie sonstige extreme Wetterbedingungen sind Naturereignisse.

Unter der Überschrift Klimaveränderung berichten die Medien seit einigen Jahren über die Auswirkungen von extremen Wetterbedingungen. Sturmschäden bei Dachflächen mit Deckungen und Abdichtungen, hagelschlagbeschädigte Dächer, Autokarosserien und Landwirtschaftsflächen, durch Starkregen oder großer Schneelast verursachte Dacheinstürze sind nur einige Beispiele dafür. Es darf darüber spekuliert werden, ob unsere Dachflächen durch den angekündigten Klimawandel tatsächlich wesentlich höheren Beanspruchungen als in der Vergangenheit ausgesetzt werden. Nachfolgend wird aufgezeigt, welche Anforderungen an Planung und Ausführung seitens der technischen Regelwerke zurzeit bestehen. Des Weiteren stellt sich die Frage, ob das derzeitige Schutzniveau der technischen Regelwerke ausreichend ist oder ob an einigen Stellen nachjustiert werden soll.

2 Welche Bereiche sind bei diesem Thema zu berücksichtigen?

- Öffentliches Baurecht
- Privatrechtliche Regelungen
- Versicherungsrechtliche Regelungen

LBO NRW Allgemeine Anforderungen [1]
Bauliche Anlagen sowie andere Anlagen und Einrichtungen im Sinne von § 1 Abs. 1 Satz 2 sind so anzuordnen, zu errichten, zu ändern und instand zu halten, dass die öffentliche Sicherheit oder Ordnung, insbesondere Leben, Gesundheit oder die natürlichen Lebensgrundlagen, nicht gefährdet werden.

Bauprodukte dürfen nur verwendet werden, wenn bei ihrer Verwendung die baulichen Anlagen bei ordnungsgemäßer Instandhaltung während einer dem Zweck entsprechenden Zeitdauer die Anforderungen dieses Gesetzes oder aufgrund dieses Gesetzes erfüllen und gebrauchstauglich sind.

Schutzziele für bauliche Anlagen [1]

- Standsicherheit
- Schutz gegen schädliche Einflüsse (Feuchteschutz)
- Brandschutz
- Wärme-, Schall-, Erschütterungsschutz
- Nutzungs- und Verkehrssicherheit

Privatrechtliche Anforderungen
Bauleistungen müssen

- den gesetzlichen Anforderungen des öffentlichen Baurechts entsprechen
- für die gewöhnliche Verwendung geeignet sein
- den vertraglichen Vorgaben entsprechen
- den anerkannten Regeln der Technik entsprechen

3 Allgemeine Anforderungen Technische Regelwerke

Nicht genutzte Dachkonstruktionen mit Dachabdichtungen sind in der Regel frei und ungeschützt den Temperatur- und Witterungsbeanspruchungen ausgesetzt. Die Bemessung der Schichten des Dachaufbaus, insbesondere der Dachabdichtung, erfolgt nach den anerkannten Regeln der Technik.

- DIN 18531 Dachabdichtungen – Abdichtungen für nicht genutzte Dächer
- Fachregel für Abdichtungen

Die Regelwerke beinhalten Anforderungen an die Planung, Bemessung und Ausführung der Dachabdichtung und an die zur Verwendung kommenden Stoffe. Dies gilt auch für die mit der Dachabdichtung im Zusammenhang stehenden Schichten des Dachaufbaus.

Dachabdichtungen müssen das Eindringen von Niederschlagswasser in das zu schützende Bauwerk verhindern.

Nach DIN 18531-1 müssen die Art der Stoffe, die Anzahl der Lagen und deren Anordnung sowie das Verfahren zur Herstellung der Dachabdichtung in ihrem Zusammenwirken und unter Berücksichtigung der Bewegungen des Untergrundes die Funktion der Dachabdichtung sicherstellen. [2]

Die Eigenschaften von Dachabdichtungen dürfen sich unter den Einwirkungen und den daraus resultierenden Beanspruchungen, mit denen unter den örtlichen Verhältnissen und bei dem gewählten Abdichtungsaufbau üblicherweise zu rechnen ist, nicht so verändern, dass die Funktion und der Bestand während der Nutzungsdauer der Dachabdichtung beeinträchtigt werden. [2]

Diese Anforderungen werden von einer Dachabdichtung während einer wirtschaftlich angemessenen Nutzungsdauer dann erfüllt, wenn sie nach den Bestimmungen der Normen DIN 18531-1 bis DIN 18531-4 geplant, bemessen, ausgeführt und instand gehalten wird. [2]

Die Anforderungen aus den technischen Regelwerken können allerdings nicht alle extremen Naturereignisse abdecken. Extreme Wetterbedingungen wie Sturm, Hagelschlag, Jahrhundertregen, länger anhaltende Hitzeperioden mit tropischen Temperaturen oder starke Schneefälle in ansonsten schneearmen Regionen, können in Einzelfällen die Belastungsgrenzen der Baukonstruktion überschreiten.

4 Allgemeine Anforderung an die Stoffe [3]

Die in DIN 18531-1 genannten Anforderungen an die Dachabdichtung müssen durch entsprechende Eigenschaften der zu verwendenden Stoffe sichergestellt werden. Die Stoffe müssen unter Berücksichtigung ihrer Einbauart und den jeweiligen Beanspruchungen im Zusammenwirken mit den anderen Teilen der Dachabdichtung und des Dachaufbaus insbesondere folgenden Anforderungen genügen:

– Wasserdichtheit bei den zu erwartenden Beanspruchungen;
– ausreichende Standfestigkeit, Dehnfähigkeit und Reißfestigkeit unter den zu erwartenden Temperaturen, Verformungen und Windbelastungen;

– ausreichende Perforationsfestigkeit bei bestimmungsgemäßem Gebrauch der Dachabdichtung;
– ausreichende Dimensionsstabilität unter den zu erwartenden Temperaturen;
– ausreichende Widerstandsfähigkeit gegen UV-Strahlung, unter gleichzeitiger Einwirkung von Wasser, sofern sie ungeschützt der direkten Witterung ausgesetzt sind.

Die maßgebenden Eigenschaften dürfen sich im eingebauten Zustand unter den gegebenen Einwirkungen nicht so verändern, dass die Nutzungsdauer der Dachabdichtung nicht erreicht werden kann.

5 Gebäudeversicherung

Im Regelfall schließt eine Sturmversicherung das Schadensereignis Hagelschlag mit ein. Sturm ist eine nach Angaben der Versicherungen wetterbedingte Luftbewegung von mindestens Windstärke 8. Nach der offiziellen Windstärkenskala gilt Sturm als Definition erst ab Windstärke 9.

In den Musterbedingungen der Versicherer gibt es keine Definition für Hagel. Die Gefahr Hagel ist in der Regel unabhängig vom Ausmaß (z. B. Korngröße) ohne Eingrenzung versichert.

5.1 Windsogsicherung/Sturm

Die Windsogsicherung von Dachabdichtungen ist nach der bauaufsichtlich eingeführten Norm DIN 1055-4 zu ermitteln. Durch ausreichend bemessene Sicherungsmaßnahmen müssen Kräfte, die auf die Dachabdichtung einwirken, sicher in die Unterlage abgeleitet werden. [5]

Als Sicherungsmaßnahmen unterscheidet man:

1. Auflast z. B. Kiesschüttung, Dachbegrünung (siehe Bild 2)
2. Mechanische Befestigung z. B. Telleranker, Nagelung (siehe Bild 3)
3. Verklebung z. B. Heißbitumen, PU-Kleber (siehe Bild 4)

In den einschlägigen Regelwerken sind Anforderung für geschlossene Gebäude bis 25 m Höhe beschrieben. Bei höheren Gebäuden sind für die Ermittlung von Windlasten und die Bemessung der erforderlichen Sicherungsmaßnahmen generell Einzelnachweise erforderlich.

Tabelle 1: Windstärkenskala ab Windstärke 6 [4]

Windstärke	Bezeichnung	Kennzeichen	Windgeschwindigkeit		
			M/s	km/h	Kn
6	starker Wind	bewegt starke Äste, Pfeifen in Telegrafenleitungen	13,80	49,7	27,6
7	steifer Wind	Bäume in Bewegung, Widerstand beim Gehen gegen den Wind	17	61,2	34
8	stürmischer Wind	bricht Zweige von den Bäumen	20,60	74,2	41,2
9	Sturm	kleine Schäden an Häusern	24,6	88,2	49
10	schwerer Sturm	entwurzelt Bäume, größere Schäden an Häusern	28,30	101,9	56,9
11	orkanartiger Sturm	verbreitet Sturmschäden	32,30	116,3	64,6
12	Orkan	schwere Sturmschäden	36,30	132,9	73,8
13	Orkan		37,0–41,4 M/s 134–149 km/h		

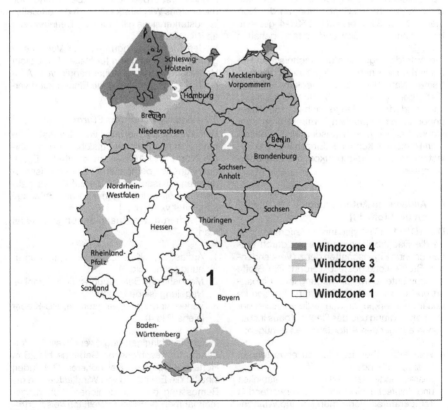

Bild 1: Windzonen [6]

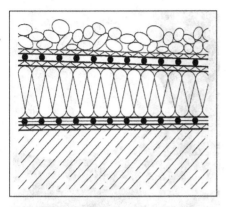

Bild 2: Nicht belüftetes Dach, Abdichtung mit Kunststoff- oder Elastomerbahnen, lose Verlegung mit Auflast [7]

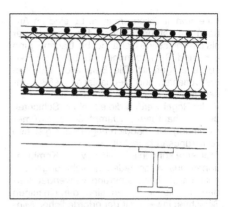

Bild 3: Nicht belüftetes Dach, Abdichtung mit Kunststoff- oder Elastomerbahnen, mechanisch befestigt [7]

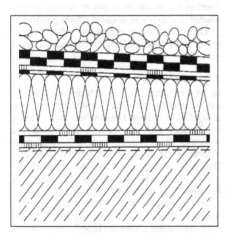

Bild 4: Nicht belüftetes Dach, Abdichtung mit Bitumenbahnen, verklebte Verlegung [7]

Die einwirkende Windbelastung ist abhängig von: [5]

– Windzone (1 bis 4)
– Geländekategorie (I bis IV)
– der Gebäudehöhe
– der Dachform
– der Dachneigung
– der Dachbereiche (Ecke, – Rand – und Innenbereiche)
– Attikahöhe und -form
– Lasteinzugsfläche (Außendruckbeiwerte $c_{pe,1}$ bis $c_{pe,10}$)

Wenn die einzelnen Differenzierungen der Windbelastung nach Norm berücksichtigt werden sollen, ist für jedes Dach ein Einzelnachweis erforderlich.
Nach der Fachregel für Abdichtungen kann die Bemessung Windsogsicherung auch mit

Tabelle 2: Auszug Sicherungsmaßnahmen Höhe >10m ≤ 18m [6]

Windzone II Binnenland		Kies [cm]				Befestiger pro m²				Stifte pro m²			
		F	G	H	I	F	G	H	I	F	G	H	I
Scharfkantige Traufe		16,7	13,3	8,0	5,0	6,0	4,8	2,9	2,0	40	32	19	11
mit Attika	hp/h = 0,025	14,7	12,0	8,0	5,0	5,3	4,3	2,9	2,0	35	29	19	11
	hp/h = 0,05	13,3	10,7	8,0	5,0	4,8	3,8	2,9	2,0	32	26	19	11
	hp/h = 0,10	12,0	9,3	8,0	5,0	4,3	3,4	2,9	2,0	29	23	19	11

Hilfe von Tabellen erfolgen. Es sind im Anhang I Ausführungsarten für Flachdächer als geschlossene Gebäude, bis Dachneigung < 5° und Gebäudehöhen bis 25 m als Beispiele aufgeführt. Die Beispiele umfassen Kiesauflasten und mechanische Befestigungen. [6]

In der Regel werden die einzelnen Schichten des Dachaufbaues (Dampfsperre, Wärmedämmung, Dachabdichtung) in der gleichen Sicherungsart befestigt.

Probleme können entstehen, wenn Kombinationen aus verschiedenen Sicherungsmaßnahmen als Lagesicherung verwendet werden. In diesen Fällen sind die einzelnen Schichten jeweils mit der erforderlichen Mindestanzahl oder Mindestmenge zu sichern. Beispiel:

Bild 5: Hagelkörner

– Auf Holzuntergrund mechanisch befestigte Trenn- und Ausgleichsschicht
– Dampfsperrbahn im Schweißverfahren aufgeklebt
– Wärmedämmung mit PU- Kleber geklebt
– mehrlagiger Dachabdichtung vollflächig kaltselbstklebend verlegt

Erfahrungsgemäß können für geschlossene Gebäude bis 25 m Höhe bei Verlegung ohne Auflast Ausführungen gemäß nachstehender Tabelle als ausreichende Sicherung gegen Abheben durch Windkräfte angesehen werden [7].

Bei Kaltbitumenkleber und PUR- Kleber fordern die Regelwerke, dass die entsprechenden Angaben der Hersteller beachtet werden.

Erforderliche Herstellerangaben:

– Haltbarkeitsdatum
– Anwendungs- und Klimarandbedingungen
– Verarbeitungsvorschriften z. B. Angaben zur Menge, Verteilung,
– Untergrundvorbehandlung

Werden bei Instandsetzungen Befestigungselemente durch vorhandene wärmegedämmte Dachaufbauten geschraubt, sollen korrosionsbeständige Befestiger verwendet werden. [7]

5.2 Hagelschlag

Nicht genutzte Dachabdichtungen können mit oder ohne schweren Oberflächenschutz ausgeführt werden. Bei Dächern mit massiver Tragkonstruktion kann in der Regel ein schwerer Oberflächenschutz z. B. Kies oder extensive Dachbegrünung geplant werden. Dachabdichtungen auf Leichtdachkonstruktionen werden meist ungeschützt oder mit leichtem Oberflächenschutz z. B. mit besplitteten Oberlagsbahnen ausgeführt. Die Dachabdichtung eines nicht genutzten Daches kann mit einem schweren Oberflächenschutz wirksam gegen Hagel geschützt werden. Insbesondere frei der Witterung ausgesetzte einlagige Dachabdichtungen, auf weichen Dämmstoffunterlagen z. B. aus Mineralwolle

Tabelle 3: Verklebung bis 25 m Höhe bei geschlossenen Gebäuden [7]

Bereiche	Heißbitumen	Kaltbitumen ca. 100g/m und Streifen	PUR- Kleber ca. 40g/m und Streifen
Innenbereich (I)	10 % der Fläche	2 Streifen/m²	4 Streifen/m²
Innenbereich (H)	20 % der Fläche	3 Streifen/m²	5 Streifen/m²
Randbereich (G)	30 % der Fläche	3 Streifen/m²	6 Streifen/m²
Eckbereich (F)	40 % der Fläche	4 Streifen/m²	8 Streifen/m²

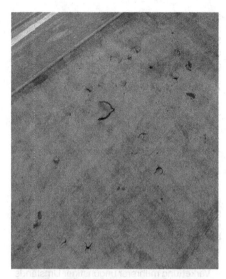

Bild 6: Hagelschaden an einlagiger Dachabdichtung
mit Kunststoffbahnen

Bild 7: Hagelschaden an einem Lichtband

oder EPS, können den hohen mechanischen Beanspruchungen durch Hagelniederschläge meist nicht schadlos widerstehen.
Mehrlagige Dachabdichtungen aus Bitumen- und Polymerbitumenbahnen sind generell widerstandsfähiger als einlagige Dachabdichtungen. Im Extremfall kann auch bei solchen Dachabdichtungen ein Hagelschaden nicht ausgeschlossen werden (siehe Bild 8). Außerdem sind Lichtkuppeln und Lichtbänder in der Regel ebenfalls nicht in der Lage einen größeren Hagelschlag schadlos zu überstehen. Es können sogar Dachdeckungen aus

Bild 8: Hagelschaden an mehrlagigen Dachabdichtung mit Bitumenbahnen

Ziegel, Schiefer oder Faserzementplatten beschädigt werden.
In DIN 18531-1 wird Hagelschlag als sonstige mechanische Beanspruchungen durch Einwirkungen während der Nutzungsdauer aufgeführt. Dachabdichtungen, die in besonders Hagelschlag gefährdeten Gebieten ausgeführt werden, müssen demnach als mechanisch hoch beansprucht eingestuft werden. [1]

6 Jahrhundertregen

Für die Ermittlung der Regenspende ist nach den Bemessungsregeln der Berechnungsregen und der Jahrhundertregen zu unterscheiden.
Berechnungsregenspende $r_{(D/T)}$ ist die Menge Niederschlag, die für eine bestimmte Dauer pro Sekunde auf ein Hektar fällt. Dabei gibt D die Dauer (5 Minuten) der Regenspende an und T die durchschnittliche Wiederkehrperiode der Regenspende (5 Jahre oder 100 Jahre).
Anzunehmende Regenspende in Aachen:

– Berechnungsregenspende 5/5   300 l/(s • ha)
– Jahrhundertregen 5/100   500 l/(s • ha)

7 Anforderung an die Dachentwässerung

Dachentwässerungen sind grundsätzlich nach DIN EN 12056-3 und DIN 1986-100 zu planen und auszuführen. [2]
Die Abläufe von Innenentwässerungen sind grundsätzlich an den tiefsten Stellen der zu entwässernden Teilflächen vorzusehen. Die Höhenlage der Notab- bzw. Notüberläufe ist

nach DIN EN 12056-3 festzulegen. Dafür sind bei der Planung die am Bauwerk zu erwartenden Verformungen und Durchbiegungen zu berücksichtigen.
Bei Freispiegelentwässerung, insbesondere aber bei einer Dachentwässerung mit Druckströmung ist mit einem vorübergehenden Wasseranstau zu rechnen. [2]
Dachabläufe müssen zu Wartungszwecken frei zugänglich sein. [2]
Innen liegende Entwässerungen erfordern eine sorgfältige Planung sowie zur Funktionserhaltung eine mindestens halbjährliche Reinigung und Wartung. [8]
Bei Gefälledächern erhält man unterschiedlich große Einzugsgebiete pro Entwässerungselement. Dies erfordert einen gesonderten Nachweis pro Teilfläche. Diese Berechnung sollte gemeinsam mit dem Ablaufhersteller geführt werden. Die Durchbiegung der Unterkonstruktion muss hierbei berücksichtigt werden. [8]
Ein Kiesfang/Laubfang vermindert die Ablaufleistung um 50 %. Wenn der Ablauf mit Kiesfang vom Hersteller als System werkseitig mit der Ablaufleistung angegeben wurde, ist eine Reduzierung nicht mehr notwendig. [8]
Die Unterkante des Notüberlaufs muss oberhalb der erforderlichen Stauhöhe (Druckhöhe je nach Rohrdurchmesser und Fallleitung 35 bis 45 mm) für den gewählten Dachablauf liegen. Es wird empfohlen, die Notüberläufe grundsätzlich auf Anstauhöhe und nicht höher einzubauen. [8]
Die Notentwässerung muss mindestens die Differenz zwischen Jahrhundertregen und dem Abflussvermögen des Dachentwässerungssystems, bezogen auf den Berechnungsregen, entwässern können. Eine zusätzliche Sicherheit bietet ein Notüberlauf, der alleine durch seinen Querschnitt die Jahrhundertregenspende entwässern kann. [8]

7.1 Möglichkeiten der Notentwässerung

– Dachabläufe mit Anstauelement und freier Entwässerung auf das Grundstück
– Entwässerung mit Attikagullys
– partielle Absenken der Attika auf die Mindeststauhöhe

Trotz Einhaltung aller Anforderungen aus bauaufsichtlichen und sonstigen technischen Regelwerken sind immer wieder Dacheinstürze infolge zu großer Wasseransammlungen zu beklagen. Die Gründe hierfür können sehr unterschiedliche Ursachen haben.

– Verkettung mehrerer ungünstiger Umstände
– Mangelhafte Wartung der Entwässerungseinrichtungen
– Behinderung des Wasserablaufes durch Aufbauten
– Falsche Annahme der anfallenden Wassermenge

7.2 Schadensfall Dacheinsturz nach Tauwettereinbruch

In diesem Fall handelt es sich um eine unbeheizte Lagerhalle. Hier sind die Abläufe im Bereich der Fallrohrabwinkelung bei Frost eingefroren, sodass der Wasserabfluss teils eingeschränkt, teils unmöglich war. In der Frostperiode schneite es derart, dass ca. 20

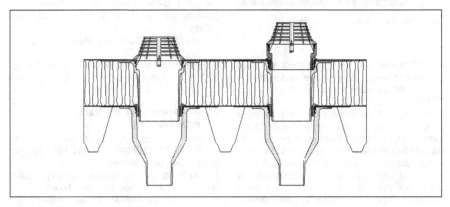

Bild 9: Notablauf in der Dachfläche

Michels/Sturm, Hagelschlag, Jahrhundertregen

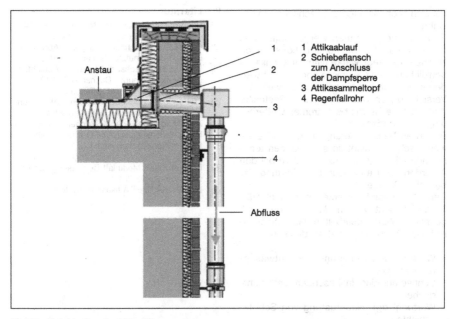

Anstau

1 Attikaablauf
2 Schiebeflansch
  zum Anschluss
  der Dampfsperre
3 Attikasammeltopf
4 Regenfallrohr

Abfluss

Bild 10: Notablauf an der Attika [9]

Bild 11: Behinderung des Wasserablaufes

Bild 12: Vereiste Fallrohrleitung

Bild 13: Eingestürzte Leichtdachhalle

bis 25 cm Schnee auf dem Dach lag. Infolge der danach einsetzenden Tauwetterperiode mit heftigen Regenniederschlägen stürzte das Dach ein.

8 Fazit

Nicht genutzten Dachkonstruktionen mit Abdichtungen müssen sowohl den bauaufsichtlichen Anforderungen als den Planungs- und Ausführungsgrundsätzen der Technischen Regelwerke entsprechen. Das bei Umsetzung diesen Regelungen erreichte Schutzniveau hat sich nach Meinung der Fachexperten bewährt.

Es muss hingenommen werden, dass das Schutzniveau für Baukonstruktionen nach Normen und Regelwerke niemals auf alle erdenklichen Naturereignisse abgestimmt werden kann. Darüber hinaus müssen weiterhin Versicherungen das sogenannte Restrisiko durch höhere Gewalt bei extremen Wetterbedingungen abdecken.

Bedarf an Nachbesserungen unserer Regelwerke sehe ich nicht so sehr bei den technischen Mindeststandards, sondern bei den Anforderungen an Pflege und Wartung der baulichen Anlagen.

Dem Nutzer von Bauwerken muss noch stärker verdeutlicht werden, dass z. B. durch regelmäßige Wartungsarbeiten das Schadensrisiko erheblich gemindert werden kann.

- Wartung und Reinigung von Entwässerungsanlagen
- Schneeräumung, insbesondere bei Leichtdächer
- Wartung, ggf. Nachrüstung von Schutzschichten
- Installation von Meldesystemen

9 Literatur

[1] Bauordnung für das Land Nordrhein-Westfalen – Landesbauordnung (BauO NRW)
[2] DIN 18531-1 Dachabdichtungen – Abdichtungen für nicht genutzte Dächer – 05/2010
[3] DIN 18531-2 Dachabdichtungen – Abdichtungen für nicht genutzte Dächer – 05/2010
[4] Deutscher Wetterdienst, Offenbach
[5] DIN 18531-3 Dachabdichtungen – Abdichtungen für nicht genutzte Dächer – 05/2010
[6] ZVDH Fachregel für Abdichtungen 10/2008 Anhang 1 Windsoglasten auf Dächer mit Abdichtungen (Flachdächer) nach DIN 1055-4
[7] ZVDH Fachregel für Abdichtungen 10/2008
[8] Entwurf ZVDH Merkblatt Bemessung von Entwässerungen 03/2011
[9] LORO DRAINLET Attikaablaufsystem

Kurt Michels
Dachdeckermeister und seit 36 Jahren Ausbilder und Dozent am Bundesbildungszentrum des Deutschen Dachdeckerhandwerks e. V. (BBZ) in Mayen.
Mitarbeit in der ZVDH-Abteilung Fachtechnik, ZVDH-Betreuer des AK Abdichtungen. Obmann der DIN 18531 Dachabdichtungen; Mitarbeit in verschiedenen AA des NABau u. a. DIN 18195, DIN 4102-7; Mitarbeit in verschiedenen GAEB Arbeitskreisen.

Der Wärmeschutz bei Dachinstandsetzungen – Typische Anwendungsfälle und Streitpunkte bei der Erfüllung der EnEV

Dipl.-Ing. Martin Oswald, M.Eng., AIBAU, Aachen

1 Ausgangssituation und Problemstellung

Der durch Treibhausgas-Emissionen verursachte Klimawandel und die Endlichkeit fossiler Energieressourcen haben dazu geführt, dass dem Klimaschutz und damit einhergehend auch der Reduzierung des Energiebedarfs im Gebäudesektor große Bedeutung beigemessen wird. In diesem Zusammenhang wurden in den letzten Jahren auf europäischer Ebene zahlreiche Richtlinien verabschiedet und in nationales Recht umgesetzt. Die im Jahr 2002 in Kraft getretene erste europäische Gebäuderichtlinie (EPBD – Energy Performance of Buildings Directive) [1] forderte erstmalig eine umfassende energetische Betrachtung eines Gebäudes unter Berücksichtigung des Energiebedarfs für Beleuchtung und Kühlung und führte darüber hinaus den Energieausweis ein, um die Energieeffizienz eines Gebäudes transparenter zu machen.

Auf Basis der Gebäuderichtlinie und der Überarbeitung des Energieeinsparungsgesetzes (EnEG) [2] erfolgte die Neufassung der Energieeinsparverordnung (EnEV) im Jahr 2007 [3]. Im Jahr 2009 trat ein weiteres novelliertes Energieeinsparungsgesetz in Kraft [4] und auf Grundlage dessen die zum 1. Oktober 2009 erschienene neueste Fassung der Energieeinsparverordnung [5]. Diese stellt Mindestanforderungen an die Energieeffizienz eines Gebäudes, die im Vergleich zur Fassung aus dem Jahr 2007 durchschnittlich um 30 % verschärft wurden. Die Anforderungen beziehen sich im Wesentlichen auf die thermische Qualität der Gebäudehülle und die Anlagentechnik nicht nur von neu zu errichtenden sondern auch von bestehenden Gebäuden. Bei bestehenden Gebäuden müssen gemäß § 9 Abs. 1 EnEV [5] die Mindestanforderungen bei baulichen Veränderungen an Bauteilen der wärmeübertragenden Umfassungsfläche, z. B. im Rahmen der Durchführung größerer Instandsetzungsarbeiten, eingehalten werden. Die Anforderungen gelten für bestehende Gebäude ebenfalls als erfüllt, wenn der Primärenergiebedarf des geänderten Bestandsgebäudes die für einen entsprechenden Neubau (Referenzgebäude) geltenden Maximalwerte um nicht mehr als 40 % überschreitet.

Dieser Gesamtzusammenhang soll zu Beginn des vorliegenden Beitrags hervorgehoben werden, da in der Praxis bei Instandsetzungen der Gebäudehülle häufig übersehen wird, dass es neben dem Einbau zusätzlicher Dämmschichten auch andere Wege gibt, um die Anforderungen der EnEV zu erfüllen.

Anhand einiger Fallbeispiele werden nachfolgend typische Anwendungsfälle vorgestellt, die bei der Erfüllung der Anforderungen der EnEV bei Dachinstandsetzungen auftreten können. Es soll aufgezeigt werden, unter welchen Bedingungen bei Arbeiten am Bauteil „Flachdach", die Anforderungen der EnEV zu erfüllen sind. Für Sachverständige ist es wichtig zu wissen, dass grundsätzlich zwei „Situationen" zu unterscheiden sind:

a) „Standardfall": Austausch von Bauteilen der wärmeübertragenden Umfassungsfläche im Rahmen von größeren Instandsetzungsarbeiten

b) „Gewährleistungsfall": betrifft die Beseitigung von Mängeln im Rahmen der Gewährleistung

Der erste Fall („**Standardfall**") betrifft die Frage nach den Anforderungen, die z. B. bei einer größeren Instandsetzung eines Altdaches, eingehalten werden müssen. „Größere Instandsetzung" meint im Sinne der DIN 18531-4 [6] das Beheben von Schäden, z. B. wenn die technische Lebensdauer der Abdichtung erreicht ist und diese ihre vorgesehene Funktion nicht mehr erfüllen kann.

Im zweiten Fall („**Gewährleistungsfall**") geht es um die Frage, ob bei Nacherfüllungsarbeiten, d. h. bei der Beseitigung von Mängeln während der Gewährleistungszeit, die Anfor-

Bild 1: Altdach des Anbaus mit aufgehender vollver-
glaster Fassade

derungen gemäß § 9 Abs. 1 EnEV [5] einzuhalten sind und wer bejahendenfalls die Mehrkosten zu tragen hat. Die richtige Antwort auf
diese Frage ist offenbar umstritten. Eine Klärung liegt im Interesse des Bausachverständigen, da dieser sich mit Nacherfüllungskos-
ten auseinandersetzen muss.
Anhand eines Fallbeispiels werden darüber
hinaus die baukonstruktiven Probleme bei der
Sanierung eines Flachdachs aufgezeigt, die
bei der Umsetzung der Anforderungen gemäß
EnEV auftreten können.

2 Größere Instandsetzungsarbeiten ("Standardfall")

Der „Standardfall" soll anhand eines praktischen Beispiels erörtert werden [7]. Es handelt
sich um die Instandsetzung eines 30 Jahre
alten Flachdachs des Anbaus eines Hallen-
bads. In den sich unterhalb des Anbaus befindlichen Umkleideräumen war es zu Durch-
feuchtungen gekommen. Bild 1 zeigt das zu
sanierende Flachdach mit der an den Anbau
anschließenden Schwimmhallen-Fassade.
In Bild 2 ist die Schichtenfolge und die Attika
des Altdachs dargestellt. Es handelte sich
um eine Warmdachkonstruktion mit gefälleloser Abdichtung, die auf der Hauptfläche
über einer als Notabdichtung fungierenden
Dampfsperre 80 mm EPS-Dämmstoff aufwies. Im Randbereich zur aufgehenden Fassade waren durch eine Absenkung der Roh-
betondecke 140 mm EPS-Dämmstoff eingebaut (siehe Bild 3). Die Attika schließt mit
großteiligen Aluminiumfassaden-Kassetten
ab.
An verschiedenen Öffnungsstellen zeigte die
große Anzahl an Abdichtungslagen (bis zu
sechs Lagen) einfachster Qualität, dass das
Dach schon vielfach repariert werden musste.
Weiterhin wurde eine z. T. deutliche Durchfeuchtung der Dämmung von im Mittel 10
Vol.-% festgestellt.

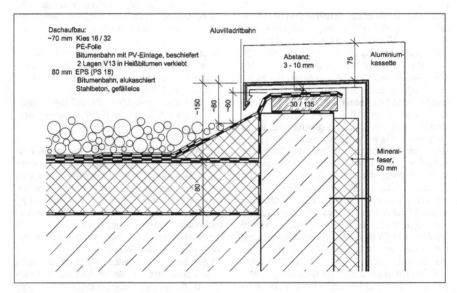

Bild 2: Schichtenfolge und Attika des Altdachs

Im Rahmen des Gutachtens wurde ein Instandsetzungskonzept erarbeitet, welches eine Dachhauterneuerung vorsah. Weiterhin wurde der Frage nachgegangen, ob der bestehende Dachaufbau trotz Durchfeuchtung auf dem Dach verbleiben konnte.

Darüber hinaus musste beantwortet werden, inwiefern die Anforderungen der zu dieser Zeit gültigen EnEV bei dieser Art von Maßnahmen einzuhalten waren.

2.1 Anforderungen gemäß Energieeinsparverordnung

Größere Dachinstandsetzungsarbeiten sind als eine „Änderung" im Sinne des § 9 Abs. 1 EnEV [5] zu verstehen, wenn Außenbauteile „ersetzt (...) oder in der Weise erneuert werden, dass die Dachhaut bzw. außenseitige Bekleidungen (...) ersetzt oder neu aufgebaut werden". Im Zuge einer größeren Dachinstandsetzungsmaßnahme, z. B. bei der Erneuerung der Dachhaut eines Flachdachs, ist entsprechend den Anforderungen nach § 9 Abs. 1 und Anlage 3 Tab. 1 EnEV [5] auch der Wärmeschutz der zu sanierenden Fläche so zu verbessern, dass der maximal zulässige Wärmedurchgangskoeffizient (U_{max}) nicht überschritten wird (siehe Tabelle 1). Für Flachdächer beträgt der maximal zulässige Wärmedurchgangskoeffizient bei normal beheizten Gebäuden 0,20 W/(m²·K), was einer Dämmschichtdicke von 20 cm bei einem Bemessungswert der Wärmeleitfähigkeit λ von 0,040 W/(m·K) entspricht.

Dies trifft auch auf das zuvor vorgestellte Fallbeispiel zu, da das Instandsetzungskonzept die Erneuerung der Dachhaut einschloss. Es ist aber zu beachten, dass zum Zeitpunkt der konkreten Instandsetzungsmaßnahme die EnEV 2002 [8] galt, die einen maximal zulässigen Wärmedurchgangskoeffizient bei normal beheizten Gebäuden von 0,25 W/(m²·K) vorsah (Dämmschichtdicke von 16 cm bei einem Bemessungswert der Wärmeleitfähigkeit λ von 0,040 W/(m·K)).

Dachhauterneuerungen sind daher in der Regel mit einer Ergänzung der Wärmedämmung verbunden.

Die Regelung, dass bei ohnehin durchzuführenden Arbeiten am Dach der Wärmeschutz verbessert werden muss, erscheint sinnvoll, da sich diese Maßnahme auch für den Eigentümer rechnen kann.

Eine derartige Verbesserung des Wärmeschutzniveaus ist aber im Hinblick auf die Anforderungen der EnEV nicht bei allen Instandsetzungsmaßnahmen unbedingt erforderlich, denn es gelten zwei wesentliche **Einschränkungen:**

(1) Bagatellregelung
(2) Technische Umsetzbarkeit

Tabelle 1: Höchstwerte der Wärmedurchgangskoeffizienten bei erstmaligem Einbau, Ersatz und Erneuerung von Bauteilen gemäß EnEV 2009 (Auszug)

Zeile	Bauteil	Maßnahme nach	Wohngebäude und Zonen von Nichtwohngebäuden mit Innentemperaturen ≥ 19 °C	Zonen von Nichtwohngebäuden mit Innentemperaturen von 12 bis < 19 °C
			Höchstwerte der Wärmedurchgangskoeffizienten U_{max}	
1	2		3	4
4a	Decken, Dächer und Dachschrägen	Nr. 4.1	0,24 W/(m²·K)	0,35 W/(m²·K)
4b	Flachdächer	Nr. 4.2	0,20 W/(m²·K)	0,35 W/(m²·K)
5a	Decken und Wände gegen unbeheizte Räume oder Erdreich	Nr. 5 a, b, d und e	0,30 W/(m²·K)	keine Anforderung
5b	Fußbodenaufbauten	Nr. 5 c	0,50 W/(m²·K)	keine Anforderung
5c	Decken nach unten an Außenluft	Nr. 5 a bis e	0,24 W/(m²·K)	0,35 W/(m²·K)

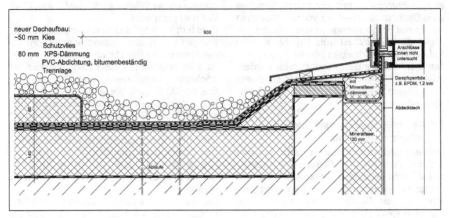

neuer Dachaufbau:
~50 mm Kies
Schutzvlies
80 mm XPS-Dämmung
PVC-Abdichtung, bitumenbeständig
Trennlage

Anschlüsse
Innen nicht
untersucht

mit
Mineralfaser
dämmen

Dampfsperrfolie
z.B. EPDM, 1,2 mm

Abdeckblech

Mineralfaser,
120 mm

Abläufe

Bild 3: Instandsetzungskonzept mit Zusatzdämmung, die zum Fassadenanschluss hin ausgespart ist

Die sogenannte **Bagatellregelung** des § 9 Abs. 3 EnEV [5] soll bei geringfügigen Änderungen vor unverhältnismäßigem Planungs- und Modernisierungsaufwand schützen. Sie besagt, dass die Anforderungen gemäß § 9 Abs. 1 EnEV <u>nicht</u> umgesetzt werden müssen, wenn die Fläche des geänderten Bauteils höchstens 10 % der gesamten jeweiligen Bauteilfläche des Gebäudes betrifft [5]. Da das Instandsetzungskonzept des zuvor genannten Fallbeispiels mehr als 10 % der gesamten Dachfläche der Schwimmhalle betraf, waren die Anforderungen gemäß EnEV an den maximal zulässigen Wärmedurchgangskoeffizienten demnach einzuhalten.

Die andere Einschränkung betrifft die **technische Umsetzbarkeit** der Anforderungen, d. h. im vorliegenden Fall die Erhöhung der Dämmschichtdicke. Der dafür notwendige Platz war im Bereich der Fassadenanschlüsse mit ihren niedrigen Anschlusshöhen und am Dachrand nicht gegeben oder nur mit unverhältnismäßig hohem Aufwand bereitzustellen. Hierzu heißt es allgemein in Anlage 3 Nr. 4.2 der EnEV [5]: „Ist die Dämmschichtdicke (…) aus technischen Gründen begrenzt, so gelten die Anforderungen als erfüllt, wenn die nach anerkannten Regeln der Technik höchstmögliche Dämmschichtdicke (bei einem Bemessungswert der Wärmeleitfähigkeit λ von 0,040 W/(m·K)) eingebaut wird."

Im konkreten Fall wurde ein Instandsetzungskonzept erarbeitet, welches zum einen die vorhandene z. T durchfeuchtete Wärmedämmung auf dem Dach beließ, da diese immer noch über durchschnittlich 75 % ihrer ursprünglichen wärmeschutztechnischen Eigenschaften verfügte. Zum anderen wurde zusätzlich eine 80 mm dicke Umkehrdach-Wärmedämmung aus Extruderschaum aufgebracht. Bild 3 zeigt das Instandsetzungskonzept.

Die neue Wärmedämmung konnte entlang des Fassadenanschlusses und der Attika auf einem ca. 50 cm breiten Streifen ausgespart werden (siehe Bild 4), damit die Dachränder nicht erhöht bzw. die Fassaden abgebrochen werden mussten. Der entstandene „Grabenbereich" machte vor der aufgehenden Fassade den Einbau von zwei weiteren Abläufen zur zügigen Entwässerung erforderlich. Eine Rohrleitungsführung war in abgehängten Decken einfach möglich. Durch die Weiterverwendung der alten durchfeuchteten Dämmschicht konnten zum einen unnötige Abfälle vermieden und Kosten eingespart werden. Zum anderen wurde durch die zusätzliche Wärmedämmung der Wärmeschutz erheblich verbessert: Insbesondere unter Berücksichtigung der bereichsweise bereits im Ursprungszustand vorhandenen 140 mm dicken Dämmung konnte nachgewiesen werden, dass das sanierte Dach die Anforderungen der zu dieser Zeit gültigen EnEV erfüllte.

Ist die technische Machbarkeit nicht gegeben, können aber gemäß aktueller EnEV auch Er-

Bild 4: Aussparung der Zusatzdämmung am Fassadenanschluss

satzmaßnahmen ergriffen werden (z. B. durch den Einbau einer effizienteren Heizungsanlage), die eine Reduktion des Primärenergiebedarfs des geänderten Gebäudes zur Folge haben, der die für einen entsprechenden Neubau (Referenzgebäude) geltenden Maximalwerte um nicht mehr als 40 % überschreitet.

3 Nacherfüllungsarbeiten („Gewährleistungsfall")

Im „Gewährleistungsfall" ist die Situation nicht so eindeutig, wie nachfolgendes Fallbeispiel zeigen soll. Es handelt sich um die Begutachtung von Dachterrassen eines Mehrfamilienhauses. Das 5. Obergeschoss war als Staffelgeschoss über den darunter liegenden Geschossen zurückversetzt angeordnet. Die entstandenen Dachflächen wurden teilweise als Dachterrassen genutzt. Noch innerhalb der Gewährleistungszeit kam es zu Feuchtigkeitserscheinungen in den Wohnungen unmittelbar unter den Dachterrassen.

Der Terrassenbelag wurde im Splittbett verlegt, vor den Türschwellen waren Gitterrostrinnen angeordnet (Bild 5).

Die Kunststoffdachhaut zeigte sehr viele Verarbeitungsmängel (Bild 6+7), sodass entschieden wurde, diese auszutauschen. Die Schichtenfolge unter der Abdichtung sah wie folgt aus: Trennvlies, Wärmedämmung (EPS, kaschiert, 2-lagig) mit einer Dicke von insgesamt ca. 120 mm, darunter eine Dampfsperre auf der Wasser stand. Der gesamte Aufbau incl. Terrassenbelag betrug 220 mm.

Da zwischen dem Zeitpunkt des Bauantrags und dem Eintritt des Gewährleistungsfalls die gesetzlichen Anforderungen der EnEV verschärft wurden, entsprach der Aufbau nicht mehr den aktuellen verschärften Anforderungen der EnEV.

Grundsätzlich ergeben sich in diesem Zusammenhang folgende Beurteilungsfragen:

– Sind die verschärften wärmeschutztechnischen Anforderungen der aktuellen EnEV bei Nacherfüllungsarbeiten grundsätzlich einzuhalten oder sind in diesem Fall die Anforderungen anzuwenden, die zur Zeit des Bauantrags galten?
– Wenn die verschärften Anforderungen einzuhalten sind, hat der Eigentümer die Mehrkosten zu übernehmen, da mit dem erhöhten Wärmeschutz auch eine Wertverbesserung einhergeht?
– Oder muss der Gewährleistungspflichtige die gesamten Kosten übernehmen, da er ein Werk schuldet, welches den rechtlichen Anforderungen zum Zeitpunkt der Mangelbeseitigung entspricht?

Bei der Beantwortung dieser Fragen müssen einerseits bauordnungsrechtliche und andererseits zivilrechtliche Aspekte beachtet werden.

3.1 Bauordnungsrechtliche Aspekte der EnEV

Zur Beurteilung der Frage, ob bei Nacherfüllungsarbeiten die aktuellen wärmeschutztechnischen Eigenschaften einzuhalten sind

Bild 6: Offene Wurmfalten im Nahtbereich

Bild 5: Anschluss des Dachterrassenbelags an die Fassade, ohne Schutzlage auf der Kunststoffdachbahn aufgeständerter Gitterrost

oder ob die Anforderungen anzuwenden sind, die zur Zeit des Bauantrags galten, können die „Allgemeinen Übergangsvorschriften" der EnEV herangezogen werden. In § 28 Abs. 1 EnEV [5] heißt es: „Auf Vorhaben, welche die Errichtung, die **Änderung**, die Erweiterung oder den Ausbau von Gebäuden zum Gegenstand haben, ist diese Verordnung in der zum Zeitpunkt der Bauantragstellung oder der Bauanzeige geltenden Fassung anzuwenden."

Bild 7: Eckanschluss der aufgehenden Abdichtung hinter dem Fassadenelement des Staffelgeschosses

Daraus lässt sich schließen, dass auch bei größeren Nacherfüllungsarbeiten am Bauteil „Flachdach", die eine „Änderung" im Sinne des § 28 Abs. 1 EnEV [5] darstellen, die wärmeschutztechnischen Anforderungen einzuhalten sind, die zur Zeit des Bauantrags oder der Bauanzeige galten. Demnach ist eine Erhöhung der Dämmschichtdicke im vorliegenden Fall aus bauordnungsrechtlicher Sicht nicht erforderlich.

Nach § 11 Abs. 1 EnEV [5] gilt lediglich die Verpflichtung zur Aufrechterhaltung der energetischen Qualität: „Außenbauteile dürfen nicht in einer Weise verändert werden, dass die energetische Qualität des Gebäudes verschlechtert wird."

3.2 Vertragsrechtliche Aspekte der EnEV

Nach Auffassung von *Liebheit* [9] muss der Auftragnehmer (in diesem Fall der Gewähr-

leistungspflichtige) beachten, dass sich die von ihm geschuldete Leistung nach der Rechtssprechung des BGH nicht nur nach dem ausdrücklichen Wortlaut der Beschaffenheitsvereinbarung richtet. Er ist vielmehr verpflichtet ein zweckentsprechendes funktionstaugliches Werk herzustellen. Bei der Auslegung der Beschaffenheitsvereinbarung ist darauf abzustellen, wie der Erwerber den Wortlaut der Leistungsbeschreibung **im Zeitpunkt des Vertragsabschlusses** von einem objektiven Empfängerhorizont aus verstehen durfte und musste.

Daraus ergibt sich, dass der Gewährleistungspflichtige dafür verantwortlich ist, dass die zum Zeitpunkt des Vertragsabschlusses geltenden Vorschriften eingehalten werden müssen. Demzufolge sind die verschärften

Oswald/Der Wärmeschutz bei Dachinstandsetzungen

Anforderungen gemäß EnEV auch aus vertragsrechtlicher Sicht im Gewährleistungsfall nicht einzuhalten.

Der Auftragnehmer/Sachverständige hat aber die Pflicht, den Bauherrn dahingehend zu beraten und aufzuklären, dass die Anforderungen verschärft wurden und es aus verschiedenen Gründen sinnvoll sein kann, die erhöhten Anforderungen zu erfüllen. Der Bauherr kann dann selbst entscheiden, welche energetische Qualität für ihn, z. B. aus wirtschaftlicher Sicht, sinnvoll ist.

Eine verlässliche Prognose darüber, wann sich der Mehraufwand zur Erfüllung der erhöhten Anforderungen amortisiert, ist aber nur schwer möglich. Hier stellt z. B. die zukünftige Entwicklung der Energiepreise eine große Unsicherheit dar.

Entscheidet sich der Bauherr die aktuellen energetischen Anforderungen einzuhalten, ist die Erteilung eines Zusatzauftrags erforderlich und die über die Nacherfüllungsarbeiten hinausgehenden Mehrkosten des erhöhten Wärmeschutzes sind zusätzlich zu vergüten.

4 Weitere Beurteilungsfragen

Die zunehmende Verwendung von Flüssigabdichtungen, insbesondere bei Instandsetzungsmaßnahmen, führt zu einer weiteren Beurteilungsfrage, die es im Zusammenhang mit der Erfüllung der Anforderungen gemäß EnEV zu beantworten gilt. Es geht um die Frage, ob im Rahmen einer größeren Instandsetzung auch das Aufbringen einer Flüssigabdichtung eine „Dachhauterneuerung" im Sinne der EnEV darstellt und damit zusätzliche wärmeschutztechnische Maßnahmen erforderlich werden. Die Beantwortung dieser Frage ist offenbar umstritten. Es wird einerseits die Auffassung vertreten, dass wenn im Rahmen der Instandsetzung Abdichtungen mit der Bezeichnung „DE" (Bahn für einlagige Abdichtungen) aufgebracht werden und weitere technische Voraussetzungen für das Aufbringen einer einlagigen Abdichtung vorliegen, Maßnahmen gemäß EnEV umzusetzen sind.

Nach DIN 18531-1 [10] gelten flüssig aufzubringende Dachabdichtungen als einlagige Abdichtungen. Sie entsprechen dem Anwendungstyp „DE". Demnach wären nach obiger Auffassung bei Verwendung von Flüssigabdichtungen im Rahmen größerer Instandsetzungsarbeiten die Anforderungen gemäß EnEV grundsätzlich einzuhalten.

Bei dieser Auffassung wird aber übersehen, dass sich bei der Verwendung von Flüssigabdichtungen bei gleichzeitigem Einbau einer zusätzlichen Dämmung in der Regel auch der Aufwand der Abdichtungstechnik erhöht, da Flüssigabdichtungen nicht unmittelbar auf die Dämmschicht aufgebracht werden sollten, sondern dazu einer Unterlagsbahn bedürfen, mit der zusammen erst eine funktionsfähige Dachhaut entsteht. Nach Ansicht des Verfassers hängt es vom Einzelfall ab, ob die Anforderungen eingehalten werden müssen oder nicht. Ist der bestehende Untergrund derart beschaffen, dass dieser unmittelbar als Untergrund für die Flüssigabdichtung dienen kann, würde die Flüssigabdichtung für sich alleine keine funktionierende Abdichtung darstellen. Die Anforderungen der EnEV wären nicht einzuhalten. Wird jedoch vor Aufbringen der Flüssigabdichtung eine Trägerlage neu eingebaut, kann die Kombination als eine funktionierende neue Abdichtung angesehen werden. Die Anforderungen gemäß EnEV müssten in diesem Fall eingehalten werden.

5 Zusammenfassung

Grundsätzlich ist bei Arbeiten am Bauteil „Flachdach" im Einzelfall zu prüfen, ob bei den geplanten Maßnahmen die wärmeschutztechnischen Anforderungen gemäß EnEV [5] umgesetzt werden müssen. Betreffen die geplanten Instandsetzungsmaßnahmen mehr als 10 % der gesamten jeweiligen Bauteilfläche des Gebäudes und sind diese aus technischer Sicht umsetzbar, sind die Mindestanforderungen an die thermische Qualität des geänderten Bauteils („Einzelbauteilnachweis") gemäß EnEV im „Standardfall" einzuhalten. Wahlweise können aber auch Ersatzmaßnahmen ergriffen werden, die eine Reduktion des Primärenergiebedarfs des geänderten Gebäudes zur Folge haben, der die für einen entsprechenden Neubau (Referenzgebäude) geltenden Maximalwerte um nicht mehr als 40 % überschreiten („Gebäudenachweis"). Werden derartige Ersatzmaßnahmen durchgeführt, muss auch immer eine vollständige Berechnung bzw. Bilanzierung nach EnEV durchgeführt werden. Diese ist mit höherem zeitlichen Aufwand und meist auch höheren Kosten verbunden. Es sollte daher im Einzelfall geprüft werden, welche Maßnahme unter ökonomischen (und ökologischen) Gesichtspunkten sinnvoll ist und im Interesse des Bauherrn liegt.

Im „Gewährleistungsfall" sind bauordnungs-rechtliche und zivilrechtliche Aspekte zu be-achten. Bei größeren Nacherfüllungsarbeiten an der wärmeübertragenden Umfassungsflä-che sind aus bauordnungsrechtlicher Sicht die Anforderungen einzuhalten, die zum Zeit-punkt des Bauantrags oder der Bauanzeige galten. Aus zivilrechtlicher Sicht ist der Ge-währleistungspflichtige dafür verantwortlich, dass die im Zeitpunkt des Vertragsabschlus-ses geltenden Vorschriften eingehalten wer-den. Demzufolge sind die verschärften Anfor-derungen gemäß EnEV im „Gewährleistungs-fall" nicht einzuhalten.

Dem Bauherrn gegenüber besteht aber eine Beratungs- und Aufklärungspflicht. Er muss dahingehend informiert werden, dass die An-forderungen verschärft wurden und es z. B. aus ökonomischen Gründen sinnvoll sein kann, die erhöhten Anforderungen zu erfüllen. Entscheidet sich der Bauherr zur Durchfüh-rung weiterer Maßnahmen, um die aktuellen energetischen Anforderungen einzuhalten, ist die Erteilung eines Zusatzauftrags erfor-derlich. Die über die Nacherfüllungsarbeiten hinausgehenden Mehrkosten müssen zusätz-lich vergütet werden.

Grundsätzlich gilt aber immer das Wirtschaft-lichkeitsgebot. In § 25 der EnEV [5] heißt es dazu: „Die nach Landesrecht zuständigen Be-hörden haben auf Antrag von den Anforde-rungen dieser Verordnung [der EnEV] zu be-freien, soweit die Anforderungen im Einzelfall wegen besonderer Umstände durch einen unangemessenen Aufwand (...) zu einer un-billigen Härte führt." Diese „liegt insbesonde-re vor, wenn die erforderlichen Aufwendungen innerhalb der üblichen Nutzungsdauer, bei Anforderungen an bestehende Gebäude in-nerhalb angemessener Frist durch die eintre-tenden Einsparungen nicht erwirtschaftet werden können." Eine verlässliche Prognose der zukünftigen Nutzungskosten ist aber nur schwer möglich,

da insbesondere die Entwicklung der Energie-preise mit großen Unsicherheiten verbunden ist und großen Einfluss auf das Ergebnis der Wirtschaftlichkeitsbetrachtung hat. Im Ein-zelfall kann aber mithilfe von Sensitivitäts-analysen und/oder Best-Worst-Case-Betrach-tungen entschieden werden, ob und welche Variante wirtschaftlich sinnvoll umsetzbar ist.

6 Quellen

Literaturnachweis

[1] Richtlinie 2002/91/EG des europäischen Parla-ments und des Rates über die Gesamtener-gieeffizienz von Gebäuden vom 16. Dezember 2002
[2] Zweites Gesetz zur Änderung des Energieein-sparungsgesetzes vom 01.09.2005
[3] Verordnung über energiesparenden Wärme-schutz und energiesparende Anlagentechnik bei Gebäuden (Energieeinsparverordnung – EnEV) vom 24.07.2007
[4] Drittes Gesetz zur Änderung des Energie-einsparungsgesetzes vom 02.04.2009
[5] Verordnung zur Änderung der Energieeinspar-verordnung vom 29.04.2009
[6] DIN 18531 – Dachabdichtungen – Abdichtun-gen für nicht genutzte Dächer, Teil 4: Instand-haltung, 2010-05
[7] Oswald, R.: Ein weitverbreiteter Irrtum – durch-feuchtete Flachdächer. Reihe Schwachstellen, Beitrag Deutsche Bauzeitung (db) 08/2009
[8] Verordnung über energiesparenden Wärme-schutz und energiesparende Anlagentechnik bei Gebäuden (Energieeinsparverordnung – EnEV) vom 16.11.2001
[9] persönliche Stellungnahme von Herrn Uwe Liebheit an den Verfasser vom 29.03.2011
[10] DIN 18531 – Dachabdichtungen – Abdich-tungen für nicht genutzte Dächer, Teil 1: Be-griffe, Anforderungen, Planungsgrundsätze, 2010-05

Bildnachweis

Bild 1, Bild 2, Bild 3, Bild 4: [7]; Tabelle 1: [5]

Dipl.-Ing. Martin Oswald, M.Eng.
Studium des Bauingenieurwesens und Masterstudium Facility Management an der Fachhochschule Aachen. Seit 2006 Mitarbeiter im Büro von Herrn Prof. Dr.-Ing. Rainer Oswald und beim AIBau – Aachener Institut für Bauschadensforschung und angewandte Bauphysik gemeinn. GmbH; seit 2008 wissenschaftlicher Mitarbeiter am Lehrstuhl für Baubetrieb und Gebäudetechnik der RWTH Aachen University; seit 2010 DGNB-Auditor; Mitglied in Richtlinienausschüssen des VDI.
Tätigkeitsschwerpunkte: Bauphysikalische Beratungen, energetische Nachweise, Mitarbeit bei Gutachten, praktische Bauforschung (u. a zu den Themen Wärmeschutz, Energieeinsparung, Schimmelpilzbildung, Instandhaltung von Gebäuden und gebäudetechnischen Anlagen, Lebenszykluskostenermittlung, Nachhaltigkeit im Bauwesen).

Brandverhalten Dächer

Dipl.-Ing. Thomas Hegger, stellv. Obmann DIN 18234, FVLR Dienstleistungs GmbH, Detmold

1 Einleitung

Das Baurecht setzt durch die Bauordnung die Forderung um, dass ein Brand

- im Inneren eines Gebäudes möglichst lange Zeit auf dieses Gebäude/diesen Raum selbst beschränkt bleibt (z. B. Wände und Decken mit Feuerwiderstand, Anforderungen an die Brennbarkeit von Baustoffen) und
- von außen möglichst nicht in das Gebäude eindringen kann (z. B. Dächer mit harter Bedachung, Abstandsregeln usw.).

Das Brandverhalten von Dächern beurteilen zu können, erfordert aber deutlich mehr als nur die Kenntnis der Brennbarkeit von den verwendeten Materialien. Neue Bauweisen und zunehmende Brandabschnittsgrößen haben dazu geführt, dass die alleinige Betrachtung und Bewertung

- nach DIN 4102-2 (Brandangriff von innen unter Vollbrandbedingungen (ETK) einschließlich Eigen-, und Verkehrslast) mit dem möglichen Ergebnis eines in F30 bis F180 klassifizierten Daches einerseits und
- nach DIN 4102-7 (Brandangriff von außen) mit dem Ergebnis der möglichen Einstufung als „harte Bedachung" bzw. der Klassifizierung „beständig gegen Flugfeuer und strahlende Wärme"

heute nicht mehr ausreicht. Erst durch weitere Systemprüfungen wird das Zusammenwirken der unterschiedlichen im Dachaufbau eingesetzten Baustoffe im Brandfall bewertbar. Eine ausschließliche Bewertung nach Baustoffklassen ist dazu nicht aussagefähig.

2 Grundsätze

Grundsätzlich dürfen in Dächern nur Baustoffe verwendet werden, die nach DIN 4102 mindestens als normal entflammbar (B2) gelten und im Brandfall nicht brennend abtropfen.

Leicht entflammbare Baustoffe dürfen also nicht verwendet werden.
Dächer müssen in „harter Bedachung" ausgeführt werden.

§ 32 Dächer MBO

(1) Bedachungen müssen gegen eine Beanspruchung von außen durch Flugfeuer und strahlende Wärme ausreichend lang beständig sein (harte Bedachung).
Dächer, die diese Anforderung nicht erfüllen (z. B. Reetdächer) sind erlaubt, wenn sie zur Grundstückgrenze oder zu anderen Gebäuden größere Abstände (6 bis 15 m) als sonst üblich einhalten.
Ausnahmen für die Forderung der harten Bedachung gibt es nach § 32 MBO auch bei

1. Gebäuden ohne Aufenthaltsräume und ohne Feuerstätten mit nicht mehr als 50 m³ Brutto-Rauminhalt,
2. Lichtdurchlässigen Bedachungen aus nichtbrennbaren Baustoffen,
3. brennbaren Fugendichtungen und brennbare Dämmstoffe in nicht brennbaren Profilen (Metall-Sandwich-Tafeln),
4. Lichtkuppeln und Oberlichtern von Wohngebäuden
5. Eingangsüberdachungen und Vordächer aus nichtbrennbaren Baustoffen,
6. Eingangsüberdachungen aus brennbaren Baustoffen, wenn die Eingänge nur zu Wohnungen führen.

Lichtdurchlässige Teilflächen aus brennbaren Baustoffen und begrünte Bedachungen sind in Dächern mit harter Bedachung zulässig, wenn eine Brandentstehung bei einer Brandbeanspruchung von außen durch Flugfeuer und strahlende Wärme nicht zu befürchten ist oder Vorkehrungen hiergegen getroffen werden.
Wegen des Brandschutzes bestehen nach der früheren **Vv zu § 35 BauO NRW** keine Bedenken bei **Dachoberlichtbändern** aus brennbaren Baustoffen in Dächern mit sonst harter Bedachung, wenn sie

- eine Fläche von höchstens 40 m² haben und 20 m lang sind,
- untereinander und von den Dachrändern mindestens 2 m Abstand haben und
- zu Brandwänden oder unmittelbar angrenzenden vorhandenen oder zulässigen höheren Gebäuden oder Gebäudeteilen mindestens 5 m Abstand haben.

Wegen des Brandschutzes bestehen nach der früheren **Vv zu § 35 BauO NRW** keine Bedenken bei **Lichtkuppeln** aus brennbaren Baustoffen in Dächern mit sonst harter Bedachung, wenn

- die Grundrissfläche der einzelnen Lichtkuppel in der Dachfläche 6 m² nicht überschreitet
- die Grundrissfläche aller Lichtkuppeln höchstens 20 % der Dachfläche erreicht
- die Lichtkuppeln untereinander und von den Dachrändern mindestens 1 m Abstand, von den Lichtbändern von mindestens 2,0 m haben
- die Lichtkuppeln zu Brandwänden bzw. zu unmittelbar angrenzenden vorhandenen oder zulässigen höheren Gebäuden oder Gebäudeteilen mindestens 5 m Abstand haben.

Sprachlich und inhaltlich ist zwischen der „Lichtdurchlässigen Bedachung" (das gesamte oder große zusammenhängende Flächen des Daches sind lichtdurchlässig) und der „Lichtdurchlässigen Teilfläche" (in einem sonst geschlossenen Dach sind einzelne Lichtkuppeln oder Lichtbänder eingebaut) zu unterscheiden.

Damit im Brandfall nicht das Feuer durch öffenbare Flächen leicht auf ein Nachbargebäude übergreifen kann sind *folgende Abstände zum Nachbarn einzuhalten:*

§ 32 Dächer MBO
(5) Dachüberstände, Dachgesimse und Dachaufbauten, lichtdurchlässige Bedachungen, Lichtkuppeln und Oberlichter sind so anzuordnen und herzustellen, dass Feuer nicht auf andere Gebäudeteile und Nachbargrundstücke übertragen werden kann.
Von Brandwänden oder von Wänden, die anstelle von Brandwänden zulässig sind, müssen mindestens 1,25 m entfernt sein:

- *Oberlichter, Lichtkuppeln und Öffnungen in der Bedachung, wenn diese Wände nicht*

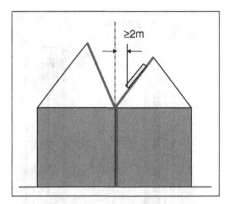

Bild 1: Einzuhaltende Abstände von Öffnungen in der Dachfläche bei traufseitig aneinander gebauten Gebäuden

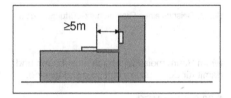

Bild 2: Einzuhaltender Abstand zwischen Dächern von Anbauten an Außenwände mit Öffnungen

mindestens 30 cm über die Bedachung geführt sind,
- *Dachgauben und ähnliche Dachaufbauten aus brennbaren Baustoffen, wenn sie nicht durch diese Wände gegen Brandübertragung geschützt sind.*

§ 32 Dächer MBO
(6) Dächer von traufseitig aneinandergebauten Gebäuden müssen als raumabschließende Bauteile für eine Brandbeanspruchung von innen nach außen einschließlich der sie tragenden und aussteifenden Bauteile feuerhemmend sein.
Öffnungen in diesen Dachflächen müssen waagerecht gemessen mindestens 2 m von der Brandwand oder der Wand, die anstelle der Brandwand zulässig ist, entfernt sein.
Der mindestens einzuhaltende 2 m Abstand von Öffnungen in der Dachfläche führt bei steileren Dächern traufseitig aneinander gebauter Gebäude leider dazu, dass diese Fens-

bemo®Brandschutz-Lüftungsflügel

Bild 3: Beispiel eines Brandschutz-Lüftungsflügels

ter im Raum meist sehr hoch einzubauen und damit für den Nutzer nicht so attraktiv sind.

§ 32 Dächer MBO
(7) Dächer von Anbauten, die an Außenwände mit Öffnungen ohne Feuerwiderstandsfähigkeit anschließen, müssen innerhalb eines Abstands von 5 m von diesen Wänden als raumabschließende Bauteile für eine Brandbeanspruchung von innen nach außen einschließlich der sie tragenden und aussteifenden Bauteile die Feuerwiderstandsfähigkeit der Decken des Gebäudeteils haben, an den sie angebaut werden.
Ist in der aufgehenden Wand ein Fenster eingebaut, das keinen Feuerwiderstand hat und/oder das geöffnet werden kann, ist das Dach im Anbau in einem mindestens 5 m breiten Streifen mit einem entsprechenden Feuerwiderstand und ohne Öffnungen auszuführen. Die Dachoberfläche hat dabei auch noch aus nicht brennbaren Materialien zu bestehen.
Muss in diesem 5 m Streifen des Daches eine Öffnung (z. B. eine Lichtkuppel zur Belichtung eines unter dem Dach liegenden Raumes) vorgesehen werden, ist mit der Bauaufsicht eine Abweichung abzustimmen. Dieser wird erfahrungsgemäß zugestimmt, wenn das Fenster in der aufgehenden Wand als Brandschutz-Lüftungsfenster ausgeführt ist, dass im Brandfall z. B. durch eine geeignete automatische Ansteuerung über einen Rauchmelder schließt.

Diese Regelungen der MBO sind in den meisten Bundesländern in den jeweiligen LBOs umgesetzt worden und damit für alle Gebäude verbindlich.
Bei einigen Sonderbauten werden in der Bauordnung dann noch zusätzliche Anforderungen oder auch Erleichterungen an das Dach und sein Brandverhalten gestellt.
Dazu drei Beispiele:

Verkaufsstätten
§ 8 Dächer MVkStättVO
(2) Bedachungen müssen

1. Gegen Flugfeuer und strahlende Wärme widerstandsfähig sein und
2. bei Dächern, die den oberen Abschluss von Räumen der Verkaufsstätte bilden oder die von diesen Räumen nicht durch feuerbeständige Bauteile getrennt sind, aus nichtbrennbaren Baustoffen bestehen mit Ausnahme der Dachhaut und der Dampfsperre.

(3) Lichtdurchlässige Bedachungen über Verkaufsstätten und Ladenstraßen dürfen abweichend von Absatz (2) Nr. 1

1. Schwerentflammbar sein bei Verkaufstätten mit Sprinkleranlagen.
2. Nichtbrennbar sein bei Verkaufsstätten ohne Sprinkleranlagen,
sie dürfen im Brandfall nicht brennend abtropfen.

Versammlungsstätten
§4 Dächer MVersStättVO
(2) Bedachungen, ausgenommen Dachhaut und Dampfsperre, müssen bei Dächern, die den oberen Abschluss von Räumen der Versammlungsstätte bilden oder die von diesen Räumen nicht durch feuerbeständige Bauteile getrennt sind, aus nichtbrennbaren Baustoffen hergestellt sein.
(3) Lichtdurchlässige Bedachungen über Versammlungsräumen müssen aus nichtbrennbaren Baustoffen bestehen. Bei Versammlungsstätten mit automatischen Feuerlöschanlagen genügen schwerentflammbare Baustoffe, die nicht brennend abtropfen können.
Bei Versammlungs- und Verkaufsstätten sind also beim Brandverhalten der Dächer ähnliche Anforderungen zu erfüllen.
Anders sieht es bei Industriebauten aus.

§ 5.11 Bedachungen MIndBauRL

5.11.1 Bedachungen (Aufbau z. B. bestehend aus Dachhaut, Wärmedämmung, Dampfsperre, Träger der Dachhaut u. ä) von Brandabschnitten oder Brandbekämpfungsabschnitten mit einer Dachfläche von mehr als 2.500 m² sind so auszubilden, dass eine Brandausbreitung innerhalb eines Brandabschnittes oder Brandbekämpfungsabschnittes über das Dach behindert wird. Dies gilt als erfüllt bei Dächern
– nach DIN 18234-1 einschließlich Beiblatt 1
– mit tragender Dachschale aus mineralischen Baustoffen (wie Beton o. Porenbeton) oder
– mit Bedachungen aus nichtbrennbaren Baustoffen

In den großflächigen Dächern von Sonderbauten (Industrie- und Gewerbebauten, Sport- und Veranstaltungsgebäude, Flughäfen, Einkaufszentren usw.) werden heute in Deutschland als typisches Dach oft verwendet:

– Stahltrapezprofil
– (brennbare) Dampfsperre
– (brennbare) Wärmedämmung
– (brennbare) Dachabdichtung
– keine Auflast

Dieses Dach erfüllt im Regelfall nicht die Anforderungen, die an das klassische klassifizierbare Dach gestellt werden.
Trotzdem sind solche Dächer sowohl aus wirtschaftlichen Gründen (geringer Preis/m², schnelle Montagezeit) als auch aus technischen Gründen (große Spannweiten, geringe Gewichte) aus unserer heutigen Bauweise nicht mehr wegzudenken.
„Aus Erfahrung (gemeint sind hier wohl eher ‚aus Fehlern') lernen" ist sicherlich besonders im baulichen Brandschutz ein jahrhundertlang bewährtes Verfahren.

So verwundert es auch nicht, dass man sich dem besonderen brandschutztechnischen Verhalten großflächiger Dächer dann verstärkt annahm, als durch einige spektakuläre Großbrände das Risiko solcher Konstruktionen deutlich wurde. Großflächige Brandweiterleitung unterhalb, in Hohlräumen aber auch oberhalb solcher Dächer führten bei diesen Bränden z. T. auch dazu, dass sich der Dachaufbau selbst ganz erheblich am gesamten Brandgeschehen beteiligte und im Extremfall zum Totalverlust des Bauwerks führte.
In den 70er Jahren wurde an der Forschungsstelle für Brandschutztechnik an der Universität Karlsruhe (TH) u. a. mit Fördermitteln des Landes NRW begonnen, eine umfangreiche Grundlagenforschung [1] zum Brandverhalten großformatiger geschlossener Stahltrapezprofildächer bei einem Brand von innen durchzuführen.
Bild 4 zeigt die aufgrund von Schadenserfahrungen mit Großbränden als wesentlich erkannten, möglichen Wege der Brandweiterleitung bei derartigen Dächern, bei Brandangriff von innen.
Mit nur geringen Veränderungen im Dachaufbau, so das Ergebnis dieser umfangreichen Arbeiten, konnte für diese Dächer eine we-

Bild 5: Großbrandversuch an einem einschaligen, wärmegedämmten Stahltrapezprofildach mit Abdichtung, im Bild mit Dachdurchdringung (Lichtkuppel)

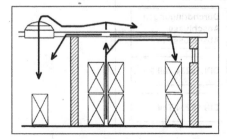

Bild 4: Mögliche Wege der Brandweiterleitung

sentliche Verbesserung des Sicherheitspotentials definiert werden. Im Anschluss an diese Grundlagenarbeiten konnte unter Förderung der Stiftung Stahlanwendungsforschung das Brandverhalten von Dachdurchdringungen, An- und Abschlüssen, die in diesen Dächern meist vorhanden sind, untersucht werden.

Der entsprechende Forschungsbericht [2] wurde im März 1990 veröffentlicht.

Auch hier wurde festgestellt, dass mit nur wenigen Modifikationen der üblichen Ausführung die Brandsicherheit wesentlich verbessert werden könnte.

Bild 5 gibt einen Blick in den Brandraum der damaligen Versuche der zur Grundlage des Prüfstandes der DIN 18234 gemacht wurde.

3 Normung

Im August 1992 wurde nach intensiver Fachgremienarbeit die deutsche Norm DIN 18234 Teil 1
Baulicher Brandschutz im Industriebau

– Begriffe, Anforderungen und Prüfungen für Dächer
– Einschalige Dächer mit Abdichtungen bei Brandbeanspruchung von unten
– Geschlossene Dachfläche

herausgegeben, um damit einheitliche Bewertungskriterien für die Prüfung solcher Dächer (geschlossene Dachfläche, noch ohne Durchdringungen, An- und Abschlüsse) festzulegen.

Nach dieser Norm geprüfte Dächer erfüllen das Schutzziel einer Begrenzung der Brandweiterleitung im Bereich der geschlossenen Dachfläche. Es ist damit sichergestellt, dass diese Dächer sich nicht oder nur sehr verzögert am Brandgeschehen beteiligen und so die rechtzeitig eintreffende Feuerwehr die realistische Chance einer wirksamen Brandeindämmung und -bekämpfung erhält.

Die Temperaturbeanspruchung des Daches ist nach den Anforderungen der DIN 18234 in den ersten 20 Minuten wesentlich härter als nach der Einheitstemperatur-Zeitkurve ETK nach DIN 4102 Teil 2, die bei der Prüfung zur Klassifizierung des Feuerwiderstandes von Dächern verwendet wird.

Damit soll in der ersten Phase des fortentwickelten Entstehungsbrandes das möglichst passive Brandverhalten des Daches nachgewiesen und den spätestens in dieser Zeit eintreffenden Löschmannschaften eine wesentliche Grundlage für eine erfolgreiche Brandbekämpfung geboten werden. Die Prüfung umfasst im Gegensatz zur ETK nur die ersten 20 Minuten der Vollbrandphase, weil später, z. B. bei fehlendem Löscheinsatz, solche Dächer brandschutztechnisch versagen können.

Das Sicherheitsniveau eines nach dieser Norm geprüften Daches kann aber dem Sicherheitsniveau von Bauteilen mit der Feuerwiderstandsdauer F30 nach DIN 4102 zwar nicht gleichgesetzt werden, da unter anderem in diesen Normen unterschiedliche Brandbedingungen (Vollbrand nach DIN 4102 und flächig begrenzter Brand nach DIN 18234) und Belastungen (nach DIN 18234 nur Eigenlasten) vorliegen. Trotzdem weisen Dächer, die nach DIN 18234 überprüft wurden ein wesentlich verbessertes Verhalten im Vergleich zu den bis dahin gebräuchlichen großflächigen Dächern auf. Dies bedeutet aber auch,

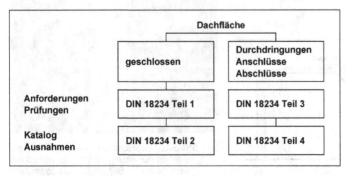

Bild 6: Aufbau der DIN 18234

dass nicht alle nach DIN 4102-2 klassifizierten Dächer automatisch die Anforderungen an ein DIN 18234-Dach erfüllen!

Die überarbeitete und im Oktober 2003 neu herausgebrachte Normenreihe besteht heute aus 4 Teilen.

In DIN 18234 Teil 1 werden im Wesentlichen der Anwendungsbereich der Normenreihe, die verwendeten Begriffe, Anforderungen und notwendigen Prüfungen aufgeführt, die auf die geschlossenen Dachflächen anzuwenden sind. Für die in solchen Dächern natürlich meist ebenfalls enthaltenen Durchdringungen (z. B für die innenliegende Dachentwässerung, Lichtkuppeln, Rauch- und Wärmeabzugsgeräte usw.) sowie für die Dachan- und -abschlüsse sind die Grundlagen und Prüfungen im Teil 3 dieser Norm aufgeführt.

In den Teilen 2 (Dachaufbauten für geschlossene Dachfläche) und 4 (Details für Durchdringungen, An- und Abschlüsse) findet der Leser Lösungen für die Materialauswahl und für die konstruktiven Ausführungen, die bereits die Anforderungen aus dieser Norm erfüllen und deshalb ohne besondere Überprüfungen verwendet werden können.

Gegenüber der früheren Ausgabe ist die neue Fassung dieser Normenreihe nicht nur für Dächer im Industriebau, sondern für eine Vielzahl von im Wesentlichen flachen oder flachgeneigten (bis 20°) Dächern von Räumen mit großen Abmessungen anwendbar. Insbesondere sind hierunter Industriebauten, Verkaufs- oder auch Versammlungsstätten zu verstehen.

Bei 0° Dachneigung geprüfte Aufbauten können im Regelfall bis 20° Dachneigung verwendet werden, sofern sie auch sonstige, aus Gründen der Lagesicherheit erforderliche Anforderungen erfüllen.

Um ein Weiterlaufen von Flammen oder brennbaren Gasen innerhalb eines Dachaufbaus zu vermeiden, sind bei Dächern mit Profilhohlräumen oder in Dächern mit Luftzwischenräumen Abschottungen anzuordnen. Aus brandschutztechnischer Sicht reicht für diese Abschottungen meist eine Dicke von 12 cm. Aus verlegetechnischen Gründen wird in der Regel aber eine größere Breite (wegen des seitlichen Kippens) bevorzugt. Diese Abschottungen sind anzuordnen

– an offenen Enden von Hohlräumen von profilierten flächigen Baustoffen (z. B. Stahltrapezprofile) oder bei zweischaligen Dächern auf der der Durchdringung oder Trennwand zugewandten Seite.

– in durchlaufenden Hohlräumen über im z. B. Zusammenhang mit RWA angeordneten Rauchschürzen.

– in durchlaufenden Hohlräumen über brandschutztechnisch relevanten Wänden oder Flächen.

Bei geneigten Dächern sind diese Abschottungen (Mineralfaserdämmstoffe, Schaumglasdämmstoffe oder Schüttungen aus Perlite) gegen Verrutschen zu sichern.

In DIN 18234-2 sind zahlreiche Dachaufbauten aufgeführt, die ohne weitere Prüfung bereits die Anforderungen nach DIN 18234-1 erfüllen.

Ein sehr wichtiges und in der Praxis gerne vernachlässigtes Detail sind die Verbindungsmittel der Stahltrapezprofilbleche untereinander. Hier werden in der Praxis gelegentlich Nieten aus dem Fahrzeugbestand der Monteure verwendet. Und wenn diese nicht einen Schmelzpunkt von >1000°C aufweisen (z. B. wenn sie aus Aluminium sind), wird das Dach im Brandfall an diesen Stellen aufreißen und so versagen. Hier ist also die Kontrolle durch den Bauleiter gefragt.

Die heute übliche Farbbeschichtung der Stahltrapezprofilbleche ist im Übrigen brandschutztechnisch nicht bedenklich, obwohl der Lack grundsätzlich als brennbar einzustufen ist. Die aufgebrachten Lackschichten sind meist aber so dünn, dass darüber keine Brandweiterleitung stattfindet und deren Brandlast zu vernachlässigen ist.

Wichtig dagegen ist für den Bauleiter, dass er vor dem Aufbringen der Dampfsperre bzw. der Wärmedämmung überprüft, ob die notwendigen Abschottungen eingebracht worden sind.

Werden nichtthermoplastische Dämmstoffe verwendet, sollten die Platten entweder mehrlagig mit Fugenversatz oder mit Stufenfalz verwendet werden, um durchgehende Fugen zu vermeiden.

Werden thermoplastische Dämmstoffe verwendet, sollte der Dachaufbau verklebt werden, weil sonst im Brandfall die Schrauben der Tellerbefestiger nach Wegschmelzen des Dämmstoffes die Dachhaut aufreißen können und so Sauerstoff (von oben) zuführen. Die durch die Kleber zusätzlich eingebrachte Brandlast ist dabei natürlich möglichst gering zu halten.

Die DIN 18234 – 4 gibt zahlreiche Hinweise und brandschutztechnische Festlegungen zu

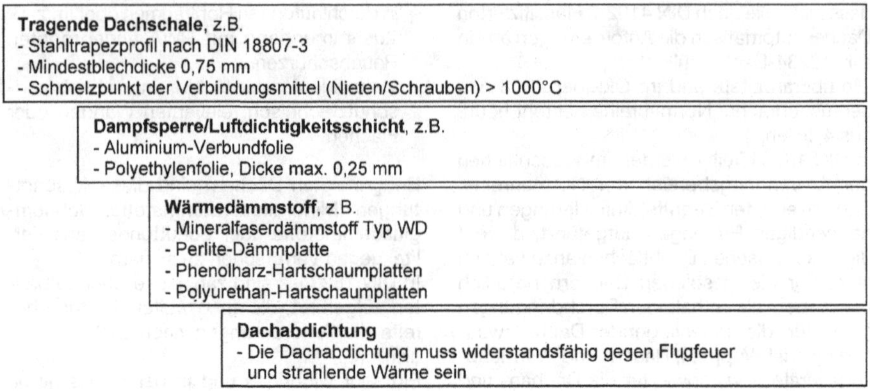

Tragende Dachschale, z.B.
- Stahltrapezprofil nach DIN 18807-3
- Mindestblechdicke 0,75 mm
- Schmelzpunkt der Verbindungsmittel (Nieten/Schrauben) > 1000°C

Dampfsperre/Luftdichtigkeitsschicht, z.B.
- Aluminium-Verbundfolie
- Polyethylenfolie, Dicke max. 0,25 mm

Wärmedämmstoff, z.B.
- Mineralfaserdämmstoff Typ WD
- Perlite-Dämmplatte
- Phenolharz-Hartschaumplatten
- Polyurethan-Hartschaumplatten

Dachabdichtung
- Die Dachabdichtung muss widerstandsfähig gegen Flugfeuer und strahlende Wärme sein

Bild 7: Beispiele des Katalogs aus DIN 18234-2

– kleinen Durchdringungen (bis 0,3 x 0,3 m, z. B. Gullys, Kabeldurchführungen)
– mittleren Durchdringungen (bis 3,0 x 3,0 m, z. B. Lichtkuppeln, RWG)
– großen Durchdringungen (über 3,0 m, z. B. Lichtbänder)
– An- und Abschlüssen zu aufgehenden flächigen Bauteilen (z. B. verputzte Wand)
– An- und Abschlüssen zu aufgehenden profilierten Bauteilen (z. B. Profiltafel)

Um die **kleinen Durchdringungen** herum ist bei profilierten flächigen Baustoffen die Wärmedämmung mindestens 1,0 x 1,0 m aus nichtbrennbaren Baustoffen, Phenolharz-Hartschaum oder Perlite auszuführen. Die Durchdringung selbst soll dabei möglichst mittig in dieser Fläche angeordnet sein.
In belüfteten Dächern ist der Durchdringungsbereich mit vergleichbaren Materialien zu ummanteln.
Werden durch die Durchdringung Bauprodukte hindurchgeführt, die im Brandfall bei der dann vorliegenden Belastung thermoplastisch wirken, z. B. auch Metalle mit Schmelzpunkten < 1.000°C, sind besondere Maßnahmen zu treffen. Diese können z. B. aus einer Rohrabschottung bestehen. Dabei müssen auch mögliche vorhandene Profilhohlräume mit Formstücken verschlossen werden.
Mittlere Durchdringungen werden meist mit Aufsetzkränzen hergestellt. Für die jeweils anzuwendende Detailausbildung ist zu beachten, aus welchen Materialien dieser Aufsetzkranz besteht, wie er auf die Dachöffnung aufgesetzt wird und wie die Dachhaut ange-

schlossen wird. Auch die spätere Abdeckung (z. B. Lichtkuppelhaube) beeinflusst die Detailausführung.
Werden wärmegedämmte (z. B. mit Mineralfaser-, Flachsspan-, PUR-Materialien) Aufsetzkränze aus Stahlblech oder aus glasfaserverstärktem Polyester nach Bild 9 direkt auf das Flächentragwerk aufgesetzt, entstehen zuerst keine besonderen brandschutztechnischen Anforderungen. Es sei denn, dass

– das Flächentragwerk profiliert ist, dann müssen die Hohlräume mit entsprechenden Formstücken verschlossen werden.
– die Dachbahn am Aufsetzkranz ohne weitere Maßnahmen außen hochgeführt wird, dann ist um die Durchdringung ein 50 cm breiter Streifen aus schwerem Oberflächenschutz aufzubringen.
– bei aufgesetzten thermoplastischen Abdeckungen (z. B. Lichtkuppel aus Acrylglas) die seitlich überstehenden Ränder nicht in Profile eingefasst sind. Dann ist um die Durchdringung ein 50 cm breiter Streifen mit schwerem Oberflächenschutz aufzubringen.

Werden Aufsetzkränze aus im Brandfall schmelzenden Baustoffen (z. B. PVC oder Aluminium) verwendet,

– ist in einem 50 cm breiten Streifen um die Durchdringung herum
– die Wärmedämmung aus nichtbrennbaren Baustoffen, Phenolharz-Hartschaum oder Perlite auszuführen und

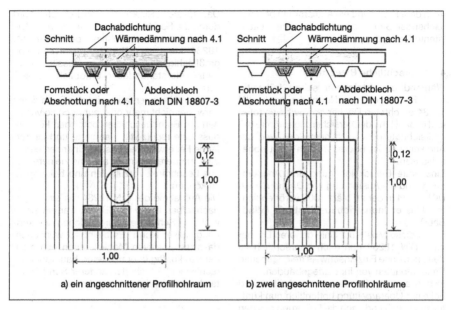

Bild 8: Kleine Durchdringung mit angeschnittenen Profilhohlräumen

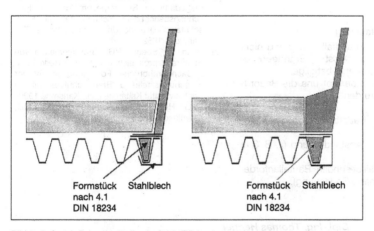

Bild 9: Aufsetzkränze unmittelbar auf das Flächentragwerk aufgesetzt

- auf der Dachabdichtung ein schwerer Oberflächenschutz zu verlegen.
- müssen die Hohlräume bei profilierten Flächentragwerken mit entsprechenden Formstücken verschlossen werden.

Wenn möglich, sollte aus brandschutztechnischer Sicht auf den früher beim Dachdeckerhandwerk beliebten Holzbohlenrahmen verzichtet werden, zumal die anderen technischen Varianten auch wirtschaftlich meist nicht aufwendiger sind. Holz im Dachaufbau eines Daches nach DIN 18234 ist deshalb besonders kritisch, weil im Brandfall damit zu rechnen ist, dass aus dem Holz brennbare Gase freigesetzt werden. Ein Glimmen auch nach dem Brand und ein Aufflammen bei ausreichender Sauerstoffzufuhr ist eine weitere latente Gefährdung.

4 Baurechtliche Bewertung

Während die Versicherer schon frühzeitig nach Erscheinen der Norm die nach DIN 18234 errichteten Dächer positiv bewerteten und in der Höhe der Versicherungsprämie berücksichtigten, ist auch heute der Weg der Anerkennung im Baurecht noch nicht abgeschlossen.

Eine erste Berücksichtigung und Anerkennung fand die Ausführung von Dächern nach DIN 18234 in der im März 2000 veröffentlichten **Muster Industriebau-Richtlinie** (MIndBauRL).

Durch diese Musterrichtlinie gehören Dächer nach DIN 18234 nun auch baurechtlich zu den auch ohne Einzelnachweis freigegebenen Dachaufbauten von Industriegebäuden.

In den anderen Sonderbauvorschriften wird bei einer Überarbeitung hoffentlich nun künftig auch nach und nach die Erfahrung aus den DIN 18234 durch entsprechende Formulierungen einfließen.

5 Zusammenfassung

Dächer sollen im Brandfall den Brand nicht weiterleiten und sich selbst am Brandgeschehen möglichst nur wenig beteiligen.

Für Standardgebäude gibt uns die Bauordnung Vorgaben zu den

- verwendbaren Baustoffklassen der Materialien (z. B. B2)
- einzuhaltenden Abständen und (z. B. 3 m zur Grenze)
- und im Einzelfall besondere Bauteilanforderungen (z. B. harte Bedachung).

Das spezielle Risiko von Sonderbauten wird durch die Sonderbauvorschriften erfasst. Die in der Industriebaurichtline benannte DIN 18234 kann das Brandschutzniveau von großflächigen Dächern ohne klassifizierbare Feuerwiderstandsdauer erheblich verbessern.

Ein Brand im Innenraum wird das Dach damit entweder nicht mehr oder nur noch so verzögert am Brandgeschehen beteiligen können, dass eine rechtzeitig alarmierte und eintreffende Feuerwehr realistische Chancen erhält, das Brandereignis noch auf eine kleinere Fläche beschränkt vorzufinden und bekämpfen zu können.

Die Aufnahme der DIN 18234 als ein Regeldachaufbau in die MIndBauRl war ein erster wichtiger Schritt der baurechtlichen Anerkennung dieser Norm. Es bleibt zu wünschen, dass die positiven Möglichkeiten nun auch bei den künftig überarbeiteten bauordnungsrechtlichen Vorschriften anderer Sonderbauten berücksichtigt werden können.

6 Literatur

[1] Brein, D.; Seeger, P.G.: Brandversuche an wärmegedämmten Stahltrapezprofildächern. Forschungsbericht der Forschungsstelle für Brandschutztechnik an der Universität Karlsruhe (TH), Karlsruhe 1982
[2] Brein, D.; Seeger, P.G.: Brandverhalten von Stahltrapezprofildächern mit harter Bedachung – Dachdurchbrüche. Forschungsbericht der Forschungsstelle für Brandschutztechnik an der Universität Karlsruhe (TH), Karlsruhe 1990
[3] FVLR Heft 4: Dachöffnungen im Brandfall, download unter www.fvlr.de

Dipl.-Ing. Thomas Hegger
ist Geschäftsführer des Fachverbandes Tageslicht und Rauchschutz e.V. in Detmold, u. a. als stellvertretender Obmann zu DIN 18234 und Mitarbeiter in weiteren nationalen und europäischen Gremien, besonders innerhalb des anlagentechnischen Brandschutzes tätig.

Das abdichtungstechnische Schadenspotential von Photovoltaik- und Solaranlagen

Josef Rühle, Dachdeckermeister, Geschäftsführer Technik des ZVDH, Köln

1 Ausgangssituation

Laut Statistischem Bundesamt sind in den letzten zehn Jahren die Kosten für Wohnungsmiete, Wasser, Strom, Gas und andere Brennstoffe um fast 50 Prozent gestiegen. Für viele Bundesbürger ist dies Anlass, sich umwelt- und kostenbewusst mit alternativen Formen der Energiegewinnung auseinanderzusetzen und ein Stück Unabhängigkeit zurückzugewinnen. Ihre positive Einstellung zur Solarenergie begründen die Bundesbürger aber nicht länger mit dem Umweltschutz allein. Sie führen zusätzliche Argumente an, die eine bewusste und unabhängige private Haushaltsplanung erkennen lassen. Dies ist das Ergebnis einer aktuellen repräsentativen Umfrage, die im Auftrag des Dachwohnfensterherstellers Velux durchgeführt wurde.

Einhergehend mit den positiven Aspekten des Klima- und Umweltschutzes ergeben sich jedoch in Zeiten einer Hausse Marketing-, Vermarktungs-, Verkaufs- und Verarbeitungsstrategien, die den ursprünglichen Nutzen einer scheinbar neuen Technologie in Frage stellen.

Die Ausgangssituation, das Dach und die damit bislang ungenutzten Flächen neben der Urfunktion der Abdichtung und des Bauwerkschutzes zum Nutzdach (Aktivdach) zu entwickeln, brachte ergänzende Überlegungen zur Energietechnik auf und drängte die Originärfunktionen des Daches in den Hintergrund. Korrelierend mit der Tatsache, dass die Montage und Verlegung der Anlagen im Wesentlichen nicht durch Gebäudehüllentechniker wie Dachdecker (nur ca. 10% Marktanteil) erfolgt, sondern von sogenannten Solarteuren und Elektrikern durchgeführt wird, sind zwei signifikante Entwicklungen zu verzeichnen:

a) außerordentlicher Anstieg der Unfallzahlen (vgl. Statistik BGBAU)

b) außerordentlicher Anstieg der Kurz-, Mittel- und Langfristschäden an Dächern (vgl. Datenerhebung ZVDH; Sachverständigenrückmeldungen)

Überspitzt formuliert sind ca. 53 % der Schadensfälle (seitens der Versicherer erfasst) an Solar- und Photovoltaikanlagen auf mangel-

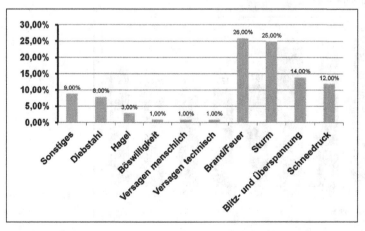

Bild 1: Schadensstatistik

hafte Planungs-, Koordinierungs- und Verarbeitungsmängel zurückzuführen.

2 Normen, Regelwerke, Handlungsanleitungen, Herstellervorschriften

Eine unvollständige Auflistung der beim Beuth-Verlag vertriebenen Normen und Regelwerke zum Thema „Solartechnik" zeigt, dass insbesondere den Themengebieten Solarthermische Anlagen und Photovoltaik aus technisch-physikalischer Sicht Rechnung getragen wird. Themen wie Statik, Windsogsicherung, Abdichtungstechnik sind unterrepräsentiert bzw. oberflächlich und sachlich wenig korrekt in Handlungsanleitungen und Herstellervorschriften reflektiert. Seitens des Dachdeckerhandwerks sind im Fachregelwerk das Merkblatt Solartechnik für Dach und Wand, das Merkblatt Äußerer Blitzschutz auf Dach und Wand und konkretisiert auf das Flachdach die Fachregel für Abdichtungen – Flachdachrichtlinie – mit diesem Themenkomplex befasst.

Beispielhafte Auflistung der Normen und Regelwerke:
DIN VDE 0126-21
VDE 0126-21:2007-07
DIN VDE 0100-712
VDE 0100-712:2006-06
DIN VDE 0126-34;
VDE 0126-34:2011-01

VDE 0100-100:2009-06
VDE V 0126-5:2008-05
VDE 0126-17-1:2007-03
VDE 0126-18:2009-12
Merkblatt Solartechnik für Dach und Wand: 04/2011
Merkblatt Äußerer Blitzschutz für Dach und Wand: 04/2011
Fachregel für Abdichtungen 11/2008

3 Einflussgrößen und Schadensschwerpunkte

3.1 Grundsätzliches

Der Solarmarkt muss in seiner grundsätzlichen Beurteilung auf Schadenseinflüsse und Schadensgröße in Neubau- und Sanierungsmarkt unterschieden werden.

Die relativ stagnierende Entwicklung von Wohnungsbaugenehmigungen bei gleichzeitig steigender Zahl der PV-Anlagen zeigt, dass die Mehrzahl der Anlagen auf sanierte, zu sanierende oder als mit ausreichender Lebensdauer beurteilte Dächer auf- oder einzubauen sind.

Die Bundesnetzagentur ist verpflichtet, gemäß § 20 Erneuerbare-Energien-Gesetz (EEG) im Einvernehmen mit dem Bundesministerium für Umwelt, Naturschutz und Reaktorsicherheit sowie dem Bundesministerium für Wirtschaft und Technologie die Degressions- und

Wohnungsbaugenehmigungen in Deutschland
– in Tausend Wohnungen –
*LBS-Prognose

Quelle: Statistisches Bundesamt/LBS

Bild 2: Wohnungsbaugenehmigungen in Deutschland

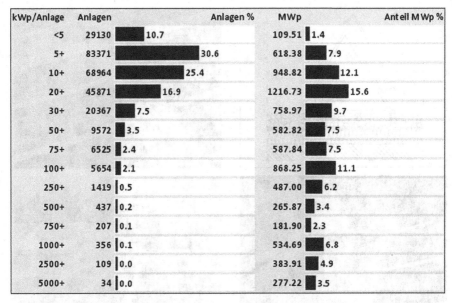

kWp/Anlage	Anlagen	Anlagen %	MWp	Anteil MWp %
<5	29130	10.7	109.51	1.4
5+	83371	30.6	618.38	7.9
10+	68964	25.4	948.82	12.1
20+	45871	16.9	1216.73	15.6
30+	20367	7.5	758.97	9.7
50+	9572	3.5	582.82	7.5
75+	6525	2.4	587.84	7.5
100+	5654	2.1	868.25	11.1
250+	1419	0.5	487.00	6.2
500+	437	0.2	265.87	3.4
750+	207	0.1	181.90	2.3
1000+	356	0.1	534.69	6.8
2500+	109	0.0	383.91	4.9
5000+	34	0.0	277.22	3.5

Bild 3: Datenquelle: Bundesnetzagentur

Vergütungssätze für Photovoltaikanlagen nach den §§ 32 und 33 EEG zum 31. Oktober eines Jahres im Bundesanzeiger zu veröffentlichen.
© Aufbereitung innovate.de
Die Statistik der Bundesnetzagentur zeigt, dass die Mehrzahl der Anlagen im Leistungsbereich bis 30 KWp/Anlage verbaut werden. Erfahrungsgemäß sind hier Montage- und Handwerksbetriebe in Zusammenarbeit mit dem jeweiligen Anlagenhersteller Planer und Verarbeiter. Insbesondere Subunternehmer der Hersteller ohne intensive Kenntnis der Abdichtungstechnik bestimmen derzeit den Verarbeitungsmarkt.

3.2 Unterkonstruktion
Als Unterkonstruktion soll der statisch tragende oder als statisch tragfähig betrachtete Teil der Konstruktion gesehen werden.
Eine grobe Differenzierung ergibt folgende Einbausituationen:

– Leichtdachkonstruktion
  – Unterkonstruktionen aus
    – Stahl
    – Holz oder
    – Porenbeton

– Massivdachkonstruktion
  – Unterkonstruktion aus
    – Beton oder
    – Betonfertigteilen

Auf diesen Untergründen werden die notwendigen Schichtenfolgen der Flachdachkonstruktion von Dampfsperren/Luftsperren bis zur Dachhaut aufgebracht.
Dabei sind im Bereich Flachdach zwei grundsätzliche Systematiken zu unterscheiden:

– Dachaufständerung bei Dachabdichtungen (Aufdachsystem)
  Die Energiegewinnungsflächen können auf bauseits vorhandenen und in die Dachabdichtung eingebundene Sockel oder Stützen angebracht werden.
  Außerdem können sie auch freistehend auf lastverteilende Unterlagen aufgestellt werden. Diese Unterlagen können z. B. Wannen sein, die mit Auflast (z. B. Kies oder Plattenbelag) beschwert werden. Hierbei sind erforderliche Schutzlagen für Dachabdichtungen (siehe Fachregel für Dachabdichtungen) unter den lastverteilenden Unterlagen vorzusehen. Die statische Belastbarkeit der Tragkonstruktion und des Dachaufbaus

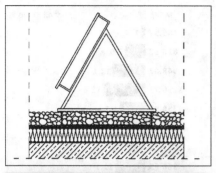

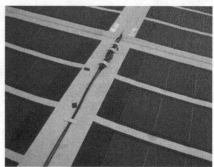

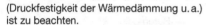

Bild 4 a, b: Dachaufständerungen bei Dachabdichtungen

(Druckfestigkeit der Wärmedämmung u. a.) ist zu beachten.

Die Aufständerung dient der Aufnahme, Ausrichtung und Neigungsgebung der Solaranlage. Somit können diese auch optimiert nachgeführt werden.

Bei aufgeständerten Energiegewinnungsflächen muss die Funktionsfähigkeit der darunter liegenden Dachabdichtung gewährleistet sein. Ein Anstauen von Niederschlagswasser ist zu vermeiden.

– In die Dachabdichtungen integrierte Solaranlage (Indachsystem)

Integrierte Energiegewinnungsflächen werden wie Einbauteile in die Dachabdichtung eingebaut.

Integrierte Energiegewinnungsflächen können auch auf die Dachabdichtungswerkstoffe abgestimmte und/oder integrierte Solarelemente sein, die als System mit den Dachabdichtungswerkstoffen verlegt werden.

3.3 Schadensbilder und Schadensursachen

Neben den durch die Anlagenart – integrierte Anlage oder Aufdachsystem – begründeten Fehlerquellen darf der Faktor Mensch und

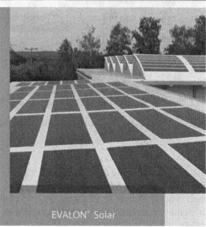

Bild 5 a, b: Integrierte Solaranlage; Beispiel Hersteller Alwitra

Ausbildung nicht unterschätzt werden. Hierbei sind Objekte zu unterscheiden, die in intensiver Zusammenarbeit zwischen Fachplaner, Hersteller und Verarbeiter erbaut werden oder die ausschließlich verlegerseitig mit mehr oder minder intensiver Unterstützung durch den jeweiligen Anlagehersteller errichtet werden.

Die Kerneinflussgrößen wie

– Unterkonstruktion
– Schichtenfolge/Dachhaut
– Statik
– Lastverteilung/Schutzlagen
– Entwässerungsverlauf
– Typ/Leistung der Solaranlage
– Auswahl der Handwerker
– Gewerkekoordination
– Nutzungs-/Lebensdauerbeurteilung
– Wartungsfähigkeit der Abdichtung

werden von den Beteiligten mit unterschiedlicher Wertung aber auch Wissenshintergrund reflektiert und in die Planung eingebunden.

3.4 Schadensgrund „mangelnde Beurteilung der vorhandenen Konstruktion"

Während im Bereich des Neubaus oder der Komplettsanierung des Daches die Wechselwirkungen zwischen Konstruktion und Anlagetechnik geplant und aufeinander abgestimmt werden können, bietet das Feld der Errichtung von Anlagetechnik auf vorhandene Flachdächer die Summe des gesamten abdichtungstechnischen Schadenspotentials auch auf der Basis mangelnder Planung.
Die Schwerpunkte der Mängel gründen hierbei auf:

– Mangelnde Kenntnisse oder Berücksichtigung der Statik sowohl der
  – Lastannahme als auch der
  – Windsogsicherung
– Mangelnde Beurteilung der bauphysikalischen Gesamtzusammenhänge
– Mangelnde Beurteilung der Eignung der vorhandenen Wämedämmung sowohl unter Aspekten der Druckfestigkeit als auch unter Berücksichtigung des sommerlichen und winterlichen Wärmeschutzes
– Mangelnde Beurteilung der Dachhaut, insbesondere unter den Aspekten der Restlebensdauer, der grundsätzlichen materialtypischen Eigenschaften und des für die Funktion und Lebensdauer wertigen Gefälles

3.5 Schadensgrund „Auswahl Anlagetechnik"

Bei der Auswahl der Anlage ist zwischen Dachaufständerung und integrierter Solaranlage zu differenzieren. Hierbei bietet die Dachaufständerung die Mehrzahl der Schadensgründe und beobachteten Schadensfälle.
Für die Perforation der Dachhaut stellt sich die Frage nach der grundätzlichen Eignung. Mangelnder Einsatz von Zubehör, Eignung des Zubehörs und die erfahrungsgemäß grundsätzlich mit hohem Schadenspotential behafteten Durchdringungen im Flachdach befürworten keinesfalls diese Art der Anlagefixierung. Ebenso sind die Beurteilungsfähigkeit des Untergrundes auf die Wirkung der Befestiger sowie die Fehlertoleranz bei der Verarbeitung zweifelhaft.
Dachaufständerungen mit Auflast zur Lage- und Windsogsicherung bieten ebenfalls eine Mangelvielfalt:

– fehlende Fixierung zur Vermeidung der Lageänderung über die Auflast hinaus
– Druckbelastung der Dachhaut und der darunterliegenden Wärmedämmung mit materialbedingtem Versagen bei der Abdichtung und der Wärmedämmung
– fehlender/falscher Oberflächenschutz
– Behinderung des Wasserlaufs mit der Folge von Pfützenbildung und den bekannten Folgeerscheinungen
– mangelnde oder zu geringe Auflast zur Windsogsicherung
– mangelnde Inspektionsfähigkeit der Dachhaut mit der Folge schleichender Mangelentwicklung

3.6 Schadensgrund „Verkabelung und Durchdringung der Dachhaut"

Ungeplante Verkabelung über und unter der Dachhaut bieten ein weiteres Schadenspotential. Ähnlich wie bei der mechanischen

Bild 6: Aufdachanlage
  – ohne Schutzlage unterhalb der Schienensysteme
  – bei Einschränkung/Behinderung des Wasserlaufs

Bild 7: Aufdachanlage
  – ohne Beurteilung der Lastaufnahmefähigkeit des Untergrundes

Bild 8: Aufdachanlage
– ohne Schutzlagen unterhalb der Aufständerung

Bild 11: Aufdachanlage
– mit Behinderung des Wasserlaufes
– mit zu geringer Aufbauhöhe (Schnee)
– ohne Schutzlage

Bild 9: Aufdachanlage
– ohne Schutzlage
– bei unsachgemäßer Perforation der Dachhaut
– ohne gezielte Planung der Kabelverle-
gung
– ohne Planung von späteren Beeinträchtigung der Anlageeffizienz bei hohen
Schneemengen

Bild 12: Ungeplante Verkabelung
– „wilde Durchdringungen" der Dachhaut
– mangelnde Verwendung von Einbauteilen und Zubehör
– Unterbrechung der Wärmedämmung mit
der Folge von Tauwasserbildung

Fixierung mangelt es häufig am Einsatz geeigneten Zubehörs. Die Kabelführung unterhalb der Dachhaut schafft Hohlräume mit und
ohne punktueller Reduzierung der Dämstoff-
dicke. Als Folgeerscheinung insbesondere
bei Holzkonstruktionen ist die Negativwirkung
von Kondensaten bis zur vollständigen Verrottung der Hölzer zu verzeichnen.

Bild 10: Aufdachanlage
– ohne Planung des Wasserlaufes
– ohne Planung späterer Schneemengen
– ohne Schutzlagen

Falzklemmen für Doppelstehfalzdächer nicht fachgerecht (Dehnung, Statik)

Bild 13: – Unsachgemäße Perforation der Dachhaut
– fragliche Lastabtragung in den Untergrund

Bild 16: Verwendung von Falzklemmen
– bei mangelnder Beurteilung der statischen Tragfähigkeit
– Eignung und ausreichenden Tragfähigkeit der bestehenden Haftsysteme
– Einschränkung der notwendigen Dehnfähigkeit
– Übertragung der Schienen und Befestigung übergreifend im Fix- und Schiebe-
haftbereich

Bild 14: Versuch der Abdichtung der Durchdringungen

Bild 17: Abrisse der Dachhaut im Randbereich wegen Befestigung der Aufdachanlage in der
Dachhaut

Bild 15: Verwendung von Falzklemmen unter Ein-
engung der Falze
– unter Behinderung der Längendehnung
– bei Rissbildung im aufgehenden Falzbe-
reich

4 Zusammenfassung

Die Errichtung von Solaranlagen stellt nicht nur die grundsätzliche Frage nach der Effizienz und Anlagetechnik sondern insbesondere die Frage nach einer intensiven Anlage- und Einbauplanung. Die Verlegung der Systeme kann nur von entsprechend ausgebildeten Fachbetrieben erfolgen.

Herstellerverlegeanleitungen bieten in aller Regel keine Hilfsmittel für abdichtungstechnische Fragen.

Die gewünschte Wirtschaftlichkeit der Anlagetechnik wird durch mangelnde Zusammenarbeit zwischen Planer, Hersteller und Verlegetechnik (Fachhandwerk) in Frage gestellt.

Bild 18: Verrottung der Unterkonstruktion (Alter 3 Jahre) in Folge von Perforationen durch die Befestiger und Beschädigung der Dachhaut durch Auflastsysteme ohne Schutzschichten

Josef Rühle
Dachdeckermeister, Studium Betriebswirtschaft, seit 25 Jahren Dozent am Bundesbildungszentrum für die Themen Fachtechnik, Betriebswirtschaft und Bauphysik; Geschäftsführer Technik des ZVDH; Lead-Auditor für Qualitätsmanagementsysteme Scope 18 und 28.

50 Jahre Flachdach
– Bautechnik im Wandel der Zeit

Dr.-Ing. Eberhard Hoch, Herford

Zu Beginn der 1960er Jahre wurden fast alle **einschaligen Flachdächer** auf Stahlbetonmassivdecken aufgebaut. Es dauerte aber nicht lange, da nahmen vorgefertigte Tragelemente allein schon wegen eines zügigeren Bauablaufs einen immer größeren Anteil des die Flachdachschichten tragenden Untergrundes ein. Es waren

- Spannbetonplatten
- Bimsstegdielen
- Trapezbleche, die es schon ab 1957 gab
- Holzschalung
- Gasbeton/Porenbeton

Nach einem Forschungsbericht (8/1986) von Gertis, Fraunhofer-Institut, kann auf eine Dampfsperrlage zwischen Gasbeton/Porenbeton und Zusatzwärmedämmschicht dann verzichtet werden, wenn die relative Innenluftfeuchte 65 % nicht überschreitet.

Eine explizite Forderung nach einer Dampfsperrlage gab es aber 1960 noch nicht. Korkdämmplatten, expandiert oder teer-bitumengebunden, waren der Hauptdämmstoff, Bitumenbahnen mit Rohfilzträgereinlagen bildeten erst zweilagig, später dreilagig die Dachabdichtung, wobei die oberste Lage eine werkseitig aufgebrachte Schieferbesplittung oder eine Quarzbesandung aufwies.

Bitumendachbahnen mit Rohfilzträgereinlagen sind als „Dachpappen" besser bekannt und hatten sich auf deutlich geneigten Dachflächen seit Jahrzehnten bestens bewährt. Das Niederschlagswasser konnte schnell ablaufen und die Oberflächen trockneten bald ab. Nicht so bei den einschaligen Flachdächern auf Stahlbetondecken, die als sogenannte Nullgraddächer entstanden waren. Statisch zulässige Durchbiegungen der Tragdecke, Nahtüberdeckungen von Dachbahnen und die grundrissorientierte Anordnung von Dachabläufen ließen Pfützen von erheblicher Größe und Tiefe entstehen.

Durch Frost- und Wärmeeinwirkung sowie durch UV- und Windbeanspruchung ging ein Teil der Oberflächenbesplittung verloren, sodass Oberflächenwasser durch feinste Risse in der ungeschützt freiliegenden Bitumendeckschicht in die Rohfilzträgereinlage eindringen konnte. Es kam zuerst zu einer Faltenbildung, der dann Blasen folgten.

Die Bitumenindustrie reagierte sofort und stellte Bitumendachbahnen mit Glasvlieseinlagen her. Es folgten Entwicklungen von weiteren **Bitumendachbahnen** mit Einlagen aus Jutegewebe, Glasgittervlies, Glasgewebe, Polyestervlies und Metallbändern aus Aluminium und Kupfer. Neben den aufzuklebenden Dachbahnen führte die Entwicklung zu aufzuschwei-

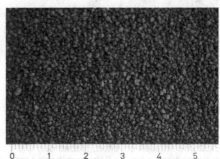

Bild 1 + 2: Werkseitige Bestreuungen als Oberflächenschutz auf Bitumendachbahnen

Bild 3: Pfützen auf einem 0°-Dach

Bild 6: Verklebung einer Bitumendachbahn im Bürstenstreichverfahren

Bild 4: Faltenbildung infolge einer Quellung der Rohfilzeinlage in der obersten Lage der Dachabdichtung

Bild 7: Heißbitumenverklebung im Gieß- u. Einrollverfahren

Bild 5: Blasenbildung zwischen oberer und darunter liegender Bitumendachbahn

Bild 8: Aufschweißen durch Flämmen

ßenden 4 und 5 mm dicken **Aufschmelz- und Schweißbahnen**. Auch die Bitumensorten wurden durch Veredlung mit Kunststoff- und Elastomeranteilen erweitert. Neben den Oxidationsbitumina gab es **Polymerbitumen** mit thermoplastischen Kunststoffanteilen aus ataktischem Polypropylen (aPP) und mit thermoplastischen Elastomeren aus einer Styrol-Butadien-Styrol-Verbindung (SBS). Die heutige Bezeichnung für das thermoplastische Polymerbitumen lautet PYP, für das Elastomerbitumen PYE.

Polymerbitumenbahnen mit hochwertigen oder mit Kombinationseinlagen werden heute als einlagige Abdichtungen für Flachdächer ab 2 % Dachneigung anerkannt.

Die Verarbeitungsform des Bürstenstreichverfahrens gehört der Vergangenheit an.

Seit etwa 40 Jahren werden aufzuklebende Bitumenbahnen im Gieß- und Einrollverfahren verlegt, Schweißbahnen im Flämmverfahren. Ein Merkblatt für Bitumenschweißbahnen erschien bereits im Juli 1969!

Parallel zur Weiterentwicklung der Bitumenbahnen erfolgte auch eine Neu- und Weiterentwicklung von **Kunststoff- und Elastomerbahnen**. Die ältesten, etwa unserem Betrachtungszeitraum entsprechenden Kunststoffe sind Polyisobutylen (PIB) und Polyvinylchlorid weich (PVC-P) als Vertreter der thermoplastischen Kunststoffe und Butylkautschuk (Isobutylen-Isopren-Kautschuk = IIR) als Vertreter der Elastomere. Bahnen aus diesen Werkstoffen haben sich bis auf den heutigen Tag erhalten und bewährt.

Ihnen folgten dann Ethylencopolymerisat-Bitumen (ECB), Ethylen-Vinylacetat Terpolymer (EVA), Chloriertes Polyethylen (PE-C), Flexible Polyolefine (FPO) und das Elastomer Ethylen-Propylen- Dien-Terpolymer (EPDM), als besondere Gruppe die thermoplastischen Elastomere (TPE), die thermoplastisch gefügt werden können, da sie nicht oder noch nicht vernetzt sind.

Das Fügen von Nähten und Stößen wird nach wie vor bei Thermoplasten im Schweißverfahren, bei Elastomeren durch Dichtungsbänder oder Kontaktkleber vorgenommen, die Ausnahme bilden eben die thermoplastischen Elastomere.

Nicht bitumenverträgliche Kunststoffbahnen werden erforderlichenfalls mit Trennlagen lose verlegt und erhalten eine Auflast oder eine mechanische Befestigung. Bitumenverträglichkeit dagegen ermöglicht die vollflächige Verklebung auf Bitumenunterlagen mit besonderen Bitumenklebern oder selbstklebend.

Die Idee, Dach- und Dichtungsbahnen durch eine **Flachdachabdichtung in flüssiger Form** aufzutragen, ist schon etwa 50 Jahre alt. Misserfolge begleiteten zunächst den Weg mehrerer Entwicklungen, bis ein brauchbares Konzept seine Anerkennung in den FLR von 1973 fand. In bis zu 5 Arbeitsgängen mussten damals z. B. 3 kg/m² chlorsulfoniertes Polyethylen (CSM) aufgetragen werden. Als Verstärkung dienten Glasfasergewebe, als flüssiges Abdichtungsmaterial neben den o.g. PUR-Epoxid- und Polyester-Harzen.

Bild 9: Homogene Nahtfügung an einer PVC-P-Kunststoffdachbahn

Bild 10: Elastisches Nahtband zwischen der Überdeckung zweier Elastomerbahnen (aus Synthesekautschuk)

Bild 11: Versperrter Lüftungsraum bei einem Zweischalendach

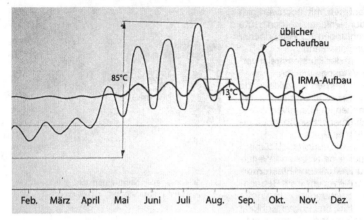

Bild 12: Gegenüberstellung des Temperaturverlaufes an der Oberseite der Dachabdichtung von einem Umkehrdach und einem herkömmlichen Flachdach

Heute werden ungesättigte Polyester-Harze (UP), Polyurethan-Harze (PUR) und Polymethylmethacrylate (PMMA) in 2 Schichten, vollflächig haftend mit einer Einlage z. B. aus einem Kunststofffaservlies aufgetragen.
Die Mindestdicken betragen
für die Anwendungskategorie K1: 1,8 mm,
für die Anwendungskategorie K2: 2,1 mm.
Auf eine zusätzliche mechanische Befestigung am oberen Rand von An- und Abschlüssen wird verzichtet.
Flüssigabdichtungen gelten als einlagige Abdichtung.
Der heutige Entwicklungsstand ist in der DIN 18531, Ausgabe Mai 2010 in den Teilen 2 (Stoffe) und 3 (Verarbeitung) und in den FLR, Oktober 2008, Kapitel 2, 5.6.4 beschrieben.
Für die Herstellung von **Wärmedämmschichten** auf einschaligen Flachdächern wurden bereits vor 50 Jahren und davor Wärmedämmplatten aus expandiertem oder bitumen-/teergebundenem Kork, dann aus Polystyrol-Hartschaum, in expandierter (EPS) oder extrudierter (XPS) Form, aus Phenolharz-Formaldehyd-Hartschaumstoff (PF), aus Polyurethan-Hartschaum (PUR), aus Schaumglas (CG) und Blähperlit (EPB) hergestellt. Mineralwolle (MW) in Form von Platten, Bahnen und Matten fanden ihre Wärmedämmfunktion vorrangig in zweischaligen Flachdächern.
Zu erwähnen sind noch Holzwolleleichtbauplatten (WW), Holzfaserplatten (WF), Torffaserplatten, Presstorfplatten sowie tragende und teildämmende Pressstrohplatten. Diese Baustoffe bzw. Bauteile waren vom Beginn bis

etwa zur Mitte unseres Betrachtungszeitraums im Einsatz. Ihre Eigenschaftsveränderungen unter Feuchtigkeitseinfluss ließen die Einsatzhäufigkeit zurückgehen.
Die Bedeutung von Wärmedämmschichten auf und an Gebäuden nahm von Jahr zu Jahr zu und erlangte und erlangt durch die Fortentwicklung der DIN 4108, durch die Wärmeschutzverordnung, durch die Energieeinsparverordnung und andererseits auch durch das Brandverhalten eine Wichtigkeit, die eine besondere Themenbehandlung verdient.
Zweischalige Flachdächer hatten vor 50 Jahren den Ruf, zuverlässig zu sein. Sie hießen auch „Kaltdächer", weil der Lüftungsraum kalt sein und bleiben musste. Zweischalendächer mit einem deutlichen Gefälle mit z. B. über 5° Neigung haben Tief- und Hochpunkte für die Anordnung von Be- und Entlüftungsöffnungen, wodurch schon allein der Thermik für eine ständige, wenn auch geringe Luftbewegung sorgte. Über die erforderliche Luftgeschwindigkeit haben Bauphysiker Angaben gemacht, die von ca. 0,1 – 0,23 m/s reichen. (Eichler: Bauphysik. Entwerfen, 1962; Rick: Das flache Dach, 1969. Seiffert: Richtig belüftete Flachdächer, 1973).
Die Zweischalendächer wurden immer flacher, der Lüftungszwischenraum immer enger, so dass heute bei einem Gefälle von unter 5° aus dem zweischaligen Kaltdach ein zweischaliges Warmdach geworden ist.
Der Lüftungszwischenraum muss mindestens 5 cm betragen, die Sparrenlänge soll 10 m

Bild 13: Aufsprühen der ersten Schaumstofflage bei einem Ortschaumdach

nicht überschreiten. Be- und Entlüftungsöffnungen haben einen Querschnitt von 1 ‰ der Dachgrundfläche und liegen einander gegenüber. Eine Dampfsperre mit einer diffusionsäquivalenten Luftschichtdicke von ≥ 100 m ist unter der Wärmedämmschicht zu verlegen. Wo die Lüftungsschicht als solche nicht mehr richtig funktioniert, ist sie allemal eine wirksame Dampfdruckausgleichsschicht!

Der Zellstruktur von extrudiertem Polystyrolhartschaumstoff ist es zu verdanken, dass man die Wärmedämmschicht auf die Dachabdichtung legt und sie mit einer Filterschicht und Auflast versieht. Umgekehrt wie gewohnt, daher „**Umkehrdach**", früher als IRMA-(Insulatet Roof Membrane Assembly = wärmegedämmte Dachhaut) Dach bezeichnet.

Seit 1951 wird dieses Konzept bereits in den USA praktiziert, in Europa entstanden um 1967 die ersten Umkehrdächer. Ein erhöhter Wärmeenergieverlust ist bei intensiven Niederschlägen unvermeidbar, daher wird der erforderliche erhöhte Wärmedurchlasswiderstand unter Berücksichtigung von Zuschlagswerten ermittelt. Außerdem soll die Wärmedämmschicht einlagig verlegt werden, um keine weitere wasserführende und damit energiezehrende Ebene zu schaffen.

Wenn auch durch die Geschlossenzelligkeit des Extruderschaumstoffs Wasser in seiner flüssigen Phase nicht in das Dämmmaterial eindringt, ist auf dem Diffusionsweg ein Eindringen von Wasserdampf möglich. Darum ist auf eine Wasserdampf bremsende Schichtenfolge nach oben (außen) hin zu verzichten.

Varianten zum Umkehrdach stellen das „**Plusdach**" und das „**Duo-Dach**" dar. Im Fall einer Flachdachsanierung, bei der lediglich die vor-

Bild 14 + 15: Oberfläche der Schäumhaut eines Ortschaumdaches mit und ohne Reflexionsschicht

handene Abdichtung behandelt und erforderlichenfalls mit einer weiteren Dachbahn versehen werden muss, kann die Erhöhung des Wärmedurchlasswiderstandes durch die lose Verlegung von PS-Extruderschaumstoff-Platten auf die bestehende Abdichtung, oberseitig mit Filterschicht und Auflast versehen, erfolgen. Daraus wird das **Plusdach**.

Das **Duo-Dach** dient hauptsächlich der Reduzierung des Gewichtes der Kiesschicht, die in ihrer Dicke der Dämmschichtdicke oberhalb der lose verlegten Abdichtungsbahn entsprechen soll. Durch die Zweiteilung der Wärmedämmschicht in ihrer Dicke erfolgt die Anordnung der Abdichtungslage zwischen den beiden Dämmschichten, womit z. B. durch die halbe Dämmschichtdicke oberhalb der Abdichtung auch die Kiesschichtdicke nur halb so dick und halb so schwer wird.

Dass Wärmedämmschichten oberhalb der Abdichtung liegen können, führt zu der naheliegenden Überlegung, an Stelle von Wärmedämmplatten eine Wärmedämmschicht gleich

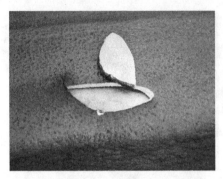

Bild 16: Loslösung der oberen Schaumstoffschicht beim Ortschaumdach

Bild 18: Ein fast 50 Jahre altes Flachdach mit ausgeprägter Pfützenbildung, aber mit hochgezogenen An- und Abschlüssen. Die Abdichtung besteht aus 2 Lagen Glasvliesbitumenbahnen und weist keine Blasen auf

Bild 17: Oberfläche eines etwa 2 Jahre alten Ortschaumdaches

Bild 19: Wandanschlussausbildung mit Verbundblechen an einem mit Kunststoffdichtungsbahnen abgedichteten Flachdach, vor ca. 30 Jahren ausgeführt

an Ort und Stelle herzustellen, das mit der Bezeichnung **„Ortschaumdach"** verdeutlicht wird. Ein Polyurethanschaumstoff wird in zwei, seltener in drei Lagen auf den vorbereiteten Untergrund aufgetragen.

Die untere Schaumstoffschicht nimmt 2/3 bis 3/4 der Gesamtdämmschichtdicke ein und hat eine Rohdicke von ca. 40 kg/m³.

Die obere Dämmschicht besitzt eine wesentliche höhere Rohdichte und bildet mit ihrer Schäumhaut und mit ihrem dichten Porengefüge die Abdichtung. Eine silberne nachträglich aufgetragene Pigmentierung soll eine Wärmeabstrahlung bewirken.

Bei diesem System sollen eine relative Innenluftfeuchte von 60 % nicht über- und eine

Dachneigung von 3 % nicht unterschritten werden. Die Praxis hat, bedingt durch Temperatur- und Feuchtigkeitseinwirkung, zu unerwarteten Verformungen der oberen Schale, zu Rissen und zur Loslösung von der unteren Dämmschicht geführt.

Die vom Ansatz her gute Idee konnte sich in der Praxis nicht durchsetzen.

Ganz andere Gedanken haben sich Ingenieure bezüglich der losen Verlegung von Kunststoffbahnen und -planen gemacht. Um Auflasten und mechanische Befestigungen einzusparen, brauchte man nur dafür zu sorgen, dass an den Dachrändern und sämtlichen Dachdurchbrechungen keine Luft einströmen kann, also kein Luftdruckausgleich erfolgt. **Die**

Bild 20: Anschluss an einen Lichtkuppelaufsetz-
kranz, Ausführung vor etwa 27 Jahren

Bild 22: Der geforderte Abstand von 30 cm wurde
nicht eingehalten

Bild 21: Dehnungsfugenkonstruktion, aus der Wasserebene herausgehoben, als Schlaufe ausgebildet. Alter: 35 Jahre

Idee des DOLA-Daches (Dachabdichtungen
ohne Luftdruck-Ausgleich) konnte begeistern.
Alle Dachränder sollten mit Verbundblechen,
Dichtungsbändern und erforderlichenfalls mit
PUR-Schaumstoff als Füllmaterial luftdicht
verschlossen werden. Als Abdichtung wurde
eine 1,5 mm dicke PVC-P-Bahn angenommen. Die Dachhöhe wurde mit 20 m begrenzt
und ebenso die Dachneigung mit maximal
20°. Die Entwicklung dieser Konzeption reicht
etwa bis 1977 zurück und führt bis zur Vorstellung des DOLA-Verfahrens im Jahre 1982.

Diesem wirtschaftlich und technisch interes-
santen System blieb der Durchbruch leider
versagt.
Die empfindlichsten Konstruktionspunkte der
vor 50 Jahren und noch über 20 Jahre danach hergestellten Flachdächer waren deren
**An- und Abschlüsse, Dachdurchdringun-
gen, Dachabläufe, Lichtkuppelaufsetzkrän-
ze, Dehnungsfugen und Terrassenaustritte**.
Nicht selten stand in den Leistungsbeschrei-
bungen: „... einschließlich Herstellen aller An-
und Abschlüsse." Es war also oftmals dem
Handwerker an Ort und Stelle überlassen, wie
er diese Punkte löste. Im Laufe der Zeit wurde
das Angebot an Lösungsvorschlägen in Form
von Detaildarstellungen von Herstellern, aus
Normen und besonders auch durch die FLD-
Richtlinien – hier Ausgabe Oktober 2008, Kapitel 4 und Anhang II – immer umfangreicher.
Aber bereits vor 50 Jahren wurden Gefahren-
bereiche, wo die endende Abdichtung an ein
anders geartetes Bauteil geführt wurde, aus
der wasserführenden Ebene herausgehoben.
Einige Beispiele, die sich aus über dreißigjäh-
rigen Erkenntnissen ableiten lassen und auch
heute in den gültigen FLR von 2008 beschrieben werden, greife ich heraus:

– <u>Anschlusshöhen</u> sollen bei Dächern mit
  ≤ 5° Neigung mindestens 15 cm über O.K.
  Belag aufweisen.
– Die endende Abdichtung ist <u>linienförmig
  gegen Abrutschen zu sichern</u>.
– <u>Dehnungsfugen</u> sind schlaufenförmig auszubilden und aus der Wasserebene heraus-
  zuheben. Sie dürfen nicht durch Ecken und
  Kehlen geführt werden. Nach heutigem
  Stand gibt es eine Unterscheidung nach ei-

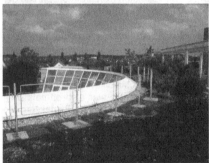

Bild 23 + 24: Ob extensiv oder intensiv begrünt, alle Ränder, Wandanschlüsse und sämtliche Dachdurchbrechungen müssen einen Kiesrand erhalten, um ständige Kontrollen durchführen zu können

nem langsamen, einmaligen oder seltenen Bewegungsablauf (Typ I) im Gegensatz zu schnellen und häufigen Bewegungen (Typ II).
– Die Abstände von Dachdurchlässen untereinander und zu anderen Anschlusspunkten sollen mindestens 30 cm betragen.

Die Anschlussausbildung bei Türaustritten würde bei Einhaltung der geforderten ≥ 15 cm zur Anordnung einer Türschwelle mit oder ohne Rampe führen. Bei Abweichung von dieser Forderung oder einer auf mindestens ≥ 5 cm reduzierten Anschlusshöhe bedarf es einer schriftlichen Vereinbarung mit dem Auftraggeber.
Eine problemlose Kontrolle aller An- und Abschlussbereiche an Dachrändern, Wandanschlüssen, Lichtkuppelaufsetzkränzen und sämtlicher Dachdurchbrechungen ist durch die Anordnung von Kiesrandstreifen auf extensiv und intensiv begrünten Flachdächern sowie auf Terrassendächern sicherzustellen.
Kiesrandstreifen können auch als Bestandteil der Windsogsicherung genutzt oder erforderlich werden. Auch diese Erkenntnisse sind über 30 Jahre alt.
Betrachtet man das anfangs beschriebene Flachdach aus einer Stahlbetonmassivdecke, einer Korkdämmschicht und einer zweilagigen Bitumenbahnenabdichtung mit Rohfilzträgereinlagen und stellt es einem um 5° geneigten Stahlleichtdach aus Trapezblechen mit einer Rolldämmbahn und einer Flüssigabdichtung gegenüber, dann sind in beiden Fällen die drei Hauptfunktionen **Tragen - Dämmen - Dichten** erfüllt, aber dazwischen liegen **50 Jahre Flachdachgeschichte**.

Dr.-Ing. Eberhard Hoch
Nach dem Architekturstudium zunächst Berufstätigkeit im Bereich Planung und Bauleitung; Spezialisierung auf die Themen Bauphysik und die praktische Anwendung der Dämm- und Abdichtungstechnik; Leitung bautechnischer Abteilungen verschiedener Unternehmen der Dämmstoff-, Bitumen-, Kautschuk- und Kunststoffindustrie; seit 1969 von der IHK öffentlich bestellter und vereidigter Sachverständiger für Flachdachfragen; Autor einer Vielzahl von Fachbüchern und Fachartikeln; 1993 Promotion über ein bauphysikalisches Thema nach postgradualem Universitätsstudium.

Sind WU-Dächer anerkannte Regel der Technik?

Prof. Dipl.-Ing. C. Flohrer, ö.b.u.v. Sachverständiger IHK Offenbach, HOCHTIEF Solutions AG, Mörfelden-Walldorf

1 Einleitung

Die WU-Richtlinie [1] enthält grundsätzlich auch Regelungen für WU-Dächer, Detailregelungen sind jedoch nicht enthalten. WU-Dächer werden seit vielen Jahren, im Regelfall von Spezialfirmen, sowohl für erdüberschüttete Decken wie auch für gedämmte Dachdecken angeboten und ausgeführt. Allein die Tatsache, dass die Bauweise in der WU-Richtlinie enthalten ist und seit mehreren Jahren umgesetzt wird, ist noch nicht hinreichend für die Einstufung als anerkannte Regel der Technik. Vielmehr ist zu klären unter welchen Randbedingungen bzw. für welche Verwendung WU-Dächer den Allgemein anerkannten Regeln der Technik entsprechen.

2 Definition Anerkannte Regel der Technik

Als anerkannte Regel der Technik sind im Baurecht solche – geschriebenen und ungeschriebenen – bautechnischen Regelungen zu verstehen, die in der Wissenschaft als technisch richtig anerkannt worden sind und die sich in der Praxis bewährt haben, und zwar dadurch, dass sie von der Gesamtheit der für die Anwendung der Regeln in Betracht kommenden Techniker, welche die für die Benutzung der Regeln erforderliche Vorbildung besitzen, anerkannt und mit Erfolg praktiziert werden.

Weiße Decken sind in der WU-Richtlinie grundsätzlich erfasst und sind damit auch als grundsätzlich technisch machbar eingestuft. Es liegen wissenschaftliche Nachweise für die Wassertransportmechanismen bei wasserundurchlässigen Bauteilen – also auch bei Weißen Decken – vor. Auch bauphysikalische Betrachtungen bei hochwertig genutzten Weißen Decken (z. B. als Flachdachdecken über genutzten Büro- oder Wohngebäuden) liegen vor. Weiße Decken wurden sowohl über Tiefgaragen wie auch als Dachdecken erfolgreich ausgeführt. Somit können Weiße Decken grundsätzlich als anerkannte Regel der Technik eingestuft werden. Um als anerkannte Re-

gel der Technik eingestuft werden zu können, müssen Anforderungen an die Standsicherheit und die Dauerhaftigkeit sowie die Gebrauchstauglichkeit sicher erfüllbar sein können. Da jedoch auch mangelhafte Beispiele bekannt sind und derzeit noch kein Regelwerk vorliegt, das sich speziell mit Weißen Decken befasst, muss hinterfragt werden, welche Randbedingungen einzuhalten sind, um Weiße Decken erfolgreich planen und herstellen zu können.

3 Unterschiede WU-Dach – Weiße Wanne

Weiße Dächer sind spezielle Weiße Wannen, bei denen jedoch nutzungsbedingt in den wenigsten Fällen ein temporärer Wasserdurchtritt akzeptiert werden kann. Da jedoch die meisten Weißen Wannen in der Vergangenheit mit Rissbreiten begrenzender Bewehrung geplant wurden (entsprechend dem Entwurfsgrundsatz b der WU-Richtlinie) kann i. A. nicht einfach aus einer bituminös abgedichteten Decke eine Weiße Decke gemacht werden, in dem zusätzlich rissbreitenbegrenzende Bewehrung geplant und WU-Beton verwendet wird. Ein derartiger Entwurf würde bei einer Wasserbeanspruchung zumindest zu einem temporären Wasserdurchtritt führen, bis die Risse sich durch Selbstheilung abgedichtet haben. Werden Weiße Decken z. B. über Tiefgaragen so geplant, kann dies dazu führen, dass durch die Risse tretendes Calciumhydroxid gesättigtes Wasser auf die darunter parkenden Fahrzeuge tropft und dort zu massiven Lackschäden führen kann. Bei Dachdecken von aufgehenden Gebäuden kann die Nutzung erheblich beeinträchtigt sein.

Dachdecken von aufgehenden Gebäuden eignen sich grundsätzlich besser für die Bauweise als Weiße Decke als Decken über Tiefgaragen. Dachdecken sind häufig zwangarm gelagert und unterliegen nach der Fertigstellung wegen der oberseitig aufgebrachten Dämmung und der unterseitig zu erwartenden gleichmäßigen Nutzungstemperatur nur gerin-

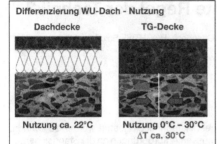

Differenzierung WU-Dach - Nutzung

Dachdecke   TG-Decke

Nutzung ca. 22°C   Nutzung 0°C - 30°C
                    ΔT ca. 30°C

Bild 1: Unterschiede im Verformungsverhalten von
Dachdecken und Tiefgaragendecken

gen Temperaturschwankungen. Tiefgaragendecken sind zwar erdüberschüttet und damit
von oben nur geringen Temperaturänderungen ausgesetzt, nutzungsbedingt ist jedoch
im Inneren der Garagen von jahreszeitlich bedingten starken Temperaturänderungen von
bis zu ca. 30 °C auszugehen (Bild 1).
Insbesondere bei Weißen Decken über Tiefgaragen gilt zu berücksichtigen, dass Temperatur bedingte Längenänderungen im Winter
zur Öffnung vorhandener Risse führen können, durch die dann erneut Wasser in das
Bauwerk gelangen kann.

4 Entwurfsgrundsätze, Beanspru- chungsklasse und Nutzungsklasse bei WU-Decken

Der Entwurf wasserundurchlässiger Betonkonstruktionen kann nach 3 unterschiedlichen

Entwurfsgrundsätzen erfolgen. Die Entwurfsgrundsätze sind

a. Risse vermeiden
b. Rissbreiten begrenzen mit dem Ziel der
   Selbstheilung
c. Risse zulassen mit gezielten Maßnahmen
   zur dauerhaften Abdichtung.

Die Erfahrungen aus der Vergangenheit zeigen, dass der überwiegende Teil der wasserundurchlässigen Betonkonstruktionen nach
dem Entwurfsgrundsatz b der WU-Richtlinie
[1] bemessen werden. Der Entwurfsgrundsatz
ist jedoch bei genauer Betrachtung in vielen
Fällen ungeeignet, weil bis zur Selbstheilung
temporär Wasser die zuvor planmäßig erzeug-
ten Risse durchfließt und die Selbstheilung
nur bei Sicherstellung bestimmter Randbedingungen einsetzt. Diese Zusammenhänge
sind im Kommentar zur WU Richtlinie, DAfStb-
Heft 555 [2] näher erläutert.
Bei Weißen Decken kann ein temporärer Transport des Wassers durch Risse während der
Nutzung im Regelfall nicht akzeptiert werden,
bzw. darf sich, wenn überhaupt, nur auf einzelne wenige Stellen beschränken, die dann
jedoch sofort abzudichten sind.
Als geeignete Entwurfsgrundsätze sind somit
nur „Risse vermeiden" (Entwurfsgrundsatz a)
sowie, mit gewissen Einschränkungen, „Einzelne Risse zulassen und dauerhaft abdichten" (Entwurfsgrundsatz c) einzustufen
(Bild 2). Beide Entwurfsgrundsätze können
durch konstruktive, betontechnologische und
ausführungstechnische Maßnahmen realisiert

WU-Entwurf - 3 Grundsatzlösungen

Grundsatz A – Risse vermeiden
• Vermeidung von Trennrissen durch Festlegung von konstruktiven,
  betontechnischen und ausführungstechnischen Maßnahmen

Grundsatz B – Begrenzung der Rissweite
• Festlegung von Trennrissbreiten, die abhängig von der
  Beanspruchungsklasse die Anforderungen erfüllen
  Rissbreite so klein (i.A. 0,1-0,2 mm), dass Selbstheilung möglich

Grundsatz C – Trennrisse + ergänzende Dichtmaßnahmen
• Festlegung von Trennrissbreiten, die in Kombination mit im Entwurf
  vorgesehenen Dichtmaßnahmen die Anforderungen erfüllen (rechn.
  Rissbreiten 0,2 – 0,3 mm)

Für WU-Dächer nur Grundsätze A oder C akzeptabel!

Bild 2: Entwurfsgrundsätze für Weiße Decken

Beanspruchungsklassen – WU-Dach

Beanspruchungsklasse 1
für drückendes , nichtdrückendes und zeitweise stauendes

Beanspruchungsklasse 2
für Bodenfeuchte und nichtstauendes Wasser

WU-Dächer in Beanspruchungsklasse 1 einstufen!

Bild 3: Beanspruchungsklasse 1 für WU-Decken

Nutzungsklassen – WU-Dach

Nutzungsklassen A: Feuchtetransport in flüssiger Form nicht zulässig - durch Planungsmaßnahmen auszuschließen

Nutzungsklasse B: begrenzter Wasserdurchtritt zulässig

- **abweichenden Forderungen: im Bauvertrag festlegen**
- **Falls trockene Bauteiloberflächen erforderlich, zusätzliche bauphysikalische u. raumklimatische Maßnahmen erforderlich**

Für WU-Dächer nur Nutzungsklasse A akzeptabel!

Bild 4: Nutzungsklasse A für WU-Decken

werden, bei beiden wird keine besondere Rissbreiten steuernde Bewehrung geplant, sondern nur die Mindestbewehrung nach DIN 1045 erforderlich.

Als Beanspruchungsklasse ist bei Weißen Decken stets die Beanspruchungsklasse 1 nach WU-Richtlinie anzusetzen, da immer stauendes oder drückendes Wasser vorhanden ist (Bild 3).

Da die Weißen Decken während der Nutzung von oben nicht mehr zugänglich sind, sind nur einzelne Trennrisse planmäßig zu akzeptieren, wenn diese im frühen Alter (Frühzwang) vor Aufbringung weiterer Schichten auf den Weißen Decken entstehen. Späte Temperatureinwirkung oder andere Zwang auslösende Verformungen, die zu neuer Rissbildung führen, müssen möglichst ausgeschlossen werden. Je nach Nutzung kann die Nutzungsklasse A oder B zugrunde gelegt werden. Bei Nutzungsklasse A kann ein Wassertransport in flüssiger Form durch abtropfendes Wasser nicht akzeptiert werden. Bei einer Nutzung als Tiefgarage oder untergeordnete Räume darf es höchstens zu einer Dunkelfärbung des Betons im Rissbereich kommen, jedoch nicht zu Tropfenbildung. Bei hochwertig genutzten Räumen ist grundsätzlich die Nutzungsklasse A zu erfüllen. Da bei Rissbildung mit Dunkelfärbung bei Tiefgaragendecken im Winter mit einer Rissöffnung und damit mit Wasserdurchtritten zu rechnen ist, ist auch bei Tiefgaragendecken die Nutzungsklasse A zu empfehlen (Bild 4).

5 Wassertransportmechanismen

In den Erläuterungen zur WU-Richtlinie [2] werden die Feuchtetransportmechanismen in wasserundurchlässigen Betonbauteilen benannt. Der Feuchtetransport durch ungerissenen Beton kann demnach grundsätzlich durch vier unterschiedliche Vorgänge beschrieben werden:

– Permeation
– kapillares Saugen
– Diffusion
– Osmose.

Bei der Permeation handelt es sich um einen Wassertransport, der durch ein Druckgefälle bedingt ist; er wird auch als Strömen bezeichnet. Kapillares Saugen (Kapillarleitung) ist bedingt durch Grenzflächenspannungen an Porenwandungen. Mit Diffusion wird das Wandern von Wasserteilchen in der Gasphase durch das Porengefüge aufgrund von Partialdruckunterschieden bezeichnet. Die Partialdruckunterschiede werden bestimmt durch relative Luftfeuchte und Temperatur. Bei der Osmose handelt es sich um einen Transport von Flüssigkeiten auf Grund von Konzentrationsunterschieden von gelösten Stoffen in einem Lösungsmittel (z. B. Salz in Wasser). Osmose kann bei unbeschichtetem Beton als Transportvorgang vernachlässigt werden.

Ebenso wie bei Weißen Wannen kann damit bei Weißen Decken davon ausgegangen werden, dass bei Vorliegen der erforderlichen Mindestbauteildicke kein permanenter Diffusionsstrom durch das gesamte Bauteil erfolgt. Bei sehr schnellem Baufortschritt und hochwertiger Nutzung muss projektbezogen eventuell die oberflächennahe Wasserabgabe durch Diffusion berücksichtigt werden. Hinweise und Planungsgrundsätze sind in [3] enthalten.

Der maßgebende, zu berücksichtigende Wassertransport ist der Transport in wasserführenden Rissen (Bild 5), der weder bei Dachdecken noch bei Decken über Tiefgaragen in der Nutzungsphase akzeptiert werden kann.

6 Ursachen für Rissbildung

Die Bemessung von Stahlbetonbauteilen erfolgt unter Berücksichtigung der Lasteinwirkung sowie der Einwirkung lastunabhängiger Verformungen, die bei Behinderung zu Zwangspannungen im Betonquerschnitt führen. Aus der Lasteinwirkung entstehende Zugspannungen führen i. A. zu Biegerissen, die dann bezüglich der Wasserundurchlässigkeit unkritisch sind, wenn durch die Bemessung eine ausreichend dicke und dichte Biegedruckzone sichergestellt ist (Bild 6).

Als Folge von Zwangspannungen entstehen i. A. Trennrisse, da die Verformungsbehinderungen meist über den gesamten Betonquerschnitt wirksam sind. Ursache für Zwangspannungen sind behinderte Verformungen aus Temperatureinwirkung oder aus Schwin-

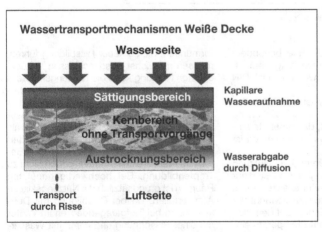

Bild 5: Feuchtetransportmechanismen in Weißen Decken

Flohrer/Sind WU-Dächer anerkannte Regel der Technik?

Ursachen für Rissbildung

- **Lastbedingte Einwirkungen (Biegerisse)**

- **Zwangbedingte Einwirkungen (Trennrisse)**
  - **Frühzwang**
    - **Abfließende Hydratationstemperatur**
    - **autogenes Schwinden**
  - **Spätzwang**
    - **Temperatureinwirkungen**
    - **Schwinden**

Bild 6: Ursachen für Rissbildung

den. Bei ungleichmäßiger Temperatureinwirkung oder ungleichmäßigem Schwinden können auch Biegezwangspannungen entstehen und zu Biegerissen führen, die jedoch ebenfalls unkritisch für die Wasserundurchlässigkeit wären.

7 Zwang reduzierende Maßnahmen

Um die Entwurfsgrundsätze „Risse vermeiden" oder „Einzelrisse zulassen und abdichten" wirtschaftlich umsetzen zu können, müssen Zwang reduzierende Maßnahmen geplant und umgesetzt werden. Im Heft 555 des DAfStb [2] sind die Maßnahmen im Detail beschreiben.

Zwang aus behinderter Verformung kann reduziert werden, wenn die Behinderung der Verformung oder die Verformung selbst ausgeschlossen bzw. minimiert wird.

Die Behinderung der Verformung kann beispielsweise reduziert werden durch:

- Auflagerung der Weißen Decke auf Stützen und nicht auf Wandscheiben
- keine konstruktive Einbindung der Weißen Decke in steife Wandscheiben
- gleitende Lagerung der Decken

Eine Reduzierung der Verformung kann erreicht werden durch:

a) Frühzwang:
  - betonieren bei niedrigen Frischbetontemperaturen
  - Einbau von gekühltem Beton
  - Sicherstellung eines verzögerten Temperaturabflusses

b) Spätzwang:
  - frühzeitig temperaturstabile Lagerung der Bauteile (z. B. von oben gedämmt und von unten gleichmäßig temperiert) sicherstellen
  - Verwendung schwindarmer Betone

Risse im jungen Alter des Betons z. B. aus abfließender Hydratationswärme (Frühzwang) sollen möglichst vermieden oder auf einzelne wenige größere Riss begrenzt werden, die dann in der Rohbauphase sicher abgedichtet werden können. Rissentstehung im späten Alter während der Nutzung (Spätzwang) sollte unbedingt vermieden werden, da diese Risse in jedem Fall wasserführend und die Bauteile möglicherweise nicht mehr zugänglich sind, z. B. wegen abgehängter Decken oder eingebauter Dämmung.

7.1 Reduzierung der Verformungsbehinderung

Häufig werden Weiße Decken hergestellt, ohne die erforderlichen konstruktiven Voraussetzungen zu ermöglichen. Die Minimierung der Verformungsbehinderung ist insbesondere dann erforderlich, wenn die zu erwartende Verformung nicht im gewünschten Umfang reduziert werden kann. Wird z. B. die Decke bei sommerlichen Temperaturen hergestellt und kann die Frischbetontemperatur nicht wirksam reduziert werden, ist mit nennenswerten Verformungen aus abfließender Hydratationswärme zu rechnen. Dann ist es erforderlich, diese nicht zu vermeidenden Verformungen möglichst ohne Behinderung zu ermöglichen um Trennrisse zu vermeiden. Kann

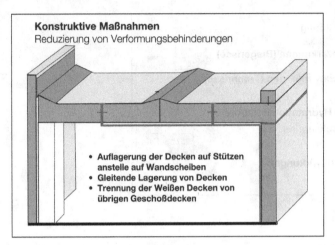

Konstruktive Maßnahmen
Reduzierung von Verformungsbehinderungen

- **Auflagerung der Decken auf Stützen anstelle auf Wandscheiben**
- **Gleitende Lagerung von Decken**
- **Trennung der Weißen Decken von übrigen Geschoßdecken**

Bild 7: Reduzierung von Verformungsbehinderungen

die Decke gleitend gelagert werden oder anstelle auf steife Wandscheiben auf Stützen gelegt werden, ist es möglich Zwangsspannungen zu reduzieren. Ebenso kann das Begrenzen der Feldlängen der Betonierabschnitte oder das Anlegen von Temperaturgassen (früher häufig fälschlicherweise als Schwindgassen bezeichnet) wirksam Zwangsspannungen reduzieren (Bild 7).

7.2 Reduzierung der Verformungen im jungen Betonalter (Frühzwang)

Das wirksamste Mittel ist, die Verformungen maßgeblich zu begrenzen. Beim Herstellen von Weißen Decken in den Wintermonaten gelingt dies häufig alleine dadurch, dass eine niedrige Frischbetontemperatur vorliegt. Wird dann die Temperaturentwicklung durch optimierte Betone wirksam begrenzt, liegen beste Voraussetzungen vor, dass die entstehenden Zwangsspannungen so gering sind, dass die maßgebende Zugfestigkeit des Betons unterschritten wird. Begünstigend kommt hinzu, dass durch das Auflegen von wärmedämmenden Matten das Abfließen der Hydratationswärme stark verzögert wird und der Beton zwischenzeitlich eine höhere Zugfestigkeit entwickeln kann. Bei Betonagen im Sommer kann zwar betontechnologisch die abfließende Hydratationswärme durch NW-Zemente sowie den Einsatz von Zusatzstoffen begrenzt werden, häufig liegen jedoch deutlich zu hohe Frischbetontemperaturen vor. Frischbetontemperaturen um 15°C gelten als ideal, bereits bei Temperaturen über 20°C steigt das Rissrisiko erheblich an. Es wird angeregt, bei besonders hochwertiger Nutzung eine maximal zulässige Frischbetontemperatur vorzugeben, wie dies entsprechend der WU-Richtlinie in Österreich geregelt wurde [4].

In Bild 8 sind qualitativ die Entwicklung der Betontemperaturen und der Betonspannungen bei behinderter Verformung bei Betonagen im Winter und im Sommer dargestellt. Aus der Grafik ist auch ersichtlich, mit welchen Maßnahmen auch im Sommer Zwangsspannungen reduziert werden können (Absenkung der Frischtemperatur, Reduzierung der Wärmeentwicklung des Betons, Abdecken der betonierten Flächen mit wärmedämmenden Matten nach Überschreitung der Maximaltemperatur). Ziel aller Maßnahmen ist, dass die im Beton entstehenden Zugspannungen nicht die zum jeweiligen Zeitpunkt herrschende Betonzugfestigkeit überschreiten.

Das Abdecken von frisch betonierten Weißen Decken mit dämmenden Folien ist auch im Sommer sinnvoll, da damit der Abfluss der Hydratationswärme verzögert werden kann und zwischenzeitlich die Zugfestigkeit des Betons sich entwickeln kann. Damit kann erreicht werden, dass die Zugspannungen durch abfließende Hydratationswärme unterhalb der Zugfestigkeit des Betons bleiben und damit Trennrisse vermieden werden. Die Folien sollten jedoch erst dann aufgelegt werden, wenn die Maximaltemperatur in dem Betonbauteil überschritten ist.

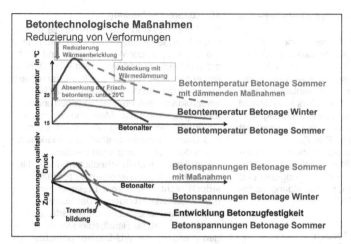

Betontechnologische Maßnahmen
Reduzierung von Verformungen

Bild 8: Entwicklung der Betontemperaturen und der Betonspannungen (qualitativ)
bei Betonagen im Winter und im Sommer und Maßnahmen zur Reduzierung von Verformungen im jungen Betonalter (Frühzwang)

7.3 Reduzierung der Verformungen während der Nutzung (Spätzwang)

Spätzwang entsteht bei behinderter Verformung durch das Schwinden des Betons (je nach Bauteildicke zwischen 3 und 6 Jahren) und/oder durch nutzungsbedingt eintretende Temperaturänderungen. Wasserundurchlässige Betonbauteile werden häufig für Tiefgaragen oder Lagerräumen eingesetzt, die auch während der Nutzung erhebliche Temperatur bedingte Längenänderungen aufweisen können. Dies gilt auch für Weiße Decken im Bereich von Tiefgaragen. Durch dämmende Maßnahmen oder entsprechend dicke Überschüttung kann die Temperatureinwirkung von oben wirksam begrenzt werden, so dass zumindest keine so großen zentrischen Zwangspannungen entstehen, die zur Trennrissbildung im späten Alter führen. Nutzungsbedingte Temperaturänderungen innerhalb des Bauteils können z. B. im Winter zu Biegezwang und damit zu Biegerissen führen, die jedoch für die Wasserundurchlässigkeit vernachlässigbar sind.
Werden Tiefgaragendecken nicht ausreichend von oben gedämmt oder mit entsprechendem Bodenaufbau überschüttet, sind spätere Wassereintritte nicht auszuschließen.
Sind jedoch aus Zwang im jungen Alter des Betons Trennrisse vorhanden und nicht bereits in der Bauphase sicher abgedichtet, muss davon ausgegangen werden, dass diese Risse sich im Winter öffnen und wasserführend werden.

Wird Spätzwang durch wirkungsvolle dämmende Maßnahmen von außen und Sicherstellung einer konstanten Nutzungstemperatur im Inneren ausgeschlossen, sind keine während der Nutzung entstehenden neuen Trennrisse zu erwarten.

8 Ausbildung und Abdichtung von Fugen

In Abhängigkeit der konstruktiven Durchbildung der Weißen Decken zur Reduzierung der Zwangspannungen kann es erforderlich sein, Arbeitsfugen, Temperaturgassen, Sollrissfugen oder Dehnfugen anzuordnen. Alle Fugen sind entsprechend den Regelungen zur Fugenabdichtung nach WU-Richtlinie [1] abzudichten. Dabei ist insbesondere auf eine sichere Verbindung einzelner Fugenabdichtungen zu achten, so dass ein durchgängiges Fugendichtkonzept vorliegt. Bei Weißen Decken haben sich sowohl innenliegende Dichtelemente wie auch von außen aufgebrachte Fugenabdichtungen (Flüssigabdichtung) bewährt. Bei außenliegenden Fugendichtungen kann es sinnvoll sein, die Dichtung aus der wasserführenden Ebene durch Anvoutung oder Aufkantungen herauszuführen (s. Bild 7).
Wenn möglich, sollten Weiße Decken bevorzugt mit Aufkantungen mit entsprechenden Abdichtungen entlang der Außenkanten hergestellt werden, die es ermöglichen, frühzeitig

Wasser aufzustauen um die Dichtigkeit prüfen zu können (s. Bild 7).

Durch Aufteilung der Decken in mehrere Betonierabschnitte können die Längenänderungen wirksam begrenzt werden. An Sollrissfugen können gezielt Risse erzeugt werden, die durch entsprechende Fugeneinlagen abgedichtet sein müssen. Besonders effektiv sind Sollrissfugen dann, wenn die Bewehrung nicht durch die Sollrissfugen in vollem Querschnitt geführt werden muss (s. Bild 7).

Am Übergang von Weißen Decken zu aufgehenden Bauteilen sollten möglichst Dehnfugen geplant und diese mit Flüssigfolie und entsprechender Schlaufenausbildung abgedichtet werden (s. Bild 7).

9 Abdichtung von Rissen

Die Abdichtung von wasserführenden Trennrissen wird bei Weißen Wannen im Regelfall durch abdichtende Injektion nach RILI SIB [5] erfolgen, da zum Zeitpunkt der Wasserbeanspruchung die Bauteile meist nur noch von innen zugänglich sind.

Die Abdichtung von Trennrissen in Bauteilen mit später einwirkenden Temperaturänderungen hat mindestens in Bauteilmitte, besser im äußeren Drittel des Betonquerschnitts zu erfolgen. Grund dafür sind die an der Bauteiloberfläche wirkenden Längenänderungen des Betons bei späterer Temperatureinwirkung, die an der Oberfläche zur Rissöffnung führen können. Sind die Risse nur oberflächennah abgedichtet oder durch Selbstheilung versintert, können sie bei oberflächennahen Temperaturänderungen wieder wasserführend werden. Dies gilt auch für Weiße Decken.

Da Weiße Decken im Regelfall von Beginn an der Witterung ausgesetzt sind, können Sie frühzeitig wasserbelastet werden. Dadurch können wasserführende Trennrisse frühzeitig erkannt und von der wasserberührten Seite abgedichtet werden. Dies erfolgt üblicherweise mit Flüssigfolie oder bauaufsichtlich für horizontale Flächen zugelassene außenliegende streifenförmige Abdichtungen.

WU-Dächer, die während der späteren Nutzung durch Chloride aus Verkehrsbeanspruchung belastet werden, müssen entsprechend der Expositionsklasse XD 3 geplant werden. Risse, in die Chloride eindringen können, sind auszuschließen oder dauerhaft abzudichten.

10 Zusammenfassung

WU-Dächer sind in der WU-Richtlinie grundsätzlich im Geltungsbereich mit aufgeführt und die Regelungen der WU-Richtlinie sind direkt auf WU-Dächer übertragbar. Mit WU-Dächern liegen seit vielen Jahren positive Erfahrungen vor, wenn die erforderlichen bauphysikalischen, konstruktiven, betontechnologischen und ausführungstechnischen Maßnahmen vorausschauend geplant und umgesetzt wurden. WU-Dächer können deshalb als anerkannte Regel der Technik eingestuft werden.

Leider liegen auch in erheblichem Maße Negativbeispiele vor, die vorgenannte Einstufung jedoch nicht eingrenzen. Diese zeigen vielmehr, dass insbesondere in der Konzeptions- und Planungsphase kritisch hinterfragt werden muss, welche Randbedingungen vorliegen müssen, um WU-Dächer umsetzen zu können. Die Planung von WU-Dächern darf nur an mit dieser Bauweise vertrauten Planern (insbesondere Tragwerksplaner) beauftragt werden. Beim Deutschen Beton-und Bautechnik-Verein ist ein Sachstandsbericht in Bearbeitung, in dem Besonderheiten der WU-Dächer zusammengestellt und Hinweise für Planung und Ausführung gegeben werden [6].

11 Literatur

[1] Deutscher Ausschuss für Stahlbeton; DAfStb-Richtlinie für wasserundurchlässige Betonbauwerke (WU-Richtlinie); 2004

[2] Deutscher Ausschuss für Stahlbeton; Heft 555 – Erläuterungen zur WU-Richtlinie; 2006

[3] Deutscher Beton- und Bautechnik-Verein „Hochwertige Nutzung von Untergeschossen – Bauphysik und Raumklima; Berlin; Fassung Januar 2009

[4] Österreichische Vereinigung für Beton- und Bautechnik; Richtlinie für wasserundurchlässige Betonbauwerke – Weiße Wannen, Ausgabe 2002

[5] Ausschuss für Stahlbeton; DAfStb-Richtlinie Schutz und Instandsetzung von Betonbauteilen (RILI SIB); 2001

[6] Sachstandsbericht WU-Dächer; Deutscher Beton- und Bautechnik-Verein E.V. Berlin; (in Bearbeitung, voraussichtlich Ausgabe 2011)

Prof. Claus Flohrer
Studium des Bauingenieurwesens an der TU Karlsruhe; seit 1984 bei der Fa. Hochtief Solutions AG (Bauleitung, Qualitätssicherung, Technische Beratung, Messtechnik) tätig; derzeit Leitung Hochtief Consult Materials (Beratung, Baustofftechnik, Instandsetzung, Materialprüfung); seit 1996 ö.b.u.v. Sachverständiger Betontechnologie, Instandsetzung und zerstörungsfreie Prüfverfahren und Lehrbeauftragter FH Kaiserslautern; seit 2008 Obmann „Hauptausschuss Bauausführung" beim DBV und Obmann SIVV-Ausbildungsbeirat beim DBV.

Typische Fehlerquellen bei Extensivbegrünungen

Dipl.-Ing. Bernd W. Krupka, Freier Landschaftsarchitekt BDLA, ö.b.u.v. Sachverständiger, Bad Pyrmont

1 Bedeutung der Planung

Extensive Dachbegrünungen werden leider häufig wie ein beliebiges untergeordnetes Bauteil behandelt. Extensivbegrünungen sind von Natur aus sehr robust und überlebensfähig. Sie halten jedoch nicht alles aus was ihnen zugemutet wird. Das Extensivbegrünungen auch geplant werden müssen, ist unstrittiger Rechtstatbestand, der ja auch für die Planung von Flachdächern gilt. Die Fachregel für Dachbegrünungen hat daher auch den richtigen Titel – nämlich „Richtlinie für die Planung, Ausführung und Pflege von Dachbegrünungen". Volkenborn [4] stellt in einem bemerkenswerten Fachartikel zur Haftung von planenden Landschaftsgärtnern in der Zeitschrift LA-Landschaftsarchitektur eine „erhöhte Haftung des auch planenden Landschaftsgärtners" dar und weist darauf hin, dass „Für alle Mängel eines Bauwerks, die auf seinen Planungsfehlern beruhen, er unabhängig von der Vereinbarung der VOB/B zumindest gemäß § 638 BGB auf fünf Jahre einstehen muss". Das schon häufig gerade bei Extensiv-

begrünungen auf Planung und auch noch auf eine fachlich fundierte Bauüberwachung verzichtet wird, liegt an dem Bestreben mancher Auftraggeber oder Generalplaner möglichst kostengünstig zu bauen. Die Anbieter und Hersteller von Dachbegrünungen, eingeschlossen des Garten- und Landschaftsbaus und des Dachdeckerhandwerks tragen dann eine erhebliche planerische Mitverantwortung. Denn eine Fachplanung wird von ihnen nicht konsequent genug eingefordert. Damit wird die Bedeutung der Planung mit ihren Rechtsfolgen im Schadensfall verkannt. Fehler und Schäden an Dachbegrünungen sind auf folgende Grundursachen zurückzuführen:

– Fehlende Planung und/oder Bauleitung
– Mangelhafte Planung und/oder Bauleitung
– Mangelhafte Ausführung einschl. Fertigstellungspflege
– Schäden durch andere Gewerke
– Fehler in der Einschätzung der Vegetationsentwicklung und vegetationsdynamischer Prozesse (z. B. Sommer/Winteraspekte).

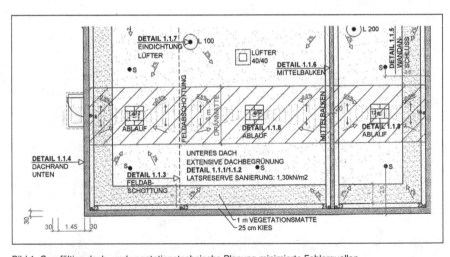

Bild 1: Sorgfältige dach- und vegetationstechnische Planung minimierte Fehlerquellen

Als typische Fehlerquellen werden nachfolgend die häufigsten Unzulänglichkeiten und Mängel behandelt, die dem Verfasser sowohl als Sachverständigen als auch als praktisch tätigem Planer aufgefallen sind.

2 Fehler im dachtechnischen Bereich

An der Schnittstelle zwischen Dachtechnik und Begrünungstechnik kommt es immer wieder zu Fehlern und Schäden, die häufig voreilig dem Gewerk Dachbegrünung zugeordnet werden.

Sowohl der Planer als auch der ausführende Fachbetrieb muss die Vorleistungen anderer Planungen bzw. Gewerke überprüfen. Dies betrifft die Baukonstruktion (Decken, Fugen, Fassaden, Durchbrüche) als auch den Dachaufbau (Schutzlagen, Dachabdichtung, Wärmedämmung).

Bild 2: Wuchsaggressive Fremdgräser siedeln sich in Extensivbegrünungen von selbst an

• Lastgrenzen
Die Überschreitung der Lastgrenzen, insbesondere bei Leichtdachbauweisen (Stahltrapezblechdächern). Während der Herstellung dürfen keine Punktlasten durch zwischengelagerte Baustoffe auftreten. Auch sollten auf Trapezblechdächern niemals Dachabläufe zu Bewässerungs- oder Prüfzwecken für einen Wasseranstau verstopft werden.

• Durchwurzelungs- und Rhizomfestigkeit
Stoffe zur Dachabdichtung haben kein oder nur ein unzureichendes Zeugnis auf Durchwurzelungsfestigkeit. Empfehlung: Vorkontrolle der Produkte nach der von der Fachvereinigung Bauwerksbegrünung e.V. (FBB) herausgegebenen Liste. Auf jeden Fall ist die Vorlage eines Untersuchungszeugnisses nach FLL erforderlich. Dies gilt auch unbedingt dann, wenn neben der Wurzel- auch die Rhizomfestigkeit der Dachabdichtung gefordert ist. Die Rhizomfestigkeit deckt die Prüfung nach dem EU-Verfahren (DIN EN 13948) nicht ab. Für Extensivbegrünungen sind rhizomfeste Abdichtungen immer ratsam, weil sich rhizomaggressive Gräser auch von selbst ansiedeln können.

• Schutzlage
– Die Schutzlage über der wurzelfesten Abdichtung ist in ihrer Widerstandsfähigkeit gegen Perforationen nicht ausreichend; die Mindestanforderung für ein 300 g Schutzvlies ist also kritisch zu überprüfen.
– Die Schutzlage ist mangelhaft verlegt, insbesondere ohne oder mit nicht ausreichen-

Bild 3: Baustellenorganisation mit erheblichen Risiken für die Dachdichtigkeit

der Überlappung und Schutz der Stöße. Daher gelangen Körner der Schüttgüter (Dränschichten, Substrate) unter die Schutzlage und erhöhen das Perforationsrisiko der Abdichtung erheblich. Die gleichen Mängel treten auf, wenn die Schutzlage an allen aufgehenden Rändern und Dachdurchdringungen nicht ausreichend hochgezogen ist. Dies sind regelmäßig auftretende Standardfehler.

• Perforationen
– Perforationen der wurzelfesten Dachabdichtung bzw. getrennt verlegter Wurzelschutzbahnen; Ursachen können sein:
  – Vor der Herstellung der Begrünung durch fremde Gewerke (Nägel, Schrauben, Bohrspänen oder Brandstellen von Zigarettenkippen, sowie Druckstellen z. B. vom Gerüstbau, Gasflaschen oder Paletten (hier herausstehende Nägel).

– Während der Herstellung der Begrünung durch Beschädigungen mit Handwerkszeug z. B. Schaufelkanten oder in Arbeitstrassen durch Druck aus Befahren oder Gehen.

3 Allgemeine Fehler im bau- und vegetationstechnischen Bereich

• Kalkversinterungen
– Die Versinterungen von Entwässerungseinrichtungen insbesondere der Dachabläufe durch Kalkhydrat kommt häufiger vor. Ursachen können sein:
  – Kalkhaltige Schüttgüter des Dachbegrünungsaufbaues oder Tragschichten von Belägen, einschl. Dachkies.
  – Betonfundamente von Kantensteinen, Mauerscheiben u. ä.
  – Mörtelbettungen von Pflaster und Plattenbelägen, auch von Mörtelsäckchen aufgestelzter Plattenbeläge.

Bild 4: Kalkversinterungen von einem Terrassenbelag

• Vernässungen des vegetationstechnischen Schichtaufbaues:
– Aufgrund von nicht vorhandenem oder zu geringem Dachgefälle
– Nicht vorhandene Dränschichten
– Falsche Stoffwahl für die Dränschichten, wie zum Beispiel Dränmatten zu geringer Dicke
– Zusätzlicher Wasserbelastung aus der Fassadenabregnung oder aus Regenfallrohren, welche auf die Begrünungsebene entwässern.

Bild 5: Vernässung einer Extensivbegrünung ohne Dachgefälle und zusätzlichem Wasser vom Steildach

• Vegetationstragschicht (Substrat), Schichtenaufbauten
– Entmischung von Schüttstoffen während des Einbaues mit partiell überhöhten Grob- und Feinteilverlagerungen im Schichtenaufbau. Dadurch ergeben sich Auswirkungen für den Wasserhaushalt des Schichtenaufbaues der Entwässerung und der Vegetationsentwicklung. Zonen mit Vernässung und Austrocknung spiegeln sich im Vegetationsbild wieder.
– Zuschlämmung in Dacheinläufen mit Schüttstoffen der Drän- und Vegetationsschicht bzw. Feinteilen aus diesen Schichten.
– Die nach den Flachdachrichtlinien vorgeschriebenen Anschlusshöhen von Oberkante Begrünung bzw. Kies oder Plattenstreifen zum oberen Abdichtungsanschluss wurden nicht eingehalten.
– Unzureichende Oberflächensicherung der Vegetationstragschicht bzw. Schichtenauf-

Bild 6: Erheblicher Windschaden an der eingebauten Dränschicht

bauten gegen Winderosion insbesondere in den Eck- und Randbereichen von Flachdächern sowie an Firsten und Ortgängen von Steildächern. Besonders gefährdet sind leichte Substrate mit rolligen Kornanteilen schon bei mittleren Windereignissen.

Bild 7: Erheblicher Vegetationsausfall auf sonnenexponierten Steildächern

Bild 8: Vegetationsausfall nach ca. 5 Jahren durch
erhebliche pH-Wert-Absenkung

• Qualitätsmängel von Vegetationstragschichten

– Die Toleranzbereiche der Sieblinien nach der Dachbegrünungsrichtlinie werden nicht eingehalten. Häufig Mangel in einer unzureichend ausgebildeten Grobsand- und Feinkiesfraktion, d. h. die Substrate sind zu grobkörnig.

4 Häufige Schäden an der Vegetation
• Standortbedingungen und Vegetationsauswahl

– Das objektbezogene Lichtklima insbesondere hinsichtlich der Verschattung wird nicht beachtet. Die Folge sind Unterschiede in Ausbildung und Höhe des Aufwuchses, Verkrautungen und Gehölzsämlinge in Schattenzonen. Dies führt immer wieder zu Beanstandungen.
– Bei Steildächern kommt es insbesondere auf den sonnenexponierten Flächen immer wieder zu erheblichen Ausfällen der Vegetation.
– Der Wasserhaushalt in Bezug zur Wasserkapazität des Schichtenaufbaus und der Gefällesituation wird nicht beachtet. Schäden durch Vernässung und Trockenheit.
– Mangelnde pH-Wert-Stabilisierung führt nach einigen Jahren teilweise zu erheblichen pH-Wert-Absenkungen und als Folge dann zu deutlichen Vegetationsumbildungen mit Artenverarmung, Vermoosung und ganz vegetationsfreie Stellen.

• Monokulturen

– Die Artenzusammensetzung der extensiven Dachvegetation besteht monokulturartig nur aus wenigen Sedumarten (Sedumdächer).

Erhebliche sukzessive Vegetationsumbildungen mit starkem Rückgang der Sedumbestände in den ersten fünf Jahren sind die Folge. Großflächige „Blüheffekte" verschwinden und werden als Mängel reklamiert.
– Die Mindestanforderungen von Vegetationstragschichten für einschichtige Extensivbegrünungen werden hinsichtlich der Wasserkapazität nicht erreicht. Organische Substanz, welche die Etablierung der Begrünung erleichtert (Nährstoffspeicherung), fehlt in der Regel. Die Folge, Artenverarmung im Vegetationsbild, starke Vermoosungen.

• Vegetationsmatten

– Falsche Vegetationszusammensetzung, insbesondere vergraste Sedum-Kräuter-Matten; auf dem Dachstandort treten erhebliche Ausfälle im Vegetationsbestand auf.
– Unzureichende Vegetationsbedeckung mit dem Risiko von Winderosion
– Die Substrathaftung in und auf der Vegetationsmatte ist unzureichend. Schwer nachbegrünbare Fehlstellen mit sichtbarem Trägergewebe sind die Folge.
– Das Trägergewebe ist, insbesondere für Steildachflächen unter Zugbeanspruchung, nicht geeignet. Die Matten dehnen sich oder reißen.
– Nach der Mattenverlegung treten starke Fugenbildungen durch Schrumpfungen auf, die nur schwer von selbst zuwachsen und nachbegrünt werden müssen.

• Schädlinge und Krankheiten

– Mit der Vegetation insbesondere durch Ballenpflanzen werden Dickmaulrüssler (schwarze Käfer) eingeschleppt, die nach starker Vermehrung erhebliche Fraßschäden an der Begrünung verursachen. Die Folge sind Kahlstellen.

– Bei der massenhaften Verwendung einzelner Pflanzenarten (Monokulturen) treten Pilzkrankheiten auf, die zu erheblichen partiellen Ausfällen führen können; hauptsächlich bei Sedumarten.

• **Ungeeignete Begrünungsverfahren**
– Die Qualität der verwendeten Sedumsprossen ist kulturbedingt (nicht abgehärtet) oder organisationsbedingt (zu lange gelagert) unzureichend und macht einen Begrünungserfolg unmöglich. Dies gilt auch für Flach- und Kleinballenstauden. Die Folgen sind dünne Vegetationsbestände, flächige Ausfälle, lange Etablierungszeit, Einwanderung von Fremdvegetation.

Bild 9: Samentragende, hochaufwachsende Fremdkräuter müssen während der Fertigstellungspflege unbedingt entfernt werden

– Ausbringung von Sedumsprossen zur falschen Jahreszeit insbesondere im Sommer und Spätherbst bzw. Winter mit schlechtem Anwachserfolg oder Totalausfällen.
– Verwendung von Flach- und Kleinballenstauden teilweise in nicht geeignete krautigen Arten auf zu dünnen Substratschichten; dies ist insbesondere kritisch bei Einschichtbauweisen.
– Trockenansaaten auf grobkörnigen Vegetationstragschichten von Einschichtbauweisen; das Saatgut wird bis auf die Unterlage gespült, keimt dort und stirbt ab.
– Nassansaaten in nicht geeigneter Zusammensetzung, insbesondere bei Verwendung von zuviel Zellulose und Kleber; die Folge sind Keimhemmungen und Ablösung der Anspritzschicht bei Trockenheit, sodass Sämlinge absterben.
– Frosthebungen in der Vegetationstragschicht führen im Frühjahr zu Trockenschäden der Ansaaten oder Pflanzungen von Herbstbegrünungen.
– Lose aufgestreute Sedumsprossen werden häufig durch Wind an die Dachränder in die Kiesrandstreifen oder gar vom Dach verfrachtet.

• **Fertigstellungspflege**
Nicht ausgeführte oder mangelhafte Fertigstellungspflege führt in der Regel zu folgenden Problemen:

– Windverfrachtungen von Substrat, Saatgut und Sedumsprossen
– Trockenschäden aller Art

– Wuchspressionen wegen Nährstoffmangel
– Schäden durch Frosthebungen
– Unkrautbesatz mit Massenvermehrung.

5 Sonderfall – Steildächer

Steildächer fehlerfrei und dauerhaft zu begrünen ist die hohe Kunst der Extensiven Dachbegrünung. Hier sind besondere Bau- und vegetationstechnische Anforderungen an die Lage- und Schubsicherheit des Schichtenaufbaus und die Qualität der Begrünung selbst zu stellen.

Hoch belastet durch Sonneneinstrahlung und Austrocknung sind immer die Süd- und Westlagen, die sich dann auch sehr deutlich im Vegetationsbild von den sonnenabgewandten Dachflächen unterscheiden. Dabei gibt es erhebliche regionale Unterschiede in Deutschland.

Allein die kontrastierende Wahrnehmung von rot-braunen zu satt-grünen Dachflächen führt immer wieder zu Streitfällen. Daher sollte im Einzelfall überprüft werden, ob partielle Zusatzbewässerungen erforderlich sind. Dies auch um die Vegetationsdecke geschlossen und somit sicher gegen Oberflächenerosionen zu halten.

Weiterhin sind unzureichende Schubsicherungen bei Steildächern mit Rissen im Schichtenaufbau sowie Verwerfungen oder Absackungen der Substratschicht häufig ein Problem.

Tabelle 1: Überblick der Schadensursachen auf extensiv begrünten Steildächern (ab ca. 10–15° Neigung) [Quelle: Krupka, B. W.: Extensive Begrünungen von Steildächern. Risiken und Schäden. In: Bauschadensfälle Band 9, Fraunhofer IRB Verlage, Stuttgart, 2007]

Überblick der Schadensursachen

Klimatische Standortfaktoren
- Sonneneinstrahlung
- Windeinwirkung
- Frosteinwirkung
- Schnee- und Eisdruck

verstärkt durch:
- zunehmende Höhenlage
- Küstennähe
- bauliche Umgebung

+

Bauwerksbedingte Standortfaktoren
- zunehmende Dachneigung
- zunehmende Dachlänge
- Aufbauten im Dach
- geringe Schichtdicke der Begrünung (Lastreserve)

+

Planungs- und Ausführungsfehler
- Technik der Schubsicherung
- Vegetationstechnik des Schichtenaufbaus
- Vegetationstechnik der Begrünung
- Erosionsschutz

verstärkt durch:
- Mängel an Stoffen
- Mängel an Pflanzen
- Fehler in der Fertigstellungs-, Entwicklungs- und Unterhaltungspflege

=

Ergebnis: reversible oder irreversible Schäden
- an der Vegetationsbedeckung
- an der Vegetationszusammensetzung
- am Schichtenaufbau
- an der Dachabdichtung
- an der Dachkonstruktion

Fazit:
Klimatische und bauwerksbedingte Standortfaktoren zzgl. Planungs- und Ausführungsfehler sind die typischen Schadensursachen, die zu reversiblen oder irreversiblen Schäden führen.

---

6 Empfehlungen zur Schadensvermeidung

Auf die unbedingte Notwendigkeit der Planung wurde eingangs schon hingewiesen. Sie ist der erste Schritt zur Fehler- und Schadensvermeidung. Die ausführenden Betriebe müssen bei fehlender oder unzureichender Planung Bedenken anmelden, weil sie sonst selbst u. U. Planungshaftung übernehmen.

Planer dürfen sich nicht blind auf die Funktionsfähigkeit von Systembauweisen und Katalogangeboten verlassen, sondern müssen Stoffqualitäten und Schichtdicken überprüfen. Das gilt auch für empfehlende Listen zur Pflanzenverwendung, die manchmal nur das Prädikat „blühender Unsinn" verdienen.

Zu beachten sind im Rahmen der Planung und Ausführung:

- Überprüfen der baulichen Voraussetzungen für die Dachbegrünung einschließlich Dach-, Dichtungs- und Entwässerungstechnik, sowie Wurzelschutz.
- Feststellung von Grenzstandortbedingungen für die Vegetation.

– Analyse von bau- und vegetationstechnischen Risikofaktoren (z. B. Wind- und Wassererosion).
– Qualitätsmanagement durch:
– Kontrolle der örtlichen Ausführung nach Plan und Leistungsverzeichnis
– Kontrolle der qualitativen Mindestanforderungen an die Stoffe (nach FLL-Richtlinie)
– Ausführung und Überwachung der Fertigstellungspflege
– Entwicklung eines Konzeptes für die Entwicklungs- und Unterhaltungspflege als Pflegeanleitung sowie deren fachgerechte Ausführung und Kontrolle
– Umfassende Information des Auftraggebers über die ausgeführte Dachbegrünung, deren Entwicklung sowie Mittel und Maßnahmen zur Unterhaltung.

Der gute Ruf extensiver Dachbegrünungen darf auch nicht durch einen harten Preiskampf zu Lasten bewährter Qualitätsanforderungen (FLL-Dachbegrünungsrichtlinie) aufs Spiel gesetzt werden.
Die Nachhaltigkeit einer guten Planung beruht einerseits auf vorausschauender Fehler- und Schadensvermeidung und konsequenter Bauleitung sowie auf nachträgliche Überwachung bzw. Beratung in der Unterhaltung. Die Nachhaltigkeit einer handwerklich guten Ausführung mit hochwertigen Stoffen ist für alle Formen der Dachbegrünung hinreichend mit Millionen von Quadratmetern belegt. Selbstverständlich sollte sein, dass alle Partner in der Planung und Ausführung auf höchstem bau- und vegetationstechnischem Niveau agieren und auch Extensivbegrünungen in ihr Qualitätsmanagement mit einbeziehen. An Fachliteratur und Fortbildungsmöglichkeiten mangelt es nicht.

7 Literatur

[1] Fachvereinigung Bauwerksbegrünung FBB (Hrsg.):
– Wurzelfeste Bahnen und Beschichtungen, Prüfungen nach dem FLL-Verfahren
[2] Forschungsgesellschaft Landschaftsentwicklung Landschaftsbau e.V. – FLL Bonn (Hrsg.):
– Richtlinie für die Planung, Ausführung und Pflege von Dachbegrünungen – Dachbegrünungsrichtlinie, Ausgabe 2009
– Hinweise zur Pflege und Wartung von begrünten Dächern, Ausgabe 2008
– Schadensfallsammlung Gala Bau, Fraunhofer IRB Verlag Stuttgart, lose Blattsammlung ab 2000
[3] Krupka, B.:
– Dachbegrünung, Pflanzen- und Vegetationsanwendung an Bauwerken. Handbuch des Landschaftsbaus, Eugen Ulmer Verlag Stuttgart, 1992
– Extensive Dachbegrünungen kritisch gesehen: Problematische Einschichtbegrünungen Der Dachdeckermeister, Heft 8, 1994
– Fehler und Schäden an Extensiven Dachbegrünungen, Bundesbaublatt, Heft 5, 1995
– Extensive Begrünungen von Steildächern, Risiken und Schäden, In: Bauschadensfälle Band 9, Fraunhofer IRB Verlag, Stuttgart, 2007
– Das Phänomen des extensiven Sumpfdaches, Neue Landschaft 5/07, Patzer Verlag Hannover, 2007
[4] Volkenborn, W.: Erhöhte Haftung des auch planenden Landschaftsgärtners. LA Landschaftsarchitektur, Heft 1, 2000, Seite 14, 15

Dipl.-Ing. Bernd W. Krupka
Studium an der FH Osnabrück, Grünplanung und Landschaftsbau; Tätigkeit im Landschaftsarchitekturbüro als Planungsingenieur und Bauleiter; seit 1984 freischaffender Landschaftsarchitekt; seit 1998 öffentlich bestellt und vereidigter Sachverständiger der Architektenkammer Niedersachsen für Schäden an Freianlagen, Spezialgebiet Dach- und Fassadenbegrünung; ständige Mitarbeit in den Arbeitskreisen und Regelwerkausschüssen der Forschungsgesellschaft Landschaftsentwicklung, Landschaftsbau (FLL); Mitglied der Fachvereinigung Bauwerksbegrünung (FBB); Autor von Fachbüchern und Fachbeiträgen zu Dachbegrünungen und Vegetationstechnik.

Pro + Kontra – Das aktuelle Thema: Normen – Qualitätsgarant oder Hemmschuh der Bautechnik?

1. Beitrag:
Nutzen und Gefahren der Normung aus der Sicht des Sachverständigen

Prof. Dr.-Ing. Rainer Oswald, AIBau, Aachen

1 Nutzen und Notwendigkeit von Normen im Abdichtungsbereich

Der große Nutzen von qualitätssichernden Regeln wird dem praktisch tätigen Bausachverständigen gerade im Abdichtungsbereich täglich vor Augen geführt.

Bauwerksabdichtungen tragen wesentlich zur Funktionsfähigkeit von Gebäuden bei. Ihre wirkliche Leistungsfähigkeit zeigen sie häufig erst nach Jahren, wenn nämlich eine extreme, aber noch zu erwartende Wasserbeanspruchung auftritt. Dann sind die Gewährleistungsfristen der am Bau Beteiligten aber längst abgelaufen und die schadhafte Abdichtung ist nicht selten völlig unzugänglich. Die Eigentümer und Nutzer sind dann mit den Problemen alleine gelassen.

Bauwerksabdichtungen müssen daher nach festen Regeln herstellt werden, die ein dauerhaftes Funktionieren mit Sicherheitsreserven vorhersehen lassen. Es sind also zuverlässige Lösungen erforderlich. Herstellerunabhängige, praxisgerechte Abdichtungsregeln sind daher unverzichtbar.

Welche Einflussmöglichkeiten zur Verfügung stehen, um z. B. bei Flachdächern eine angemessene Zuverlässigkeit zu erzielen, wurde bereits im Vortrag von M. Zöller (*Planerische Voraussetzungen für Flachdächer mit hohen Zuverlässigkeitsanforderungen*) dargestellt.

Normative Festlegungen sind auch unverzichtbar, da die Leistungsfähigkeit vieler zur Minimierung der Fehlstellenrisiken bei Abdichtungen möglichen und praktizierten Methoden mit Ausnahme der Rissüberbrückungseigenschaften und dem Perforationsverhalten nicht quantifizierbar sind.

Man kann sich daher meist nur auf Praxiserfahrungen berufen und da fehlen – bis auf wenige, recht alte Untersuchungen – statistisch verlässliche Grundlagen. Man ist daher auf fast „gefühlsmäßig" zu nennende Einschätzungen angewiesen und so häufen sich dann auch die Meinungsäußerungen echter und vermeintlicher Experten.

Unter diesen Randbedingungen ist es notwendig, dass in richtig zusammengesetzten Gremien nach eingehender Diskussion des aus Laborprüfungen, Berechnungen und Praxiserfahrungen erwachsenen Kenntnisstandes in nicht zu großen Zeitabständen ein vorläufiger Schlussstrich gezogen wird und das Diskutierte in praktikablen Regeln zusammengefasst wird.

So sind Normen einzuschätzen. Sie sind nicht unfehlbar. Sie legen aber aufgrund ihres Zustandekommens die Anscheinsvermutung nahe, die zum Zeitpunkt ihrer Verabschiedung anerkannten Regeln der Technik zu beschreiben. Sie sind daher zu Recht ein wichtiger Maßstab für eine mangelfreie Werkleistung.

2 Gefahren der Normung

2.1 Grundanforderungen und Hilfsregeln

Mit der Kodifizierung von Regel geht die Gefahr ihrer schematischen Fehlanwendung einher. Blinde Prinzipienreiterei ist in allen Lebensbereichen von Übel. Für die Baubeteiligten wird rein formalistisches Vorgehen existenzbedrohend, wenn Sachverständige voll gebrauchstaugliche Gebäude nur deshalb als mangelhaft und nachbesserungsbedürftig bewerten, weil bei der Planung oder Ausführung vom Text eines Regelwerks abgewichen wurde. Sachverständige, die beurteilen müssen, wie schwerwiegend Abweichungen von technischen Regeln sind, sollten sich viel schärfer vor Augen halten, dass technische

Regelwerke nicht nur Grundanforderungen festlegen, die für die Gebrauchstauglichkeit unverzichtbar sind, sondern – mit unterschiedlichem Grad der Verbindlichkeit – in Hilfsregeln den Weg beschreiben, auf dem die Realisation dieser Grundanforderungen möglich ist. Diese Hilfsregeln können zum Beispiel die einfachere handwerkliche Ausführbarkeit (wie bei den Abstandsregeln bei Durchdringungen im Flachdach) oder die sichere Berücksichtigung einmalig ablaufender Anfangsverformungen (wie bei Schwindfugen in Zementestrichen) bezwecken. Haben Planer oder Ausführende ohne Beachtung dieser Hilfsregeln auf anderem Weg eine nachweislich alle Grundanforderungen erfüllende, voll gebrauchstaugliche Leistung erbracht, so kann diese – zumindest mit technischer Vernunft – nicht im Ernst als „mangelhaft" bezeichnet werden – es sei denn, das Vorgehen nach der in der Norm beschriebenen Hilfsregel wurde ausdrücklich zwischen den Parteien vereinbart.

2.2 Wandel der Randbedingungen

Auch folgender weiterer Sachverhalt führt zu Fehlanwendungen von Normen: Man handelt im Alltag meist aus Erfahrung sowie nach Regeln und Riten, ohne sich ständig der Gründe bewusst zu sein. Insbesondere bei den traditionellen Bauweisen, zum Beispiel beim Mauern, Putzen, Estrichlegen, Dachdecken sind die Regeln zum Teil noch historisch gewachsen und das „Warum" mancher Arbeitsschritte kann durchaus im Dunkeln liegen. Auch zur Beantwortung der Frage, ob eine (noch) nicht schadhafte Werkleistung dauerhaft gebrauchstauglich bleiben wird, beruft sich der Bauleiter bei der Abnahme oder der beurteilende Sachverständige im Streitfall normalerweise auf Regeln, ohne immer bis ins Detail deren Sinn begründen zu können. So notwendig (und bequem) ein solches Verhalten im Alltagsgeschäft auch ist: Die Gefahr von Fehlbeurteilungen und daraus folgenden Fehlentscheidungen ist groß. Es wird nämlich häufig übersehen, dass bei geänderten Randbedingungen scheinbar unumstößliche Regeln obsolet werden können. Bei der Normungsarbeit muss daher sorgfältig darauf geachtet werden, dass unmissverständlich und für ein breites Anwendungsfeld zutreffend formuliert wird.

Dabei muss der richtige Mittelweg des ausreichenden Detailliertheitsgrades gefunden werden – die Regeln dürfen nicht so global formuliert sein, dass sie nur noch fast inhaltsleere Allgemeinplätze darstellen z. B.: „Der Dachabschluss ist fachgerecht so herzustellen, dass er dicht ist", noch dürfen sie zu genaue Details enthalten, die regelmäßig im Einzelfall bei sinnvollen Abweichungen zum Mangelstreit führen.

2.3 Schwerfälligkeit der Normung

Die komplizierten Entscheidungsverfahren im Normungsbereich und die ehrenamtliche Mitarbeit der meisten Normenbearbeiter führen dazu, dass Normen nicht so schnell überarbeitet werden, wie dies wünschenswert wäre. So ist im Bauwerksabdichtungsbereich sehr erheblich zu beklagen, dass immer noch keine Regelungen vorliegen, die in DIN 18195 die Abdichtung von hoch beanspruchten Nassräumen mit flüssigen Abdichtungen im Verbund mit Fliesen vorsehen, obwohl dieses Verfahren sich inzwischen schon längst als das Übliche eingebürgert hat – die Entwicklung geht sogar schon so weit, dass schon Streitfälle bekannt sind, in denen die alleinige Abdichtung mit bahnenförmigen Abdichtungen unter dem Estrich z. B. in Großküchen, aber auch in den Nassräumen von Schwimmbädern als Konzeptionsmangel bewertet wurde, da sich – vor allem bei fehlendem Gefälle auf der Abdichtung – im Estrich organisch belastetes Brauchwasser sammeln und ein hygienisches Problem erzeugen kann. Besser ist insofern eindeutig die Anordnung der Abdichtung unmittelbar unter der Fliesenbelag. Hinsichtlich der Aufnahme von neuen Abdichtungsverfahren und Abdichtungsmaterialien ist es schwierig, den „richtigen Mittelweg" zwischen Praxisnähe und der ungeprüften Übernahme von Neuerungen ohne Praxisbewährung zu finden. Ein bauaufsichtliches Prüfzeugnis kann in vielen Fällen relativ einfach erreicht werden. Eine tatsächliche Praxisbewährung und damit ein Zustand entsprechend den anerkannten Regeln der Bautechnik ist aber durch ein bauaufsichtliches Prüfzeugnis allein noch nicht belegt.

3   Zur Neugliederung der Abdichtungsregeln

Aus der dargestellten Perspektive sollte von der Berufsgruppe der Bausachverständigen auch die bevorstehende Neugliederung der Abdichtungsnormen beurteilt werden.

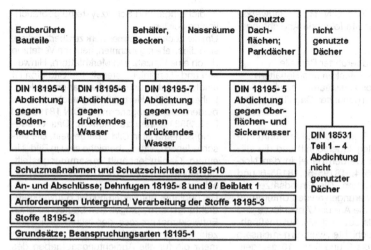

Erdberührte Bauteile		Behälter, Becken	Nassräume	Genutzte Dachflächen; Parkdächer	nicht genutzte Dächer

DIN 18195-4 Abdichtung gegen Bodenfeuchte	DIN 18195-6 Abdichtung gegen drückendes Wasser	DIN 18195-7 Abdichtung gegen von innen drückendes Wasser	DIN 18195-5 Abdichtung gegen Oberflächen- und Sickerwasser	DIN 18531 Teil 1 – 4 Abdichtung nicht genutzter Dächer

Schutzmaßnahmen und Schutzschichten 18195-10

An- und Abschlüsse; Dehnfugen 18195- 8 und 9 / Beiblatt 1

Anforderungen Untergrund, Verarbeitung der Stoffe 18195-3

Stoffe 18195-2

Grundsätze; Beanspruchungsarten 18195-1

Bild 1: Gliederung der Abdichtungsnormen 2011

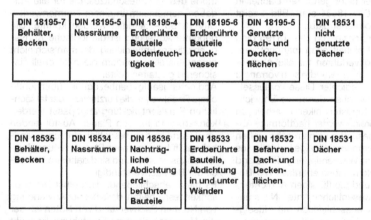

DIN 18195-7 Behälter, Becken	DIN 18195-5 Nassräume	DIN 18195-4 Erdberührte Bauteile Bodenfeuchtigkeit	DIN 18195-6 Erdberührte Bauteile Druckwasser	DIN 18195-5 Genutzte Dach- und Deckenflächen	DIN 18531 nicht genutzte Dächer
DIN 18535 Behälter, Becken	DIN 18534 Nassräume	DIN 18536 Nachträgliche Abdichtung erdberührter Bauteile	DIN 18533 Erdberührte Bauteile, Abdichtung in und unter Wänden	DIN 18532 Befahrene Dach- und Deckenflächen	DIN 18531 Dächer

Bild 2: Neugliederung der Abdichtungsnormen 2011

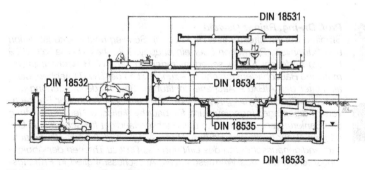

Bild 3: Neugliederung der Abdichtungsnormen 2011, Geltungsbereiche

Oswald/Nutzen und Gefahren der Normung aus der Sicht des Sachverständigen

Die derzeitig gültige DIN 18195 *Bauwerks-abdichtungen* regelte folgende Abdichtungs-aufgaben:

- Abdichtung erdberührter Bauteile
- Abdichtung von Becken und Behältern
- Abdichtung von Nassräumen sowie
- Abdichtung von genutzten Dachflächen und Parkdächern

Die eigentlichen Planungs- und Ausführungs-regeln für den Regelquerschnitt und die Flä-chenabdichtung werden dabei in den Nor-menteilen 18195-4, 18195-5, 18195-6 und 18195-7 beschrieben. Die Grundsätze, die Stoffe, die Anforderungen an den Untergrund einerseits sowie die An- und Abschlüsse und Dehnfugendetails sowie die Schutzmaßnah-men und Schutzschichten wurden gemeinsam in den Teilen 1 bis 3 und 8 bis 10 geregelt. Vollständig unabhängig von DIN 18195 fand die Regelung der nicht genutzten Dächer in der vierteiligen DIN 18531 statt. Bild 1 zeigt die derzeitige Normenstruktur.

Das Gliederungsprinzip von DIN 18195 ging von weitgehend einheitlichen (bahnenförmi-gen) Abdichtungsverfahren für alle Abdich-tungsaufgaben aus und wandte sich vorrangig an den Bauwerksabdichter. Diese Vorausset-zungen sind inzwischen durch die Entwick-lung der Abdichtungstechniken überholt. Im erdberührten Bereich werden hautförmige Ab-dichtungen insgesamt zu einem sehr großen Teil durch wasserundurchlässige Bauteile aus Beton mit hohem Wassereindringwiderstand ersetzt. Bei Becken haben ebenfalls WU-Be-ton-Bauweisen und die flüssigen Abdichtun-gen einen ganz wesentlichen Anteil. Nassräu-me werden fast ausschließlich mit Flüssig-abdichtungen im Verbund mit Fliesen reali-siert. Auch im Parkdachbereich sind flüssige Abdichtungs- und Schutzsysteme gebräuch-lich geworden.

Um die Lücke im Normenwerk zu überbrücken, sind diese eben genannten, neueren Verfahren durch eine Vielzahl von Merkblättern, Hinwei-sen und Richtlinien geregelt. Die Situation ist insofern höchst unüberschaubar geworden. Daher wurde im Herbst 2010 entschieden, die beiden Abdichtungsnormen – DIN 18195 und DIN 18531 – neu zu gliedern. Das Glie-derungsschema ist in Bild 2 dargestellt. Die ver-schiedenen Geltungsbereiche sind in Bild 3 in einem Gebäudeschnitt zusammengestellt. Einzelheiten werden in den Folgereferaten be-schrieben.

Die geplante Aufgliederung der Bauwerksab-dichtungsnorm spiegelt den bautechnischen Entwicklungsprozess der letzen drei Jahr-zehnte wider. Die Bahnenabdichtung ist nicht mehr die für alle Abdichtungsaufgaben des Hochbaus üblicherweise angewendete Me-thode des Feuchteschutzes, die für alle Auf-gaben gemeinsam in einem Normenwerk – DIN 18195 – geregelt werden konnte. Die geplante Aufteilung ist die logische Konse-quenz dieser Entwicklung, der man sich nicht entgegenstellen sondern die man qualitäts-sichernd gestalten sollte.

Abdichtungsaufgabenbezogene, übersichtli-chere Regelwerke, die kurzfristiger der tatsäch-lichen Praxisentwicklung angepasst werden können, sind für den Planer, Ausführenden und Beurteilenden wesentlich einfacher hand-habbar, führen zu mehr Planungs- und Aus-führungssicherheit und sind daher im Interes-se der Bausachverständigen.

Es bleibt abschließend, die Selbstverständ-lichkeit festzuhalten, dass bei der Anwendung von Normen Sachverstand von Nöten ist, der die Hintergründe ihrer Entstehung bedenkt und ihre Aussageabsichten kennt.

Prof. Dr.-Ing. Rainer Oswald
Studium der Architektur (RWTH Aachen), Schwerpunkt Baukonstruktion und Bauphysik; Promotion über ein bauphysikalisches Thema; bis 2009 Honorarprofessor für Bauschadensfragen an der RWTH Aachen; Syste-matische Bauschadensforschung – zunächst an der RWTH Aachen, dann als Leiter des AIBau – Aachener Institut für Bauschadensforschung und angewandte Bauphysik gemein. GmbH; Leiter der Aachener Bausach-verständigentage; Ingenieurbüro für bauphysikalische Neubauberatung und Sanierungsplanungen; ö.b.u.v. Sachverständiger für Schäden an Ge-bäuden, Bauphysik und Bautenschutz; Mitglied in Arbeits- und Sach-verständigenausschüssen des DIN und des DIBt zu Themen der Abdich-tungstechnik und des Wärmeschutzes; Ausschussmitglied in Prüfungs-gremien der Kammern zur öffentlichen Bestellung; Fachbuchautor.

Pro + Kontra – das aktuelle Thema: Normen – Qualitätsgarant oder Hemmschuh der Bautechnik

2. Beitrag:
Einheitliche Standards für alle Abdichtungsaufgaben – Zur Notwendigkeit einer übergreifenden Norm für Bauwerksabdichtungen

Dipl.- Ing. Hans-Peter Sommer, Ingenieurbüro für Bauwerksabdichtung, Horst

1 Einführung

Am 13.01.2011 wurde die **Initiative Praxisgerechte Regelwerke im Bauwesen e.V.** gegründet.
Träger der Initiative sind zehn Bau-Spitzenverbände [1].
Die Geschäftsführung obliegt dem Deutschen Beton- und Bautechnik- Verein e. V. (DBV) und dem Verband der Beratenden Ingenieure e. V. (VBI).
Ziel der Initiative ist es, die deutschen und europäischen Baunormen im Umfang zu reduzieren und auf das Niveau anerkannter Regeln der Technik zurückzuführen.
Die neu gegründete Initiative konzentriert sich auf eine Überarbeitung der zentralen Bemessungs- und Anwendungsnormen außerhalb der Normeninstitute DIN und CEN in einem so genannten „pränormativen Ansatz".
Der Hauptverband der Deutschen Bauindustrie e. V. (HDB) als Gründungsmitglied der Initiative betreibt federführend parallel dazu die strategische Überarbeitung ausgewählter Bauausführungsnormen vor dem Hintergrund untauglicher europäischer Produktnormung. Hierzu zählen insbesondere Ausführungsnormen im Bereich Brandschutz, Schallschutz, Wärmeschutz und Feuchtigkeitsschutz.
Hintergrund des Engagements der Bau-Spitzenverbände ist eine weitverbreitete Unzufriedenheit mit den Baunormen, die ständig durch Anwendungsnormen, Vornormen, Zusatz (Rest)-normen usw. ergänzt werden müssen.
Für das Bauwesen sind im NABau im DIN laut Jahresbericht 2010 insgesamt 586 Normungsvorhaben geführt.
Allein im NA 005-02 FB (Fachbereich Abdichtung und Feuchteschutz) sind 31 neue Normungsentwürfe oder Normungsvorhaben genannt.

Das Ziel, die Normungsflut zu reduzieren, wurde dabei weit verfehlt.
Planer und Ausführende sehen sich mit einem weiteren Anwachsen der Regelwerke konfrontiert.

2 Bauwerksabdichtungen

Der Begriff „Bauwerksabdichtung" umfasst generell den Schutz von Bauwerken gegen eindringendes Wasser. Zitat Lufsky [2]: „Das Abdichten von Bauwerken soll verhindern, dass Wasser, gleich welcher Art und Herkunft, einen schädigenden Einfluss auf das Bauwerk, seine Teile oder Innenräume ausübt". Zusammengefasst versteht man unter Bauwerksabdichtung den Schutz von Bauten gegen drückendes Wasser, den Schutz von genutzten Bauwerksflächen gegen Oberflächen- und Brauchwasser und den Schutz von erdberührten Flächen gegen Bodenfeuchte (Haftwasser, Kapillarwasser).
Im Gegensatz zu den Dachabdichtungen, die frei liegen bzw. mit einem Oberflächenschutz aus Kies versehen sind und daher regelmäßig unterhalten werden können, gehören zum Gebiet der Bauwerksabdichtung alle Abdichtungen, die ständig von Massivbauteilen bedeckt sind. Sie können daher nicht unterhalten werden, noch ist es möglich, Schäden auf einfache Art auszubessern.
Die Erarbeitung der technischen Normen für Bauwerksabdichtungen erfolgte in unterschiedlichen Etappen:

– 1932 **DIN 4031** Wasserduckhaltende Dichtungen aus nackten Pappen
– 1950 **DIN 4117** Abdichtung von Hochbauten gegen Erdfeuchtigkeit

- 1968 **DIN 4122** Abdichtung von Bauwerken gegen nichtdrückendes Oberflächen- und Sickerwasser

Die drei nicht aufeinander abgestimmten technischen Regelwerke wurden zu einem einheitlichen Regelwerk zusammengefasst und als

- 1983 **DIN 18195** Bauwerksabdichtungen

veröffentlicht.
Im Jahr 2000 wurde dann eine komplette Überarbeitung der DIN 18195, Teile 1 – 6, veröffentlicht.
Die überarbeiteten Teile 8 – 10 wurden 2004 herausgegeben.
Im Juni 2009 erschien die Neuherausgabe des Teiles 7 (Abdichtungen gegen von innen drückendes Wasser), nachdem im April 2009 der Teil 2 (Stoffe) der DIN 18195 veröffentlicht wurde.
Die Überarbeitung des Teils 2 (Stoffe) erfolgte wegen der Eingliederung der harmonisierten europäischen Produktnormen für Abdichtungsprodukte unter Einbeziehung der Anforderungen der DIN V 2000-02 [3]. Dabei wurden auch neue, nicht genormte Stoffe aufgenommen.
Die DIN 18195 ist bis heute die Fachgrundnorm für den gesamten Bereich der Bauwerksabdichtung. Nur die Abdichtung nicht genutzter Dächer (DIN 18531) und die Dränung zum Schutz baulicher Anlagen (DIN 4095) werden in getrennten technischen Normen behandelt.
Die DIN 18195 umfasst alle Bereiche der Bauwerksabdichtung:

- Querschnittabdichtungen in Wänden
- Kellerwandabdichtungen u. Abdichtungen von Bodenplatten gegen Bodenfeuchte
- Abdichtungen gegen aufstauendes Sickerwasser
- Abdichtungen von Balkonen, Terrassen, Loggien
- Abdichtungen von intensiv begrünten Dächern
- Abdichtungen auf erdüberschütteten Deckenflächen
- Abdichtungen von Hofkellerdecken
- Abdichtungen von Parkdecks mit und ohne Wärmedämmung
- Abdichtungen in Nassräumen
- Abdichtungen gegen Schichten- und Grundwasser
- Abdichtungen von Behältern

- Abdichtungen über Fugen
- Herstellen von An- und Abschlüssen und Übergängen
- Anordnung von Einbauteilen und den Anschluss der Abdichtung daran
- Art und Ausbildung von Schutzschichten

Die DIN 18195 Bauwerksabdichtungen hat sich über viele Jahre in der Praxis bewährt und das Basisniveau der Anforderungen an die allgemein anerkannten Regeln der Technik (a.a.R.d.T.) erreicht, was durch eine breite Anerkennung der Fachöffentlichkeit bestätigt wird.

3 Kritik an der DIN 18195

- Unzureichend geregelt sind im Teil 5 momentan eindeutig die Abdichtungsmaßnahmen in Feucht- und Nassräumen.
- Ergänzt werden sollten im Teil 4 bei den Abdichtungsmaßnahmen in und unter Mauerwerk die Möglichkeit, auch dünnere Mauersperrbahnen, die sich in der Praxis bewährt haben, einzusetzen.
  Anmerkung: Eine Ausweitung der normativen Regelungen auf sämtliche Abdichtungsaufgaben im Mauerwerk, z. B. Abdichtungen unter Abdeckungen, wird sehr kritisch betrachtet.

Viele andere Argumente, die jetzt vorgetragen werden, sind von interessierten Kreisen in die Diskussion und in die Abstimmungen gebracht worden.

- **DIN 18195 ist lastfallbezogen**
  Anmerkung: In der Praxis dient das einer ingenieurmäßigen Bemessung.
- **Eine bauteilbezogene Struktur ist praxisgerechter**
  Anmerkung: Das wird die Praxis zeigen. Eine „Aufblähung" der Regelwerke wird die Folge sein.
- **Neue Stoffe erfordern eine ständige Anpassung der Norm**
  Anmerkung: KMB, FLK, AIV, MDS sind jetzt schon im Teil 2 und Teil 7 der DIN 18195 erfasst. Was über europäisch technische Zulassungen (ETA) auf den Markt kommt, muss erst einmal den Nachweis der Bewährung erbringen.
- **Die DIN 18195 ist wegen der Struktur schwer zu handhaben**
  Anmerkung: Tatsache ist, der Umgang mit der Norm erfordert Sachkenntnis.

- **Änderungen von Einzelbestimmungen haben auch immer große Folgen**
  Anmerkung: Das gilt aber auch für eigenständige Konstruktionsnormen

Man kann die Argumente pro und kontra umfänglich weiter führen. Die Notwendigkeit (?) und die Vorteile einer Neugliederung werden von anderer Seite dargestellt.
Nach Ansicht des Verfassers hätte die Möglichkeit bestanden, die bestehende DIN 18195 anzupassen, indem „neue" Stoffe in die Teile 4, 5 und 6 eingefügt werden (wie im Teil 7). Für die Abdichtung von Innenräumen hätte die DIN 18195 um einen Normenteil 11 ergänzt werden können.

4 Zur Neugliederung der Abdichtungsnormen

Beschluss des Lenkungsgremiums des FBR 02 vom 17.09.2010:
- DIN 18531 **AA** Dachabdichtungen
- DIN 18532 **AA** Abdichtung von Brücken und Parkdecks
- DIN 18533 **AA** Abdichtung erdberührter Bauteile
- DIN 18534 **AA** Abdichtung von Innenräumen
- DIN 18535 **AA** Abdichtung von Behältern

Über den Sinn der Aufteilung wurde diskutiert und gestritten. Man kann dazu auch unterschiedliche Auffassungen haben.
Der entscheidende Einwand richtet sich gegen den Beschluss, eigenständige, autonome **Arbeitsausschüsse AA** für alle Normen zu bilden.
In den Diskussionen davor war die Rede von der Bildung von **Arbeitskreisen AK** für die neuen Normen (DIN 18533, DIN 18534, DIN 18535) unter Federführung des Normenausschusses DIN 18185.
Vorgeschlagen wurde, dass DIN 18195 auch als Rahmennorm für DIN 18531 und DIN 18532 gelten sollte, um einheitliche Planungs- und Sicherheitsstandards festzulegen.
Das ist nun obsolet.

- Mit der eigenverantwortlichen und selbstständigen Arbeit der neuen Arbeitsausschüsse geht nach Befürchtung des Verfassers die Einheitlichkeit der Normen verloren.
- Bei der DIN 18531 und der DIN 18532 gibt es heute schon unterschiedliche strukturelle Ansätze.

- Es wird möglicherweise so kommen, dass unterschiedliche Planungs- und Sicherheitsstandards definiert werden.
- Von der Zusammensetzung der Normenausschüsse hängt ab, welche Interessen vertreten werden. Die Gefahr besteht, dass praktisch alle Baustoffe für Abdichtungen ohne Unterscheidung genormt werden. Bei der DIN 18531 ist das am Beispiel aller am Markt befindlichen Kunststoff- und Elastomerbahnen der Fall.
- Ein so genannter modularer Aufbau der Normen mit einer bauteilbezogenen Struktur stellt die Abdichtungsprodukte ohne Differenzierung in den Vordergrund. Im Vordergrund sollte aber die, auch lastfallbezogene, Planung und Bemessung des Abdichtungssystems stehen.
- In jeder **neuen** Norm müssen Definitionen, Stoffe, Untergrund- und Verarbeitungshinweise, Regelungen für An- und Abschlüsse, Fugenausbildungen, Schutzschichen immer wieder **neu** aufgeführt werden. Dies führt zu vielen Wiederholungen und zur Ausweitung der Normen.

5 Einheitliche Standards

Über die Vor- und Nachteile der neuen Normenstruktur kann man lange streiten und diskutieren. Die Zukunft wird zeigen, welche Akzeptanz die einzelnen Normen erreichen. Normen setzen sich durch, wenn und weil sie vernünftig sind.
Schon heute steht fest, dass die Norm für Dachabdichtungen (DIN 18531) und die zukünftige Norm für befahrene Flächen diametral im Aufbau und der Struktur sind.
Der Verfasser plädiert für einen einheitlichen Aufbau der Normen mit gleichen Sicherheitsstandards, bei denen die Planungsaufgabe im Vordergrund steht. Dazu gehört auch eine lastfallbezogene Bemessung der Abdichtung.
Der Verfasser hat sich auch dafür ausgesprochen, eine übergeordnete Norm für alle Abdichtungsaufgaben zu schaffen.
In dieser übergeordneten Rahmennorm wären zunächst die allgemeinen Grundlagen und Schnittstellen zu definieren.
Es könnten dann für alle neuen, bauteilbezogenen Normen einheitliche Festlegungen getroffen werden:

- Normative Verweisungen
- Begriffe
- Abgrenzungen

- Planungsgrundsätze
- Beanspruchungsklassen
- Nutzungskategorien
- Dichtigkeitsklassen
- Gefälle und Entwässerung
- Grundsätze zur Qualitätssicherung
- Qualifikation der Ausführenden
- Grundsätze für Umweltschutz und Nachhaltigkeit

6 Schlussbemerkung

Es stellt sich grundsätzlich die Frage, welche Ziele und Nutzen mit der Erarbeitung neuer Regelwerke tatsächlich verfolgt und erreicht werden. Sind Normen ein Instrument wirtschaftlicher Interessen? Ist die Qualität am Bau abhängig von der Menge der Regelwerke? Muss überhaupt alles genormt werden?

Nach Auffassung des Verfassers sind viele Normen überflüssig und verteuert das Bauen ganz erheblich. Nicht wenige Fachleute sprechen von einer Reglementierungswut, die den Architekten und dem ganzen Baugewerbe das Leben schwer macht.

7 Literatur

[1] Verband der Beratenden Ingenieure e. V. (VBI), Deutscher Beton- und Bautechnik- Verein e. V., Bundesvereinigung der Prüfingenieure e. V., Bundesingenieurkammer e. V., Hauptverband der Deutschen Bauindustrie e. V., Zentralverband des Deutschen Baugewerbes e. V., Deutscher Ausschuss für Stahlbeton e. V., Deutscher Beton- und Bautechnikverein e. V., Deutsche Gesellschaft für Geotechnik e. V., Deutsche Gesellschaft für Mauerwerks- und Wohnungsbau e. V., Deutscher Stahlbau- Verband e. V.

[2] K. Lufsky: Bauwerksabdichtungen. Teubner Verlag, Stuttgart

[3] DIN V 20000- 202: 2007-12 Anwendung von Bauprodukten in Bauwerken – Teil 202: Anwendungsnorm für Abdichtungsbahnen nach europäischen Produktnormen zur Verwendung in Bauwerksabdichtungen.

Dipl.-Ing. Hans-Peter Sommer
Ingenieurbüro für Bauwerksabdichtungen; von der IHK Kiel ö.b.u.v. Sachverständiger für Schäden an Gebäuden mit dem Schwerpunkt: Abdichtungen mit Feuchtigkeitsschutz, Flachdächer; Leiter des Technischen Ausschuss Bauwerksabdichtungen im Hauptverband der Deutschen Bauindustrie und Obmann VOB/C DIN 18336 – Abdichtungsarbeiten.

Pro + Kontra – das aktuelle Thema: Normen – Qualitätsgarant oder Hemmschuh der Bautechnik

3. Beitrag:
Notwendigkeit und Vorteile einer Neugliederung der Abdichtungsnormen aus der Sicht des Deutschen Instituts für Bautechnik (DIBt)

Dipl.-Ing. Christian Herold, Ltd. Baudirektor, Deutsches Institut für Bautechnik, DIBt, Berlin

1 Grundsätze bauaufsichtlicher Regelungen

Bauaufsichtliche Regelungen beziehen sich auf alle baulichen Anlagen im öffentlichen und privaten Bereich, die in den Anwendungsbereich der Bauordnungen der Länder (LBO) § 1 [1] fallen. Die Bauordnungen dienen der Einhaltung der aus öffentlich-rechtlicher Sicht als notwendig angesehenen Schutzziele für die Planung und Errichtung baulicher Anlagen in Deutschland. Danach sind bauliche Anlagen so anzuordnen, zu errichten, zu ändern und instand zu halten, dass die öffentliche Sicherheit und Ordnung, der Schutz von Leben, Gesundheit und die natürlichen Lebensgrundlagen nicht gefährdet werden (MBO § 3(1) [1]). Bauaufsichtliche Regelungen sind als öffentlich-rechtliche Regelungen für alle am Bau Beteiligten verbindlich. Sie dürfen nicht durch privatrechtliche Vertragsgestaltungen abgeändert oder ausgesetzt werden.

Bauprodukte dürfen nur verwendet werden, wenn bei ihrer Verwendung die baulichen Anlagen während einer angemessenen Zeitdauer die Anforderungen der Bauordnung erfüllen und gebrauchstauglich sind (MBO § 3(2)). Die von den obersten Baubehörden der Länder als „Technische Baubestimmungen" eingeführten technischen Regeln für die Errichtung baulicher Anlagen sind zu beachten. Von ihnen kann abgewichen werden, wenn mit anderen Lösungen in gleichem Maße die allgemeinen Anforderungen der BauO erfüllt werden (MBO § 3(3)).

Die eingeführten technischen Regeln dienen somit der Einhaltung der öffentlich rechtlichen Schutzziele für bauliche Anlagen in Deutschland. Die Regeln beziehen sich in erster Linie auf die Standsicherheit, den Brandschutz, den Wärme- und den Schallschutz sowie auf den Gesundheits- und den Umweltschutz.

Die öffentlich rechtlichen Anforderungen an Bauwerke stellen ein Mindestschutzniveau dar, das nicht unterschritten werden darf. Darüber hinausgehende Anforderungen, die z. B. dem Verbraucherschutz oder höheren Qualitätsanforderungen dienen, sind hingegen privatrechtlichen Vereinbarungen vorbehalten.

In den bauaufsichtlichen Bekanntmachungen (Bauregellisten A und B für Bauprodukte, Liste der Technischen Baubestimmungen für die Anwendung von Bauprodukten bei der Konstruktion und Bemessung von Bauwerken) wird festgelegt, welche technischen Regeln zur Erfüllung bauaufsichtlicher Anforderungen zu beachten sind.

Bauprodukte und Bauarten, die hiervon abweichen, können verwendet werden, wenn mit ihnen in gleichem Maße die Schutzziele der Bauordnung erreicht werden. Hierfür sind dann bauaufsichtliche Nachweise in Form von allgemeinen bauaufsichtlichen Zulassungen (abZ), allgemeinen bauaufsichtlichen Prüfzeugnissen (abP) oder Zustimmungen im Einzelfall (ziE) (MBO §§ 3, 17, 18) erforderlich. Bauaufsichtliche Zulassungen werden vom DIBt erteilt, bauaufsichtlichen Prüfzeugnisse durch anerkannte Prüfstellen und Zustimmungen im Einzelfall durch die oberste Bauaufsichtsbehörde des Landes.

2 Bauaufsichtliche Regelungen für den Schutz baulicher Anlagen

Im § 13 der MBO „Schutz gegen schädliche Einflüsse" wird gefordert, dass „Bauliche Anlagen so angeordnet, beschaffen und gebrauchstauglich sein müssen, dass durch Wasser, Feuchtigkeit, ... chemische, physikalische oder biologische Einflüsse Gefahren oder unzumutbare Belästigungen nicht entstehen".

Damit ist einerseits der Feuchteschutz gemeint, der dem Schutz der Nutzer von Bauwerken dient und die bestimmungsgemäße Nutzung des Bauwerks ohne gesundheitliche Beeinträchtigungen sicherstellen soll. Andererseits fällt hierunter aber auch der Bauteilschutz, der der dauerhaften Funktion von Tragwerken hinsichtlich ihrer Tragfähigkeit und damit der Sicherheit der Bauwerksnutzer dienen soll.

Der Feuchteschutz als Voraussetzung für die bestimmungsgemäße Nutzung von baulichen Anlagen erfordert aus bauaufsichtlicher Sicht keine öffentlich rechtlichen Regelungen zur Konstruktion, Bemessung und Ausführung von Abdichtungsmaßnahmen, da Mängel in der Regel rechtzeitig erkannt und behoben werden können und Leben und Gesundheit der Nutzer auch nicht unmittelbar gefährdet sind.

Zur Vermeidung von „unzumutbaren Belästigungen" soll lediglich sichergestellt werden, dass die Abdichtungsprodukte für den jeweiligen Verwendungszweck gebrauchstauglich sind. Die diesbezüglichen bauaufsichtlichen Regelungen beziehen sich daher nur auf die Abdichtungsprodukte. Sie erstrecken sich grundsätzlich nicht auf die Konstruktion von Bauwerks- oder Dachabdichtungen, denn es wird davon ausgegangen, dass durch privatrechtliche Vereinbarungen im Bauvertrag in der Regel auch die einschlägigen Konstruktionsnormen für Bauwerks- oder Dachabdichtungen, die DIN 18195 [2] bzw. die DIN 18531 [3], verbindlich gemacht und eingehalten werden. Dies wird als ausreichend angesehen, um den Feuchteschutz auch in dem bauaufsichtlich als erforderlich angesehenem Maß zu gewährleisten, ohne dass es hierfür einer bauaufsichtlichen Prüfung, Genehmigung oder Überwachung bedarf. Daher sind diese Normen in den Ländern (mit Ausnahme der DIN 18195-4,-5,-6 in Hessen) bauaufsichtlich auch nicht eingeführt.

Anders sieht es beim Bauteilschutz aus. Hier dienen Abdichtungs- und Schutzmaßnahmen zugleich oder ausschließlich als Schutz gegenüber äußeren Einwirkungen zur Erhaltung der Funktionsfähigkeit und Standsicherheit von Tragwerken. Dies trifft z. B. zu für die Abdichtung und den Schutz von befahrenen Flächen von Brücken, Tunneln und Trögen, aber auch für die Abdichtungen von Parkdächern, Parkdecks und Auffahrtsrampen in Parkhäusern, bei denen mit der Feuchtigkeit auch Schadstoffe wie Chloride an und über Risse auch in die Bauteile gelangen können. Die hierdurch hervorgerufene Korrosion der Bewehrung sowie die Korrosion und Erosion des Betons in Verbindung mit Frosttauwechsel und dynamischer Verkehrsbelastung kann zu erheblichen Schäden an tragenden Bauwerksteilen und damit zur Einschränkung der Gebrauchstauglichkeit bis hin zur Gefährdung der Standsicherheit führen.

Für Abdichtungen, die gleichzeitig oder ausschließlich dem Schutz von tragenden Bauteilen vor zerstörenden äußeren Einwirkungen dienen, besteht daher aus bauaufsichtlicher Sicht ein öffentliches Regelungserfordernis nicht nur für die Stoffe, sondern auch für die Planung, Bemessung, Ausführung und Instandhaltung dieser Maßnahmen.

Wegen der Unübersichtlichkeit und teilweisen Widersprüchlichkeit der hierzu vorhandenen Regelwerke wurde dies bisher noch nicht in dem erforderlichen Maße umgesetzt. Die Bauaufsicht hat daher ein großes Interesse daran, dass es für diese Fälle Regelwerke gibt, die bauaufsichtlich möglichst einfach in Bezug genommen werden können.

3 Derzeitige Regelungen für die Abdichtung von befahrenen Betonbauteilen

Bei den derzeit für die Abdichtung von befahrenen Betonbauteilen vorhandenen Regelungen geht es um den Schutz von Bauteilen aus Beton zur Erhaltung ihrer Funktionstüchtigkeit aber auch um die Abdichtung von Bauwerken zur Sicherstellung ihrer bestimmungsgemäßen Nutzung. Sie kommen aus unterschiedlichen Traditionen und Entwicklungen. Sie greifen vielfach ineinander sind aber untereinander nicht immer kompatibel, was deren Anwendung erschwert.

Zu den wesentlichen Regelungen und Erkenntnisquellen zählen:

– Die DIN 18195 regelt im Teil 5 u. a. auch die Abdichtung befahrener Flächen, jedoch nur mit bahnenförmigen Stoffen und das auf einem nicht mehr ganz aktuellem technischen Niveau. Es fehlen Abdichtungen mit Beschichtungsstoffen, Verbundabdichtungen, Abstufungen für die verschiedenen

Abwendungs- und Beanspruchungsbereiche, konstruktive Details und die zughörigen Anforderungen an die Planung, Verarbeitung und Instandhaltung.

– Für Schutzmaßnamen von Betonbauteilen mit flüssig zu verarbeitenden Stoffen gibt es die Richtlinie für Schutz und Instandsetzung von Betonbauteilen des DAfStb (RL-SIB) [4], die bauaufsichtlich für die Instandsetzung tragender Bauteile eingeführt ist. Hierin werden für die verschiedenen Anwendungsbereiche Oberflächenschutzmaßnahmen (OS 1 – OS 13) geregelt, von denen jedoch nur einige (OS 8, OS 10, OS 11, OS 13) auch im Sinne von Bauwerksabdichtungen angewendet werden können.

– In der ebenfalls bauaufsichtlich eingeführten DIN V 18026 [5] werden Oberflächenschutzsysteme aus Produkten nach EN 1503-2 [6] geregelt, die dann im Sinne nach der RL-SIB verwendet werden können.
Die in der DIN V 18026 nicht erfassten Systeme (OS 7 und OS 10) werden bauaufsichtlich durch allgemeine bauaufsichtliche Prüfzeugnisse geregelt.

– Weiterhin gibt es Regelungen des BMVBS für Brückenbeläge auf Beton in der ZTV-ING Teil 7 [7], in der in Verbindung mit der TL-BEL-B Teile 1, 2, 3 [8] Abdichtungen aus Bitumenbahnen bzw. Flüssigkunststoffen im Verbund mit Gussasphalt für hochbelastete Brückenbauwerke im Zuge von Bundesfernstraßen geregelt werden. In der ZTV-ING Teil 3 [9] werden der Schutz- und die Instandsetzung von Betonbauteilen geregelt.

– In DIN 1045-1 [10] werden im Kapitel 6 „Sicherstellung der Dauerhaftigkeit" im Hinblick auf den Angriff auf Beton, Betonkorrosion und Bewehrungskorrosion verschiedene Expositionsklassen unterschieden. Nach den Erläuterungen zu DIN 1045 im Heft 525 [11] des DAfStb, werden ja nach Art des Bauteils und der Exposition auch zusätzliche Schutzmaßnahmen wie rissüberbrückende Beschichtungen oder Brückenabdichtungsmaßnahmen nach ZTV-ING gefordert.

– Im DBV-Merkblatt „Parkhäuser und Tiefgaragen" [12] sowie in der BWA-Richtlinie Nr. 3 über die Abdichtung von Parkhäusern, Hofkellerdecken [13] findet sich der aktuelle Stand der Technik auf diesem Gebiet mit vielen Details zur Ausführung.

Aus der Sicht des DIBt ist es notwendig, die Regelungen für Abdichtungs- und Schutzmaßnahmen für befahrene Betonbauteile so zusammenzuführen, dass sowohl die geltenden Prinzipien der Bauwerksabdichtung wie auch die des Bauteilschutzes aufeinander abgestimmt und sinnvoll miteinander verknüpft werden.
Eine solche Regelung könnte dann ggf. auch eine bauaufsichtliche Bedeutung bekommen und als Technische Baubestimmung eingeführt werden.

4 DIN 18532 „Abdichtungen für befahrbare Verkehrsflächen aus Beton"

Mit der Erarbeitung der EN 14695 „Bitumenbahnen mit Trägereinlage für Abdichtungssysteme von Brücken und anderen Verkehrsflächen" [14], wurde in gleicher Weise wie für die Bahnen für Dachabdichtungen und Bauwerksabdichtungen in dem dafür zuständigen Normenausschuss die DIN V 20000-203 [15] als nationale Anwendungsnorm erarbeitet. Beide Normen sind mittlerweile veröffentlicht.
Im Zuge dieser Arbeit wurde von dem zuständigen Normenausschuss auch die Notwendigkeit gesehen, eine eigenständige Konstruktionsnorm für den Schutz und die Abdichtung von befahrenen Flächen zu erarbeiten. Hierfür wurde die Normennummer DIN 18532 vorgesehen. Die diesbezüglichen Arbeiten wurden 2007 aufgenommen. Das DIBt hat diese Arbeiten aus den vorgenannten Gründen sehr befürwortet und hat sich aktiv daran beteiligt.
Der für die Abdichtung befahrbarer Flächen bisher zuständige Arbeitsausschuss DIN 18195 wollte aber statt einer eigenständigen Norm die erforderlichen Regelungen in den Teils 5 und die anderen Teile in die DIN 18195 aufnehmen und damit die Integration dieser Abdichtungen in die Gesamtnorm für Bauwerksabdichtungen beibehalten.
Dies wurde jedoch wegen des notwendigen Umfanges vorzunehmender Änderungen und der ungeeigneten Struktur der DIN 18195 und der hierfür nicht geeigneten ausreichenden Zusammensetzung des Arbeitsausschusses DIN 18195 vom Arbeitsausschuss DIN 18532 als nicht sinnvoll und realisierbar abgelehnt. Welches normative Regelungskonzept als das bessere realisiert werden sollte, blieb lange zwischen den betroffenen Normenausschüssen umstritten.

5 Die neue Gliederung der Abdichtungsnormen

Im Verlauf dieser Diskussion, die seit 2008 die Arbeit der DIN-Arbeitsausschüsse, die sich mit der Normung von Abdichtungen befassen (DIN 18531-Dachabdichtungen, DIN 18532-Abdichtungen befahrbarer Verkehrsflächen, DIN 18195-Bauwerksabdichtungen), wesentlich bestimmte, wurde zunehmend auch die Notwendigkeit erkannt, die Gliederungsstruktur der Abdichtungsnormen insgesamt zu überdenken.

Die weitgehendste Forderung lautete: Statt einer Gesamtnorm für alle Arten von Bauwerksabdichtungen, die mit ihren zehn Teilen wegen der ständig erforderlichen Anpassungen an den technischen Stand immer schwerer zu bearbeiten und in der Praxis zu handhaben war, sollten eigenständige Normen entstehen, die an den verschiedenen bauteilbezogenen Abdichtungsaufgaben orientiert sind. Auf diese Weise sollten Planern und Ausführenden auf die jeweiligen Abdichtungsaufgaben bezogene, geschlossene Regelwerke zur Verfügung gestellt werden, die alle Angaben von den Planungsgrundsätzen über die Stoffe, die Verarbeitung, die Bemessung bis hin zur Ausführung und Instandhaltung enthalten.

Dies stellte eine Abkehr von der bisher im wesentlichen lastfallorientierten Normung von Abdichtungen in einem Gesamtregelwerk hin zu einzelnen bauteilorientierten Abdichtungsnormen dar, von denen man sich wesentliche planerische Vorteile versprach.

Eine solche Regelung wurde aber auch aus arbeitstechnischen Gründen als notwendig angesehen: Die Bearbeitung und ständig erforderliche Aktualisierung und Anpassung einer Gesamtnorm für Bauwerksabdichtungen war schon aufgrund der mittlerweile bis auf fast 30 Mitarbeiter angewachsenen Größe des Arbeitsausschuss und der Vielfalt parallel zu erarbeitender und zu überarbeitender Regelungen in den letzten Jahren kaum noch möglich. Es gelang dem Normenausschuss auch nicht mehr in der erforderlichen Zeit, ein konsistentes und widerspruchsfreies Gesamtregelwerk zu verfassen, das dem Anspruch genügen konnte, als anerkannte Regel der Technik auf diesem Gebiet zu gelten.

Die Norm trug auch nicht mehr der Vielfältigkeit der zwischenzeitlich mit Erfolg angewendeten Stoffe und Verfahren Rechnung und stand daher zunehmend auch deswegen in der Kritik.

Demgegenüber wurde von einigen Vertretern die Notwendigkeit einer einheitlichen Normung aller Abdichtungsbereiche mit gleichen oder vergleichbaren Sicherheits- und Planungsstandards in einer Gesamtnorm als weiterhin unverzichtbar angesehen.

Nach zweieinhalbjähriger teilweise sehr kontrovers geführter Diskussion auf verschiedenen Ebenen des DIN wurde unter sorgfältiger Abwägung aller vorgebrachten Argumente vom Arbeitsauschuss Bauwerksabdichtungen im Januar 2011, einem vorangegangenen Beschluss des Lenkungsgremiums „Feuchteschutz" des DIN, die Normung von Abdichtungen im Bauwesen auf eine völlig neue Grundlage zu stellen, mit großer Mehrheit zu gestimmt.

Danach soll die DIN 18195 sukzessive in folgende eigenständige Abdichtungsnormen überführt werden:

DIN 18531 Abdichtungen für nicht genutzte und genutzte Dächer
DIN 18532 Abdichtungen für befahrene Verkehrsflächen aus Beton
DIN 18533 Abdichtungen für erdberührte Bauteile sowie die Querschnittsabdichtungen von Wänden
DIN 18534 Abdichtungen für Innenräume
DIN 18535 Abdichtungen für Behälter und Becken

Eine weitere Normennummer in der Reihe, die DIN 18536, ist für Abdichtungen im Bestand reserviert. Es ist gelungen, die Reihe dieser Normennummern beginnend mit der DIN 18531, der bestehenden Norm für Dachabdichtungen, hierfür zu reservieren. Das hat sicherlich Vorteile im praktischen Umgang mit den neuen Abdichtungsnormen.

Diese Normen sollen alle für die jeweilige Abdichtungsaufgabe notwendigen Angaben (Begriffe, Planungsgrundsätze, Stoffe, Bemessung Verarbeitung Ausführung, Instandhaltung) enthalten.

Alle Normen werden in eigenständigen Arbeitsausschüssen des DIN bearbeitet und verabschiedet. In einem Koordinierungsgremium bestehend aus den Obleuten und stellvertretenden Obleuten unter Leitung des Vorsitzenden des DIN-Fachbereichs „Feuchteschutz" sollen die Schnittstellen zwischen den Normen, vergleichbare Sicherheitskonzepte, einheitliche Kriterien für die Aufnahme neuer Stoffe, Gesichtspunkte für die Gliederung der Normen und ggf. Übergangsregelungen bei

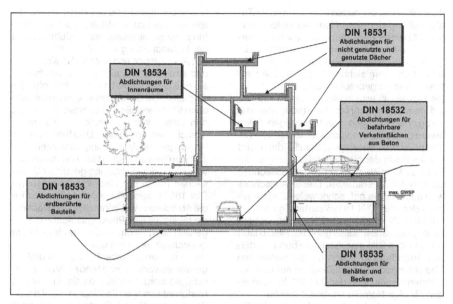

Bild 1: Die neuen Normen für Bauwerks- und Dachabdichtungen

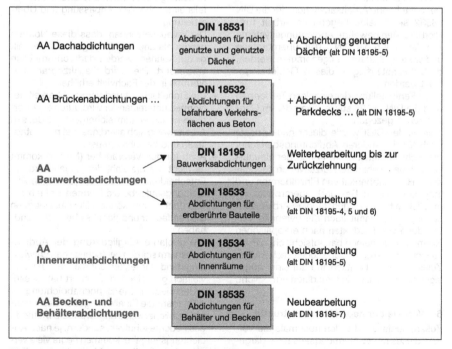

Bild 2: Aufgaben bestehender und neu zu gründender AA

der Einführung der neuen Normen und der Zurückziehung der alten Norm festgelegt werden. Mit dieser Regelung sollen auch wesentliche Bedenken berücksichtigt werden, die gegen den befürchteten Verlust der Einheitlichkeit und Vergleichbarkeit der Normen untereinander vorgebracht wurden.

Die DIN 18195 wird in diesem Jahr nochmals auf dem alten technischen Stand, aber mit korrigierten Bezügen in den jeweiligen Teilen herausgegeben, um vorhandene formale Widersprüche zu beseitigen. Parallel dazu wird auf der Basis der bisherigen Regelungen der DIN 18195 in demselben Arbeitsausschuss die DIN 18533 erarbeitet. Dieser Ausschuss wird auch für die ggf. schrittweise Zurückziehung der alten DIN 18195 zuständig sein.

Für die DIN 18534 und DIN 18535 werden neue Arbeitsausschüsse gebildet. Hierzu läuft zurzeit beim DIN eine Ausschreibung. In diesen Ausschüssen sollen für die genannten Abdichtungsbereiche aufbauend auf den bewährten Regelungen der DIN 18195 neue eigenständige Normen erarbeitet werden.

Der bestehende Arbeitsauschuss für die DIN 18531 ergänzt die Norm um Abdichtungen für genutzte Dachflächen.

Der bestehende Arbeitsausschuss für die DIN 18532 setzt seine begonnene Arbeit fort. Hierbei sollen bewährte Abdichtungssysteme aus dem Teil 5 der DIN 18195 übernommen und weitere Systeme aufgenommen werden, die bisher mit Erfolg auf diesem Gebiet eingesetzt werden.

Nach Fertigstellung der einzelnen Teilnormen wird die DIN 18195 sukzessive oder im Ganzen zurückgezogen.

Seitens des DIBt wurde dieser neue Ansatz auch für die anderen Abdichtungsbereiche, die nicht unmittelbar im Fokus der Bauaufsicht stehen, sehr unterstützt. Neben der besseren Handhabbarkeit von Einzelnormen und ihrer schnelleren Be- und Überarbeitungsmöglichkeit durch eigenständige Arbeitsausschüsse wird damit auch die geregelte Verwendung von Produkten nach europäischen Normen, allgemeinen bauaufsichtlichen Prüfzeugnissen und ggf. europäischen, technischen Zulassungen in Deutschland auf einer abgesicherten technischen Grundlage ermöglicht.

6   Vorteile der neuen Normenstruktur

Zusammenfassend sollen nochmals die Vorteile dieses neuen Normungsansatzes dargestellt werden:

– Bauteilbezogene Abdichtungsnormen, die alle Angaben zu den Stoffen, der Verarbeitung, der Bemessung, der Ausführung und der Instandhaltung enthalten, sind für Planer, Ausführende und Nutzer übersichtlicher und einfacher und sicherer zu handhaben als eine Gesamtnorm, für alle Abdichtungsaufgaben, bei der die benötigten Informationen für die jeweilige Planungsaufgabe aus den Teilen einer Gesamtnorm zusammengesucht werden müssen. Dies führt zu mehr Planungs- und Ausführungssicherheit.

– Zu begrüßen ist auch, dass konsequenterweise jetzt die Abdichtung genutzter Dachflächen mit in der Dachabdichtungsnorm DIN 18531 geregelt werden sollen und für die Abdichtung von genutzten Dachflächen, die häufig als eine Planungsaufgabe durchgeführt wird, nicht in eine andere Norm gewechselt werden muss.

– Die einzelnen aufgabenbezogenen und eigenverantwortlich arbeitenden Arbeitsausschüsse werden kleiner, da sie nur mit den hierfür notwendigen Fachleuten besetzt werden müssen. Die Arbeitsstruktur wird damit effektiver und ermöglicht eine schnellere Erstellung der Normen und erforderlichenfalls eine schnellere Anpassung und Überarbeitung.

Die Voraussetzungen, dass diese Normen wieder als anerkannte Regeln der Technik gelten können, werden dadurch erheblich verbessert. Dies wird die Akzeptanz der Normen in der Fachwelt erhöhen.

– Die Einheitlichkeit und Vergleichbarkeit der Normen untereinander wird durch ein Koordinierungsgremium sichergestellt, dessen Arbeitsweise sich allerdings erst noch etablieren und bewähren muss.

– Auch für den Verbraucher (Nutzer) kommt es nicht auf die Zahl der Regelwerke an. Entscheidend ist, dass der jeweiligen Abdichtungsaufgabe die Normen einfach zugeordnet werden können. Die Einzelnormen sind einfacher und damit sicherer zu handhaben.

– Die geplante Aufgliederung der Abdichtungsnorm soll den bautechnischen Entwicklungstand der letzten Jahrzehnte, der sich vielfach grundlegend geändert hat, besser widerspiegeln. Die Bahnenabdichtung ist nicht mehr die für alle Aufgaben des Hochbaus üblicherweise angewendete Methode des Feuchteschutzes, sondern, je nach Abdichtungsaufgabe, kommen heute viele verschiedene Stoffe und Methoden zum Einsatz. Diese Anpassung lässt sich differenzierter und zutreffender und schneller mit eigenständigen aufgabenbezogenen Normen und effektiveren Arbeitsstrukturen durchführen.

– Nicht zuletzt ist durch die zahlenmäßige aufeinanderfolgende Normennummerierung beginnend mit der bereits bekannten DIN 18531 bis zur DIN 18535 eine hoher Wiedererkennungswert und einfache Zuordnung der Abdichtungsnormen gegeben.

7 Stellungnahme zu Argumenten gegen die neue Normenstruktur

– *Durch die neue Struktur wird der Zugang nicht bewährter Stoffe aus „Europa" der Weg in die Abdichtungsnormung erleichtert.*
Dies ist nicht richtig. Die Aufnahme neuer Stoffe wird wie bisher auch in der neuen Arbeitsstruktur die Entscheidung des jeweiligen Arbeitsausschusses sein, der eine entsprechende DIN-gemäße Zusammensetzung haben muss. Die Aufnahme erfolgt nur nach positivem Abschluss eines Bewertungsverfahrens in Bezug auf die technische Eignung und die langjährige Bewährung des Stoffes in der Praxis. Wirtschaftliche Interessen einzelner Vertreter der Baustoffindustrie spielen hierbei keine Rolle. Die neuen Arbeitsausschüsse sind wegen der begrenzten Aufgaben kleiner und zielorientierter zusammengesetzt, so dass die Beratungen mehr als bisher versachlicht und sachbezogene Entscheidungen erleichtert werden. Dem Koordinationsausschuss kommt dabei auch die wesentliche Aufgabe zu, für alle Einzelnormen die Kriterien festzulegen, nach denen neue Stoffe aufgenommen werden und deren Einhaltung zu kontrollieren.
Letztlich muss sich jede Norm, d. h. auch eine Änderung wegen der Aufnahme neuer Stoffe einem Einspruchsverfahren stellen.

– *Eine einheitliche Gliederung der Normen ist nicht gewährleistet.*
Die Struktur und Gliederung der Norm muss sich nach der Abdichtungsaufgabe und den planerischen und bemessungstechnischen Erfordernissen richten. Diese Aufgabe stellt sich naturgemäß bei einer Norm für Dachabdichtung anders als bei einer Norm für die Abdichtung von befahrenen Flächen, die Abdichtungen von der Brücke bis Parkpaletten und Hofkellerdecken erfassen muss. Wichtig ist jedoch, dass alle erforderlichen Planungs- und Ausführungsaufgaben unter Anwendung vergleichbarer Kriterien und gleicher Begriffsdefinitionen beschrieben werden. Insofern muss jede Norm die Punkte: Begriffe, Planungsgrundsätze, Stoffe, Lastfälle, Bemessung, Verarbeitung, Ausführung und Instandhaltung enthalten.
Es ist u. a. auch eine wesentliche Aufgabe des Koordinierungsgremiums, darauf zu achten, dass dies nach vergleichbaren Gesichtspunkten erfolgt und hierzu entsprechende Festlegungen zu treffen.

– *Ein gleiches Sicherheitskonzept ist nicht gewährleistet.*
Die Sicherheitskonzepte können nicht für alle Abdichtungsbereiche gleich sein. Sie müssen im Hinblick auf das jeweilige Risiko bauteil- und lastfallabhängig ggf. unterschiedlich definiert und umgesetzt werden. Dies wird durch die neue Struktur der Normen eher erleichtert. Wichtig ist jedoch, dass die Gesichtspunkte, nach denen Regelungen für die Sicherheit in den Einzelnormen getroffen werden, vergleichbar sind.
Auch hierbei kommt dem Koordinierungsgremium eine wichtige Aufgabe zu.

– *Die bauteilbezogenen Abdichtungsnormen führen zu einer undifferenzierten Anwendung von Abdichtungen.*
Dies ist nicht richtig. Auch in einer bauteilbezogenen Norm müssen die für das abzudichtende Bauteil maßgebenden Lastfälle definiert werden, für die dann unterschiedliche Systeme zur Anwendung kommen können. Auch das ist in der neuen Struktur besser und übersichtlicher möglich.

– **Der Umfang der Einzelnormen wird wegen der ggf. erforderlichen Wiederholungen bestimmter Angaben zu Begriffen, Stoffen, Stoffverarbeitung, Detailausbildungen etc. steigen.**
Es ist zu vermuten, dass der seitenzahlmäßige Gesamtumfang aller Normen gegenüber der bisherigen DIN 18195 steigen wird. Entscheidend für die Qualität der Norm ist aber nicht die Seitenzahl, sondern die einfache und eindeutige Handhabbarkeit und somit ihre Anwendungssicherheit und dies steigt durch die neue Struktur.
Ob die ursprünglich angedachte, aber zunächst zurückgestellte Rahmennorm zur Regelung gemeinsamer Abschnitte sinnvoll ist, kann erst entschieden werden, wenn zumindest für die wesentlichen Bereiche einigermaßen konsolidierte Normenentwürfe vorliegen. Solange ist es Aufgabe des

Koordinierungsgremiums auf die Gleichheit oder Vergleichbarkeit paralleler Regelungen zu achten.
- *Die Einzelnormen werden leichter zum Instrument wirtschaftlicher Interessen der Baustoffindustrie.*
Die Qualität am Bau ist sicher auch abhängig von der Qualität der Regelwerke. Insofern ist die Normung natürlich auch ein legitimes Instrument wirtschaftliche Interessen auch der Baustoffindustrie, wenn darunter nicht nur die Maximierung des Absatzes von Produkten verstanden wird, sondern das wirtschaftliche Interesse darin besteht, im Sinne der Nachhaltigkeit guten Baustoffen und Abdichtungssystemen zur Anwendung und damit auch den Produktherstellern zum wirtschaftlichen Erfolg zu verhelfen.

Die Baustoffindustrie gehört daher mit Recht auch zu den bei der Normung zu berücksichtigenden interessierten Kreisen. Ob aber bestimmte Abdichtungsprodukte und -verfahren in eine Norm aufgenommen werden, ist die Entscheidung des Gesamtausschusses und nicht die einer Gruppe, daran ändert sich auch nichts durch die Aufteilung in Einzelnormen.

8 Schlussbemerkungen

Die Normung sieht sich immer sehr schnell der Kritik ausgesetzt, als ein Ergebnis der Regelungswut oder Überregelung zu gelten. Dies ist wohlfeil und verschafft leichten Beifall. Dies mag partiell so sein. Dabei aber allein auf die Seitenzahl der Normen oder die Anzahl von Einzelnormen zu schauen, greift zu kurz. Die Probleme mit Normen liegen häufig nicht an ihrem Umfang und Ihrer Anzahl, sondern in einer unübersichtlichen Struktur, einer schlechten Handhabbarkeit, unklaren Abgrenzungen (Schnittstellen), Doppelregelungen und Widersprüchen. Diesen Vorwurf im Hinblick auf die neue Struktur der Abdichtungsnormen zu erheben, greift daher mit Sicherheit zu kurz, denn genau das war der Grund, durch eine gegliederte bauteilbezogene Normenstruktur die Übersichtlichkeit und die Aktualität, die durch die alte DIN 18195 nicht mehr gegeben war, zu verbessern und so eine leichtere und damit auch sicherere Handhabung der Abdichtungsnormen zu ermöglichen.

Normen dürfen keine Rezeptbücher sein, sie sollen dort, wo dies möglich ist, die Freiheit für ingenieurmäßige Lösung lassen, in dem sie Ziele vorgeben und die Kriterien benennen, die dabei zu berücksichtigen sind. Nur dort wo erforderlich und aus Sicherheitsgründen unumgänglich, sollten strikte Festlegungen und Anforderungen formuliert werden. Dies muss in jedem Einzelfall durch die Arbeitsausschüsse abgewogen werden, was häufig eine nicht ganz einfache Gratwanderung darstellt.

Auch wenn man noch so sehr gegen das Ansteigen der Zahl von Regelwerken pauschal argumentiert, so können wir doch vor den Entwicklungen in Europa nicht die Augen verschließen. Wenn wir unseren Standard von Abdichtungen in Deutschland beibehalten wollen, sind zusätzlich Anwendungsregelungen erforderlich, damit ungeeignete Produkte oder Produkte ohne ausreichende Bewährung nicht oder nur unter kontrollierten Bedingungen zur Anwendung kommen können.

Vieles von dem lässt sich mit der neuen Normenstruktur für die Abdichtungsnormen sicherlich besser realisieren, als dies bisher mit der alten DIN 18195 der Fall war. Die DIN 18195 hat 1983, als sie die Vorgängernormen DIN 4117, DIN 4122, DIN 4031 ersetzte bis Ende der 90er Jahre ihre wegweisende Aufgabe gut erfüllt. Für die seit dem durch die Veränderung der planerischen und stofflichen Vielfältigkeit immer stärker charakterisierte Situation in der Abdichtungstechnik ist sie jedoch heute nicht mehr geeignet.

Es gilt nunmehr die neuen Normen so zu gestalten, dass mit ihnen ein zukunftstaugliches Regelwerk geschaffen wird, mit dem die Sicherheit der Planung und der Ausführung von Abdichtungen nachhaltig verbessert werden kann und das in der Fachwelt seine Anerkennung findet.

9 Literatur

[1] Bauordnungen der Länder, basierend auf der Musterbauordnung (MBO) Fassung November 2002, Arbeitsgemeinschaft der für das Bau- und Wohnungs- und Siedlungswesen zuständigen Ministerien der Länder (ARGEBAU)
[2] DIN 18195 Teile 1 bis 10 Bauwerksabdichtungen verschiedene Ausgaben der Teile von Juni 1989 bis Mai 2010
[3] DIN 18531 Teile 1 bis 4 Abdichtungen für nicht genutzte Dächer Ausgabe Mai 2010

[4] Deutscher Ausschuss für Stahlbeton (DAfStb)
Schutz- und Instandsetzung von Betonbauteilen (Instandsetzungsrichtlinie)
Teile 1 bis 4, Ausgabe Oktober 2001

[5] DIN V 18026
Oberflächenschutzsysteme für Beton aus Produkten nach DIN EN 1504-2:2005-01, Ausgabe Juni 2006

[6] EN 1504
Produkte und Systeme für den Schutz und die Instandsetzung von Betontragwerken, Teil 2 Oberflächenschutzsysteme für Beton, Ausgabe Januar 2005

[7] Bundesanstalt für Straßenwesen
ZTV-ING Zusätzliche Technische Vertragsbedingungen und Richtlinien für Ingenieurbauwerke, Teil 7 Brückenbeläge, Abschnitte 1 bis 3

[8] Forschungsgesellschaft für das Straßenwesen
Technische Lieferbedingungen für Dichtungsschichten zur Herstellung von Brückenbelägen auf Beton
TL-BEL-B Teil 1 Dichtungsschicht aus einer Bitumenschweißbahn, Ausgabe 1999
TL-BEL-B Teil 2 Dichtungsschicht aus zwei Bitumenschweißbahnen, Ausgabe 2010
TL-BEL-B Teil 3 Dichtungsschicht aus Flüssigkunststoff, Ausgabe 1995

[9] Bundesanstalt für Straßenwesen
ZTV-ING Zusätzliche Technische Vertragsbedingungen und Richtlinien für Ingenieurbauwerke, Teil 3 Massivbau, Abschnitt 4: Schutz und Instandsetzung von Betonbauteilen, Ausgabe April 2010

[10] DIN 1045-1
Tragwerke aus Beton und Stahlbeton und Spannbeton, Teil 1 Bemessung und Konstruktion, August 2008

[11] Deutscher Ausschuss für Stahlbeton (DAfStb)
Heft 525, Erläuterungen zu DIN 1045-1, Ausgabe 2010

[12] Deutscher Beton- und Bautechnikverein e.V.
Parkhäuser und Tiefgaragen, Ausgabe 2010

[13] Bundesfachabteilung Bauwerksabdichtungen:
BWA Richtlinie 3
Technische Regeln für die Planung und Ausführung von Abdichtungen von Parkdecks, Hofkellerdecken und ähnlichen Konstruktionen, Ausgabe 2010

[14] EN 14695
Bitumenbahnen mit Trägereinlage für Abdichtungen von Betonbrücken und anderen Verkehrsflächen aus Beton, Verkehrsflächen aus Beton, Ausgabe Mai 2010

[15] DIN V 20000-203
Anwendungen von Bauprodukten in Bauwerken – Teil 203: Anwendungsnorm für Abdichtungsbahnen nach europäischen Produktnormen zur Verwendung für Abdichtungen von Betonbrücken und anderen Verkehrsflächen aus Beton

Baudirektor Dipl.-Ing. Christian Herold
1969 – 1975 Studium des Bauingenieurwesens in Berlin; 1975 – 1977 Praktische Tätigkeit als Tragwerksplaner bei der Hochtief AG in Berlin; 1977 – 1993 wissenschaftliche Tätigkeit bei der Bundesanstalt für Materialforschung und -prüfung (BAM) in Berlin im Bereich Bauwerks- und Dachabdichtungen; Mitarbeit in nationalen und europäischen Normungsgremien sowie bei EOTA und UEATc; seit 1993 Referatsleiter im Deutschen Institut für Bautechnik (DIBt) u.a. in den Bereichen Deponieabdichtungen sowie Bauwerks- und Dachabdichtungen, Erteilung nationaler und europäischer Zulassungen, Bearbeitung bauaufsichtlicher Regelungen, Mitarbeit in nationalen und europäischen Normungsgremien (DIN, CEN) und in den Gremien der Organisation für europäische technische Zulassungen (EOTA); Veröffentlichungen und Vorträge auf diesen Gebieten.

Pro + Kontra – das aktuelle Thema: Normen – Qualitätsgarant oder Hemmschuh der Bautechnik

4. Beitrag:
Gemeinsame Abdichtungsregeln für nicht genutzte und genutzte Flachdächer – Vorteile und Probleme

Dachdeckermeister Kurt Michels, Obmann DIN 18531, Dachdeckermeister, Mayen

1 Neue Normungskonzeption

Beschluss des Lenkungsgremiums Fachbereich 02 Abdichtung, Feuchteschutz
Der NA 005-02-11 AA „Dachabdichtungen", zuständig für DIN 18531 Dachabdichtungen – Abdichtungen für nicht genutzte Dächer – wird beauftragt die Einarbeitung von Abdichtungen für genutzte Dächer vorzunehmen.
Der NA 005-02-13 AA „Bauwerksabdichtungen", zuständig für die derzeit bestehende DIN 18195 bleibt bis zu deren vollständigen Zurückziehung nach Veröffentlichung der Folgenormen.

2 Generelle Kritik an der Konstellation der DIN 18195 Bauwerksabdichtungen

– Die Anwendung der Norm wird wegen der Vielzahl von Abdichtungsarten und Stoffen zunehmend unübersichtlich!
– Viele Bezüge und Abhängigkeiten zwischen den einzelnen Normteilen komplizieren die Fortschreibung der Norm.
– Es müssen zu viele unterschiedliche interessierte Kreise bei der Normungsarbeit berücksichtigt werden.
– Der AA kann durch seine große Teilnehmerzahl nicht mehr effektiv und zeitnah die Normung fortschreiben und anpassen.

3 Bisherige Regelungen für Abdichtungen von genutzten Dächern

Die Planung und Ausführung von Abdichtungen genutzter Dach- oder Deckenflächen sind seit Jahren in DIN 18195-5 Abdichtungen gegen nicht drückendes Wasser auf Deckenflächen und in Nassräumen, Bemessung und Ausführung geregelt.
DIN 18195-5 Abdichtungen gegen nichtdrückendes Wasser beinhaltet Regelungen für:

– begehbare, befahrbare und intensiv begrünte Dächer
– Balkone, Laubengänge, Loggien
– gewerbliche genutzte Nassräume
– Nassräume im Wohnungsbau

4 Vorteile der neuen Normungskonzeption

Durch die Aufteilung der verschiedenen Abdichtungen in einzelne Normteile bekommen die Abdichtungsnormen eine lastfallbezogene Gliederung. Der Anwender kann alle für die Planung und Ausführung wichtigen Informationen in einer Norm finden.
In der Fachregel für Abdichtungen – Flachdachrichtlinie – hat sich die gemeinsame Regelung für nicht genutzte und genutzte Dächer seit Jahren bewährt.
Für die Regelungen von Abdichtungen genutzter Dach- und Deckenflächen bietet sich die DIN 18531 an. Hier sind bereits die nicht genutzten Dachabdichtungen behandelt. In die bestehenden 4 Normteile können auch die genutzten Dachabdichtungen problemlos eingearbeitet werden. Alle Inhalte der Normen beziehen sich auf den Lastfall Abdichtungen von Dächern und Deckenflächen. Außerdem bestehen viele Gemeinsamkeiten bezüglich der Begriffe, Stoffe, Untergründe, Verarbeitungsarten, Lagesicherungsverfahren sowie der Detailausführungen.

5 Abgrenzung genutzte und nicht genutzte Dächer

Nicht genutzte Dächer dürfen nur zur Pflege, Wartung und Instandhaltung betreten werden.
Pflege, Wartung und Instandhaltungsarbeiten sollen nur durch Fachpersonal ausgeführt

werden. Bei vorübergehender Nutzung sind temporäre oder auch ständige Schutzmaßnahmen erforderlich. Genutzte Dächer sind für den Aufenthalt von Personen oder für intensive Begrünung vorgesehen. Sie müssen je nach Art der Nutzung mit geeigneten Schutz- und Nutzbelägen ausgeführt werden. Dabei darf die Funktion der Dachabdichtung durch die Nutzung nicht beeinträchtigt werden.

6 Zuordnung und Beanspruchungsarten

Bisher wurde nach DIN 18195-5 in mäßig und hoch beanspruchte Abdichtungen unterschieden.

– Mäßig beanspruchte Flächen sind Balkone und ähnliche Flächen im Wohnungsbau.
– Hoch beanspruchte Flächen sind u. a. Dachterrassen, intensiv begrünte Flächen mit einer maximalen Anstaubewässerung bis 100 mm Höhe, Hofkellerdecken und sonstige erdberührte Decken.

Bisherige Regelungen für Norm- und regelgerechte Abdichtungen für Dachbegrünungen siehe Tabelle 1.

7 Neuer Anwendungsbereich

Zukünftig soll der Anwendungsbereich der DIN 18531 für nicht genutzte und genutzte Dach- und Deckenflächen gelten.

Diese Norm soll für die Planung und Ausführung von Abdichtungen gegen nicht drückendes Wasser für nicht genutzte und genutzte Dächer bei Neubauten sowie für Instandhaltung und Dacherneuerung gelten. Nicht genutzte Dächer sind:

– flache und geneigte Dachflächen
– extensiv begrünte Dachflächen

Genutzte Dächer sind:

– begehbaren Dachflächen, z. B. Terrassen, Gehwege in begrünten Dächern
– Dachflächen mit intensiver Begrünung, auch mit Anstaubewässerung ≤ 100 mm
– begehbare oder begrünte Deckenflächen im Freien

Die Norm soll auch gelten für die Abdichtungen von
– Balkonen, Loggien und Laubengängen

8 Stoffe für genutzte Dachabdichtungen

Zurzeit können europäische genormte Abdichtungsbahnen nach Anwendungsnorm DIN V 20000-201 für genutzte Dächer nicht verwendet werden. Diese Bahnen sind insbesondere bei wurzelbeständigen Dachabdichtungen unter intensiv begrünten Flächen erforderlich.

Tabelle 1: Begrünung und Regelwerke

Begrünungsart	Technische Regelwerke
Extensive Dachbegrünung	Fachregel für Abdichtungen DIN18531 Abdichtung nicht genutzte Dächer
Intensive Dachbegrünung bis 10 cm Wasseranstau	Fachregel für Abdichtungen DIN18195-5 Abdichtung gegen nicht drückendes Wasser
Intensive Dachbegrünung über 10 cm Wasseranstau	DIN18195-6 Abdichtung gegen drückendes Wasser

Tabelle 2: Anwendungstypen für bahnenförmige Abdichtungsstoffe nach DIN V 20000-201

Typkurzzeichen	Verwendung in Dachabdichtungen
DE	Bahnen für einlagige Dachabdichtung
DO	Bahnen für die Oberlage einer mehrlagigen Dachabdichtung
DU	Bahnen für die untere Lage einer mehrlagigen Dachabdichtung
DZ	Bahnen für Zwischenlage bzw. zusätzliche Lage einer mehrlagigen Dachabdichtung

Tabelle 3: Anwendungstypen für bahnenförmige Abdichtungsstoffe nach DIN V 20000-202

Typkurzzeichen	Verwendung in Bauwerksabdichtungen
BA	Bahnen für die Bauwerksabdichtung gegen Bodenfeuchte, nicht drückendes und drückendes Wasser
MSB	Bahnen für waagerechte Abdichtungen in oder unter Wänden (Mauersperrbahnen)

Tabelle 4: Neuer Gliederungsvorschlag

Abdichtungsarten	Nicht genutzte Dächer		Genutzte Dächer		Balkone	
Anwendungskategorien	K1	K2	K1	K2	K1	K2

Durch die Aufnahme in DIN 18531 können auch die, für den Anwendungsbereich Dächer europäisch genormte Bahnen mit Prüfung Durchwurzelungsschutz zugeordnet werden.

9 Problemstellungen bei der Integration von genutzten Abdichtungen

Die DIN 18195 unterscheidet Abdichtung von genutzten Dach- und Deckenflächen im Erdreich und im Freien. Für die Abdichtung erdberührter Bauteile z. B. Hofkellerdecken ist eine Abgrenzung zur neuen DIN 18533 „Abdichtungen erdberührter Bauteile" erforderlich.

Die bisherige Regelung der Beanspruchungsarten in mäßig und hoch beanspruchte Abdichtungen ist sehr missverständlich. Sie beschreibt Regelungen für bauteilbezogene Schutzfunktionen.

Des Weiteren ist zu bedenken, dass die DIN 18531 für nicht genutzte Dachabdichtungen die Anwendungskategorien K1 (Standardausführung) und K2 (höherwertige Ausführung) festgelegt hat. Es muss nun festgelegt werden, ob diese Qualitätskategorien auch für genutzte Abdichtungen gelten sollen.

Zur Neugliederung der Abdichtungsarten besteht der Vorschlag die Beanspruchungsklassen hoch und mäßig beanspruchte Abdichtungen wegfallen zu lassen und durch die Nennung der Abdichtungsarten zu ersetzen.

Weitere Themen, die bei der Integration von genutzten Dächern behandelt werden müssen:
– Regelungen zum Gefälle insbesondere in Abgrenzung zu nicht genutzten Dachabdichtungen

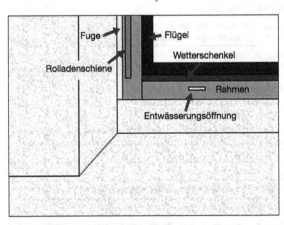

Bild 1: Konstruktion Türanschluss

- Neue Anforderungen an Stoffe z. B. Wurzelschutz und die Belastungen durch Beläge
- Bewertung von Stoffen für Balkonabdichtungen z. B. Abdichtungen mit KMB, Bitumen- Selbstklebebahnen mit HDPE-Trägerfolie und Abdichtungen im Verbund mit Fliesen- und Plattenbelägen AIV
- Aufnahmen von direkt begehbaren Abdichtungen
- Schutzschichten/lagen und Belagskonstruktionen
- Aufnahme neuer Details z. B. Türanschlüsse
- Barrierefreie Übergänge und Türschwellen mit Entwässerungsrinnen
- Traufabschluss bei Außenentwässerung
- Zeichnungen aus dem Beiblatt der DIN 18195

10 Ausblick

Des Weiteren müssen Festlegungen zu weiteren Nutzungsarten getroffen werden z. B. wie aufgeständerte Solaranlagen zukünftig behandelt werden. Außerdem muss die Frage gestellt werden, welche Regelungen bei Anstaubewässerung über 100 mm Stauhöhe gelten sollen.

Der AA Dachabdichtung hat bereits mit der Arbeit begonnen.

Ich bin sicher, dass der AA mit Fachkompetenz und Zielstrebigkeit die anstehenden Probleme meistert und in absehbarere Zeit der Fachöffentlichkeit einen Entwurf präsentieren kann!

Kurt Michels
Dachdeckermeister und seit 36 Jahren Ausbilder und Dozent am Bundesbildungszentrum des Deutschen Dachdeckerhandwerks e. V. (BBZ) in Mayen.
Mitarbeit in der ZVDH-Abteilung Fachtechnik, ZVDH-Betreuer des AK Abdichtungen. Obmann der DIN 18531 Dachabdichtungen; Mitarbeit in verschiedenen AA des NABau u. a. DIN 18195, DIN 4102-7; Mitarbeit in verschiedenen GAEB Arbeitskreisen.

Pro + Kontra – das aktuelle Thema: Normen – Qualitätsgarant oder Hemmschuh der Bautechnik

5. Beitrag:
Zur Konzeption einer neuen Norm für die Abdichtung von Flächen des fahrenden und ruhenden Verkehrs

Dr.-Ing. Ernst-Joachim Vater, Obmann DIN 18532, Berlin

1 Einleitung

Hintergrund für die Erarbeitung einer neuen Norm für die Konstruktion, Bemessung und Ausführung von Abdichtungen von Bauwerken und Bauteilen, die sowohl dem fahrenden als auch dem ruhendem Verkehr vorbehalten sind, ist der Wunsch des Spiegelausschusses CEN TC 254, Working Group 6, die in Deutschland handelbaren Stoffe an das deutsche Anforderungsniveau anzupassen. Neben der bereits vorliegenden Anwendungsnorm DIN 20000-203 sollte deshalb eine Norm erarbeitet werden, die die bauliche Durchbildung der Abdichtung in einer Konstruktionsnorm beschreibt. Von Seiten des Deutschen Instituts für Bautechnik (DIBt) wurde diesbezüglich die Forderung gestellt, zur Sicherstellung der Dauerhaftigkeit chloridbelasteter Betonbauteile bauaufsichtlich relevante Regelungen für befahrene Flächen aufzustellen, die sowohl für Betonbrücken im Zuge von klassifizierten Straßen wie auch, allerdings mit abgestuften Anforderungen, für den bisher nicht geregelten Bereich Parkhäuser, Parkdecks und Tiefgaragen gelten sollen. Ziel der neuen Norm sollte es sein, alle Verkehrsflächen in einer gemeinsamen Norm zusammenzufassen. Es wurde deshalb ein Normungsantrag gestellt, dem nach langer Diskussion sowohl vom Normenausschuss „Bauwerksabdichtungen" als auch vom übergeordneten Lenkungsgremium des Fachbereichs „Abdichtung und Feuchteschutz" zugestimmt worden ist. Seit diesem Zeitpunkt wird an der neuen Norm gearbeitet. Inzwischen liegt das Konzept vor, so dass darüber berichtet werden kann.

1.1 Was ist neu?

Änderungen gegenüber der DIN 18195-5: Ausgabe August 2000 „Abdichtungen gegen nichtdruckendes Wasser auf Deckenflächen und in Nassräumen"

– Der Anwendungsbereich ist erweitert worden, d. h. die neue Norm enthält Regelungen mit abgestuften Anforderungen sowohl für Straßenbrücken, Radwege und Fußgängerbrücken als auch für den Bereich Parkhäuser, Tiefgaragen und Parkdecks;
– Die wesentlichen Änderungen in dieser Norm, die dem Anwender direkt ins Auge fallen, betreffen das Sicherheitskonzept, auf das später noch näher eingegangen wird;
– Schließlich besitzt die neue Norm einen modularen Aufbau, so dass einzelne Teile dieser Norm herausgenommen oder verändert werden können, ohne die übrigen Teile zu beeinflussen. Es gibt also keine Verweise zwischen den einzelnen Normenteilen.

Die Norm enthält keine Regelungen:

– für die Abdichtung stark geneigter Verkehrsflächen (mit einem Neigungswinkel $\alpha \geq 18°$),
– für die Abdichtung genutzter und extensiv begrünter Dachflächen, sowie auch
– für die Abdichtung von Fahrbahnen, die zu Schienenwegen gehören.

2. Wichtige Regelungen

2.1 Gliederung

– Die neue Norm besteht nach dem gegenwärtigen Bearbeitungsstand aus sieben Teilen, einem allgemeinen Teil und sechs Teilen für die einzelnen Abdichtungssysteme und deren zugehörigen Stoffe.
– Teil 1 ist also ein übergeordneter Teil, in dem Regelungen enthalten sind, die für alle nachfolgenden Teile gelten. Dazu gehören ins-

besondere die Begriffe, die allgemeinen Planungsgrundsätze, die allgemeinen Anforderungen und die abdichtungstechnische Bemessung. Die übrigen Teile sind den verschiedenen Abdichtungssystemen vorbehalten. Sie sind nach Stoffen geordnet, die für die Dichtungsschicht verwendet werden. Jeder Teil enthält wiederum mehrere Systemvarianten für die einzelnen Belagsbauarten.

- Die neue Norm gilt für Abdichtungssysteme mit Dichtungsschichten
  - aus Bitumenbahnen
    (in erster Linie werden hier Polymerbitumen-Schweißbahnen angewendet),
  - aus Kunststoff- und Elastomerbahnen,
  - aus Flüssigkunststoffen und
  - schließlich werden im Teil 7 Abdichtungssysteme mit Dichtungsschichten aus Kunststoffbahnen in Kombination mit Polymerbitumen-Schweißbahnen behandelt, ein neues Abdichtungssystem, das insbesondere bei Verkehrsflächen mit sehr hohen Verkehrslasten und nicht vorwiegend ruhendem Verkehr zum Einsatz kommen soll.

2.2 Anwendungsbereich/Bauarten

Der Anwendungsbereich bezieht sich sowohl auf wärmegedämmte als auch auf nicht wärmegedämmte Verkehrsflächen. Abdichtungssysteme, die direkt auf den Betonuntergrund aufgebracht werden, müssen einen vollflächigen Verbund zum Untergrund haben. Sie können direkt befahrbar oder nicht direkt befahrbar sein.

Die neue Norm gilt für neu herzustellende sowie für ganz oder in Teilbereichen zu erneuernde Abdichtungssysteme.

Abdichtungssysteme nach dieser Norm sind Schutzmaßnahmen zur Erhaltung der Gebrauchstauglichkeit und der Standsicherheit von Betonbauteilen oder Betonbauwerken. Hierunter fallen befahrbare, überwiegend horizontale Verkehrsflächen, die durch Fahrzeugverkehr unterschiedlicher Intensität und Fußgängerverkehr genutzt werden. Sie werden mit Taumitteln behandelt oder liegen in deren Einflussbereich.

Die Abdichtungssysteme sind als zusätzliche Maßnahmen im Sinne von DIN 1045-1, Abschnitt 6, zum Schutz von Betonbauteilen, die unter die Expositionsklassen XD und XF nach zuletzt genannter Norm, Tabelle 3, fallen, vorgesehen.

Die Abdichtungssysteme dienen erforderlichenfalls zugleich auch als Feuchteschutz zur bestimmungsgemäßen Nutzung darunter liegender Bauwerksbereiche. In einem solchen Fall ist das Anforderungsniveau der DIN 18531 für Abdichtungen von Dächern bzw. der DIN 18533 für Abdichtungen von erdberührten Bauteilen zu berücksichtigen. Abdichtungssysteme nach dieser Norm sind keine Negativabdichtung zum Schutz gegen von der Rückseite der Abdichtung einwirkendes Wasser oder Feuchtigkeit.

Es werden drei verschiedene Bauarten für den Aufbau der Abdichtungssysteme unterschieden.

Die prinzipiell möglichen Bauarten sind in den Bildern 1 bis 4 dargestellt.

2.3 Sicherheitskonzept

Mit der Einführung dieser Norm wird ein grundlegender Wechsel des Sicherheitskonzeptes bei der Bemessung von Abdichtungen vollzogen. Das Konzept des globalen Sicherheits-

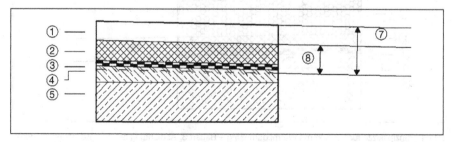

Bild 1: Prinzipskizze für Flächen ohne Wärmedämmung – Bauart 1a. Abdichtung auf dem Konstruktionsbeton unterhalb einer Nutz- und Schutzschicht (indirekt befahrbar). 1: Nutzschicht, 2: Schutzschicht, 3: Dichtungsschicht (Bitumenbahnen, Kunststoff-Elastomerbahnen, Flüssigkunststoff), 4: Betonvorbehandlung, 5: Konstruktionsbeton, 7: Belag, 8: Abdichtungssystem

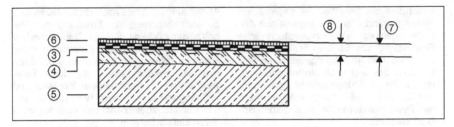

Bild 2: Prinzipskizze für Flächen ohne Wärmedämmung – Bauart 1b. Abdichtung auf dem Konstruktionsbeton mit integrierter Nutz- und Schutzschicht (direkt befahrbar). 3: Dichtungsschicht (flüssig zu verarbeitende Materialien auf der Basis von Kunststoffen), 4: Betonvorbehandlung, 5: Konstruktionsbeton, 6: Nutzbeschichtung/Schutzbeschichtung, 7: Belag, 8: Abdichtungssystem

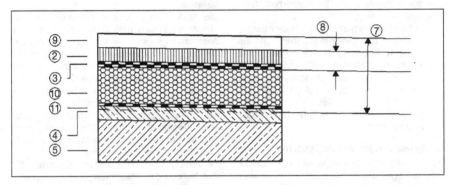

Bild 3: Prinzipskizze für Flächen mit Wärmedämmung – Bauart 2. Abdichtung unter Lastverteilungs- oder Schutzschicht auf der Wärmedämmung (indirekt befahrbar). 2: Schutzschicht, 3: Dichtungsschicht (Bitumenbahnen, Kunststoff- und Elastomerbahnen), 4: Betonvorbehandlung, 5: Konstruktionsbeton, 7: Belag, 8: Abdichtungssystem, 9: Nutzschicht oder Lastverteilungsschicht, 10: Wärmedämmschicht, 11: Bitumenvoranstrich

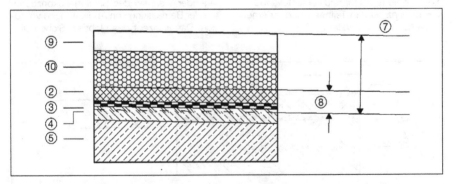

Bild 4: Prinzipskizze für Flächen mit Wärmedämmung – Bauart 3. Abdichtung auf dem Konstruktionsbeton unterhalb der Wärmedämmung (indirekt befahrbar). 2: Schutzschicht, 3: Dichtungsschicht (Bitumenbahnen, Kunststoff- und Elastomerbahnen, Flüssigkunststoff), 4: Betonvorbehandlung, 5: Konstruktionsbeton, 7: Belag, 8: Abdichtungssystem, 9: Nutzschicht oder Lastverteilungsschicht, 10: Wärmedämmschicht

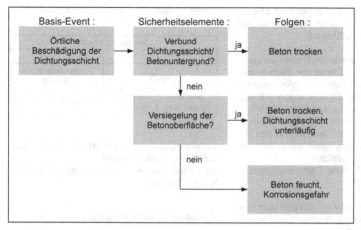

Bild 5: Sicherheitskonzept

beiwertes, das bisher auf diesem Gebiet ausschließlich zur Anwendung gelangte, wird zu Gunsten eines fehlertoleranten Sicherheitskonzeptes mit zusätzlichen Sicherheitselementen verlassen. Dabei handelt es sich um ein Multibarrieresystem, das aus einer Dichtungsschicht und einer Schutzschicht besteht.

Das Multibarrieresystem besitzt zusätzliche Sicherheitselemente, die im Falle einer örtlichen Beschädigung des Abdichtungssystems die Unterläufigkeit der Dichtungsschicht oder zumindest die Durchfeuchtung des Betons verhindern, und zwar

– ein Sicherheitselement, das durch den vollflächigen Verbund zwischen Dichtungsschicht und Betonuntergrund gebildet wird. Der Verbund bewirkt eine totale Abschottung des beschädigten Bereiches, so dass kein Wasser unter die Dichtungsschicht gelangen kann, und

– ein weiteres Sicherheitselement, welches durch die Versiegelung der Betonoberfläche entsteht. Diese verhindert, dass tausalzhaltiges Wasser in den Beton eindringen kann. Es bildet eine zusätzliche Barriere. Zurzeit wird im Normenausschuss heftig diskutiert, ob diese Funktion bei einem Abdichtungssystem mit einer Dichtungsschicht auf einer Wärmedämmung auch durch eine Notabdichtung erfüllt werden kann.

Im Falle einer örtlichen Beschädigung können im Hinblick auf den Schutz des Betons drei verschiedene Folgen eintreten:

– Bei einem vollflächigen Verbund der Dichtungsschicht mit dem Betonuntergrund bleibt der Beton trocken;

– ohne Verbund zwischen Dichtungsschicht und Betonuntergrund aber mit einer Versiegelung der Betonoberfläche bleibt der Betonuntergrund zwar trocken, die Dichtungsschicht ist aber unterläufig, das Wasser breitet sich unter der Dichtungsschicht nach allen Seiten hin aus;

– und schließlich ohne Verbund der Dichtungsschicht mit dem Betonuntergrund und ohne Versiegelung der Betonoberfläche wird der Beton durchfeuchtet, es besteht Korrosionsgefahr.

Ziel dieses Konzeptes ist es, auch im Falle einer örtlichen Beschädigung der Dichtungsschicht, den Schutz des Betons aufrecht zu erhalten.

3 Grenzzustände

Zur Sicherstellung der vorgesehenen Nutzung über die geplante Nutzungsdauer ist das Abdichtungssystem so zu bemessen und herzustellen, dass

– die Gebrauchstauglichkeit sichergestellt ist, d.h. dass entsprechend der geplanten Nutzung die Gebrauchseigenschaften des Abdichtungssystems während der Nutzungsdauer gegeben sind;

– die Dauerhaftigkeit sichergestellt ist, d.h. dass das Abdichtungssystem gegenüber

Einwirkungen physikalischer und chemischer Art während seiner Nutzung ausreichend widerstandsfähig ist.

In den hieraus abgeleiteten Bemessungsregeln für die Grenzzustände der Gebrauchstauglichkeit und der Dauerhaftigkeit werden die sich ergebenden Einwirkungen mit den Widerständen und der baulichen Durchbildung der Abdichtungssysteme verglichen. Dabei ist das Multibarrieresystem nach den in den Teilen 2 und folgende angegebenen konstruktiven Regelungen auszubilden.

Es werden verschiedene Bemessungssituationen unterschieden:

– die ständigen Situationen, die den normalen Nutzungsbedingungen des Abdichtungssystems entsprechen;
– und die vorübergehenden Situationen, z. B. im Bauzustand oder während einer Instandsetzung.

3.1 Grenzzustand der Dauerhaftigkeit

Die Grenzzustände der Dauerhaftigkeit umfassen unterschiedliche Anforderungen an die Beständigkeit der Dichtungsmaterialien gegenüber Einwirkungen physikalischer und chemischer Art während der Nutzung. Dies sind:

– die Beständigkeit der Dichtungsschicht gegen tausalzhaltiges Wasser;
– die Beständigkeit der Dichtungsschicht gegen Feuchtigkeit und Frost sowie
– die Beständigkeit der Dichtungsschicht gegen UV- Strahlung.

3.2 Grenzzustand der Gebrauchstauglichkeit

Der Grenzzustand der Gebrauchstauglichkeit umfasst Anforderungen an das mechanische Verhalten des Abdichtungssystems unter Gebrauchslast.

Grundsätzlich wird nachgewiesen, dass der Bemessungswert der Beanspruchung kleiner oder gleich dem Bemessungswert des Widerstandes ist.

Der Nachweis im Grenzzustand der Gebrauchstauglichkeit umfasst:

– den Nachweis der Unterlaufsicherheit der Dichtungsschichten

Der Nachweis im Grenzzustand der Gebrauchstauglichkeit darf im Rahmen dieser Norm nach dem vereinfachten Bemessungs-

Tabelle 1: Zusammenstellung der Umgebungsklassen

Umgebungsklasse		
1	2	3
feucht		Photochemischer Angriff
Taumittel ohne Frost	Taumittel und Frost	Schwach	stark

verfahren, d. h. ohne genaue Schnittgrößenermittlung geführt werden.

Im Folgenden werden zunächst die Einwirkungen behandelt.

4 Umgebungsbedingungen

4.1 Umgebungsklassen

Die Einflüsse, die aus der Umwelt resultieren, werden in Umgebungsklassen eingeteilt. Dabei gilt die Umgebungsklasse 1 für innen liegende frostfreie Verkehrsflächen, während die Umgebungsklassen 2 und 3 bei frei bewitterten Verkehrsflächen anzusetzen sind. Die Umgebungsklasse 3 ist allein auf die direkt befahrenen Verkehrsflächen beschränkt.

Für die verschiedenen Umgebungsklassen sind verschiedene Schädigungsmechanismen von Bedeutung, die unterschiedliche stoffliche und konstruktive Maßnahmen erfordern.

5 Gebrauchstauglichkeit der Abdichtungssysteme

5.1 Beanspruchungsklassen

Die an der Oberkante des Belages wirkenden mechanischen Einwirkungen führen innerhalb des Abdichtungssystems zu Beanspruchungen. Ausschlaggebend für die Beanspruchung infolge Verkehrslast ist die Teilflächenpressung, die auf der Oberfläche der Dichtungsschicht wirkt. Zukünftig werden die Verkehrslasten nach DIN 1991-Teil 1 und Teil 2 anzusetzen sein. Dort sind Lastmodelle für verschiedene Beanspruchungsklassen angegeben. Bemerkenswert ist, dass – im Gegensatz zu DIN 1072 – alle Einwirkungen den Schwingbeiwert bereits enthalten.

Je nach Verkehrslast und Neigung der Verkehrsfläche sowie Material, Dicke und Steifigkeit der Nutz- und/oder Lastverteilungsschicht treten in der Dichtungsschicht unterschiedlich

Tabelle 2: Zusammenstellung der Nutzungskategorien

Nutzungs-kategorie	Verkehrsflächen	Verkehrslast p(kN/m²)
N 1	Fußgängerbrücken und deren Zugänge sowie Zugänge zu Parkbauten	≤ 5
N 2	Geschossdecken von Parkbauten mit PKW-Verkehr sowie Hofkellerdecken für PKW-Verkehr	≤ 3,5
N 3	Geschossdecken von Parkbauten mit LKW-Verkehr sowie Zufahrtsrampen und Spindeln von Parkbauten, Anlieferzonen in Parkhäusern und Tiefgaragen, Hofkellerdecken für LKW-Verkehr	≤ 9
N 4	Fahrbahntafeln von Brückenüberbauten, Trog- und Tunnelsohlen im Zuge von klassifizierten Strassen und Brücken	≤ 9

hohe Beanspruchungen auf. Infolge der dynamischen Belastung durch Verkehr kann es zusätzlich zu Rissbewegungen im Beton unterschiedlicher Größe und Frequenz kommen. Durch Kombination der Verkehrsbelastung mit der dynamischen Rissbewegung bzw. der Neigung der Fahrbahntafel konnten rein theoretisch insgesamt 16 verschiedene Beanspruchungsklassen (I A bis IV D) gebildet werden. Von diesen ist aber nur ein geringer Teil von praktischer Bedeutung.

5.2 Nutzungskategorien

Aus diesem Grunde wird eine Klassierung der Verkehrsflächen vorgenommen, die regelt, unter welcher Einwirkungskombination die Gebrauchstauglichkeit der Abdichtungssysteme nachzuweisen ist. Je nach geplanter Nutzung werden vier verschiedene Kategorien unterschieden.

Die Nutzungskategorien sind als Planungsvorgabe anzusehen, für die im Einzelfall bestimmte Einwirkungskombinationen festgelegt werden, die für die Zuordnung der Abdichtungssysteme maßgebend sind.

Die Nutzungskategorie N 1 umfasst

– Fußgängerbrücken und deren Zugänge sowie
– Zugänge zu Parkbauten

Wie schon der Name sagt, werden diese Verkehrsflächen in der Regel von Fußgängern und Radfahrern benutzt. Hinzu kommen gelegentlich Reinigungs- und Wartungsfahrzeuge. Die dadurch verursachten Beanspruchungen sind von der Neigung der Verkehrsfläche weitgehend unabhängig. Dynamische Rissbewegungen sind nicht zu erwarten.

Zu der Nutzungskategorie N 2 gehören

– Geschossdecken von Parkbauten mit PKW-Verkehr und
– Hofkellerdecken für PKW-Verkehr

Solche Geschossdecken und Hofkellerdecken, wie z. B. die hier dargestellten Rippendeckenelemente mit einem Rippenabstand von 60 cm, werden durch Fahrzeuge bis 25 kN Gesamtgewicht belastet. Dabei können kleine dynamische Rissbewegungen auftreten. Die Neigung dieser Verkehrsflächen ist auf 4 % begrenzt.

Die Nutzungskategorie N 3 beinhaltet

– Geschossdecken von Parkbauten mit LKW-Verkehr,
– Zufahrtsrampen und Spindeln von Parkbauten,
– Anlieferzonen in Parkhäusern und Tiefgaragen und
– Hofkellerdecken für LKW-Verkehr.

Derartige Flächen werden zum Teil auch von schweren Fahrzeugen mit einem Gesamtgewicht von über 160 kN befahren. Dabei können mäßige dynamische Rissbewegungen auftreten. Die Neigung der Verkehrsflächen ist insbesondere bei Rampen und Spindeln größer als 4 %.

Die Nutzungskategorie N 4 entspricht dem Anwendungsbereich der „Zusätzliche Technische Vertragsbedingungen und Richtlinien für Ingenieurbauten (ZTV-Ing.) der Forschungsgesellschaft für Straßen- und Verkehrswesen e.V. für den Bundesfernstraßenbau. Sie umfasst

– Fahrbahntafeln von Brückenüberbauten sowie
– Trog- und Tunnelsohlen im Zuge von klassifizierten Straßen und Brücken.

Derartige Verkehrsflächen werden von Fahrzeugen aller Art befahren. Das Gesamtgewicht der schweren Fahrzeuge liegt über 160 kN. In der Regel ist mit einer hohen dynamischen Rissbewegung zu rechnen.

5.3 Konstruktionsmerkmale

An dieser Stelle erfolgt der Übergang von den Einwirkungen zu den Widerständen, die das Abdichtungssystem entgegensetzt. Abdichtungssysteme können die folgenden Konstruktionsmerkmale aufweisen, die alleine oder in Kombination miteinander auftreten können. Bezüglich ihrer Konstruktionsmerkmale werden folgende Abdichtungssysteme unterschieden:

– Abdichtungssysteme mit einer Dichtungsschicht im Verbund zum Betonuntergrund (DIB)
Hierbei wird zwischen Dichtungsschicht und Betonuntergrund ein vollflächiger Verbund hergestellt, der im Falle einer örtlichen Beschädigung der Dichtungsschicht die Unterläufigkeit zwischen Dichtungsschicht und Betonuntergrund verhindert. Der vollflächige Verbund dient zugleich auch der Übertragung von Schubkräften aus Verkehrsbelastung.
– Abdichtungssysteme mit einer Dichtungsschicht ohne Verbund zum Betonuntergrund bzw. Abdichtungssysteme auf einer Wärmedämmung (DOB)
Hierbei besteht zwischen Dichtungsschicht und Betonuntergrund kein vollflächiger Verbund bzw. kein Kontakt zum Betonuntergrund. Im Falle einer örtlichen Beschädigung der Dichtungsschicht kann eine Unterläufigkeit zwischen Dichtungsschicht und Betonuntergrund nicht ausgeschlossen werden.
– Abdichtungssysteme mit einer im Verbund mit der Dichtungsschicht wirkenden Schutzschicht (DIS)
Dabei besteht zwischen Dichtungsschicht und Schutzschicht ein vollflächiger, haft- und schubfester Verbund, der auch der Übertragung von Schubkräften aus Verkehrsbelastung dient. Hierunter fallen auch Dichtungsschichten mit integrierter Schutzschicht (Schutz- und Nutzschicht). Die Schutzschicht kann auch eine zusätzlich abdichtende Funktion haben.
– Abdichtungssysteme ohne eine im Verbund mit der Dichtungsschicht wirkende Schutzschicht (DOS)

Hierbei besteht zwischen Dichtungsschicht und Schutzschicht kein vollflächiger Verbund z. B. Abdichtungen mit oberseitiger Wärmedämmung.
Die Übertragung von Schubkräften aus Verkehrsbelastungen ist auf andere Art und Weise sicherzustellen.

Die Konstruktionsmerkmale haben Einfluss auf die Bemessung der Abdichtungssysteme. Nach dieser Norm brauchen bestimmte Beanspruchungen, z. B. Schub infolge Verkehrsbelastung, Unterlaufen der Dichtungsschicht, nicht nachgewiesen zu werden, da sie durch konstruktive Regeln und Grenzen, die in den Konstruktionsmerkmalen ihren Niederschlag finden, berücksichtigt sind.

6 Bemessung

Voraussetzung für die abdichtungstechnische Bemessung ist die statische Berechnung des Belages unter Berücksichtigung der Verkehrsbelastung und wärmetechnischen Gegebenheiten. Dabei steht einerseits die Verteilung der Verkehrslasten innerhalb des Belages und andererseits der Wärmeschutz für das Bauwerk im Vordergrund der Betrachtung. Es stehen drei verschiedene Belagsbauarten zur Auswahl.
Bei der anschließenden abdichtungstechnischen Bemessung werden die sich ergebenden Einwirkungen mit den Widerständen des entsprechenden Abdichtungssystems verglichen. Die Bemessung stellt sich somit in ihrer praktischen Ausführung in 2 Schritten dar:

1. Schritt:
Auswahl einer Bauart für einen bestimmten Anwendungsfall nach statischen Gesichtspunkten unter Berücksichtigung einer eventuell vorhanden Wärmedämmung.

2. Schritt:
Zuordnung eines passenden Abdichtungssystems mit bestimmten Konstruktionsmerkmalen zu der ausgewählten Bauart unter Berücksichtigung der für das Abdichtungssystem geltenden Beanspruchungsklasse und Nutzungskategorie.
Zum Schluss ist noch hervorzuheben:
Abdichtungssysteme für höhere Belastungen können auch für niedere Belastungen angewendet werden. Weitere besondere Einwirkungen, wie z. B. die Einwirkung von Tropf-

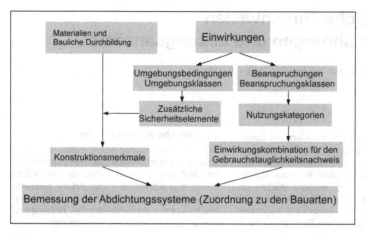

Bild 6: Bemessung

ölen und Benzin, sind gegebenenfalls zu berücksichtigen.

Mit der DIN 18532 wird ein neues Normungskonzept für die Konstruktion, Bemessung und Ausführung von Abdichtungen von Brücken und anderen Verkehrsflächen erarbeitet. Die neue Norm schließt eine Lücke, die bisher im deutschen Normenwerk bestand. Sie ermöglicht es dem Planer im Zusammenwirken mit dem Ausführenden zuverlässige Abdichtungssysteme für Verkehrsflächen zu entwerfen und herzustellen.

Dr.-Ing. Ernst-Joachim Vater
1960 Bauingenieurstudium an der Technischen Universität Karlsruhe; 1967 wissenschaftlicher Mitarbeiter am Institut für Straßenbau und Eisenbahnwesen; 1972 Promotion zum Dr.-Ing.; 1974 Wissenschaftlicher Mitarbeiter bei der Bundesanstalt für Materialforschung und -prüfung; 1978 Leiter des Laboratoriums „Bituminöse Baustoffe und Abdichtungstechnik"; 2003 Obmann des DIN-Arbeitsausschusses „Abdichtungssysteme auf Beton für Brücken und andere Verkehrsflächen"; Beratung des Bundesverkehrsministeriums auf dem Gebiet der Brückenbeläge und -abdichtungen; Mitarbeit in verschiedenen nationalen und internationalen Gremien, z.B. des DIN, der FGSV und des CEN; Zahlreiche Veröffentlichungen in Fachzeitschriften, Forschungsberichten und Schriftenreihen; Vortragstätigkeit.

Niveaugleiche Türschwellen
– Praxiserfahrungen und Lösungsansätze

Dipl.-Ing. Klaus Wilmes, Dipl.-Ing. Matthias Zöller, AIBau, Aachen

Der Feuchteschutz an Schwellen von Dachterrassen-, Balkon- und Terrassentüren sowie von Hauseingängen kann am einfachsten durch eine gegenüber dem Außenbelag höher liegende Türschwelle erreicht werden. Da aber solche Aufkantungen die Benutzung der Eingänge erschweren, werden insbesondere bei öffentlich zugänglichen Gebäuden, aber auch bei privaten Hauseingängen Schwellen oder Stufen von 15 cm oder auch nur 5 cm Höhe bei dem heute üblichen Komfortanspruch immer weniger akzeptiert und barrierefreie Eingänge gefordert. Selbst bei Dachterrassen im gehobenen Wohnungsbau ist zu beobachten, dass die Akzeptanz höher liegender Schwellen abnimmt und Nutzer vielmehr auch ohne ausdrückliche Vereinbarung nur noch geringe Aufkantungshöhen erwarten. Konnte bislang argumentiert werden, dass ein sicherer Schutz gegen Spritz- und Schmelzwasser ohne die hinderliche hohe Schwelle technisch nicht möglich sei, haben sich in gleichen Situationen niveaugleiche Türschwellen im behindertengerechten Bauen und bei öffentlichen Gebäuden inzwischen bewährt, so dass die dort funktionierenden Lösungen mehr und mehr als allgemeiner Standard angesehen werden.

Bereits seit 2000 in [DIN 18195-5], in genauerer Formulierung seit 2004 in [DIN 18195-9], regelt die Norm für Bauwerksabdichtungen auch niveaugleiche Türschwellen. Trotzdem bieten noch immer die meisten Türrahmenprofile keine zuverlässigen Anschlussmöglichkeiten für Abdichtungen nach den Regeln der DIN 18195, wobei der Übergangsbereich zwischen Türrahmen und Leibung sogar ganz außen vor bleibt. Da Systemlösungen trotz des großen Bedarfs nicht oder nur selten angeboten werden, müssen Planer und Ausführende der verschiedenen Gewerke immer wieder „das Rad neu erfinden", um die anscheinend widersprüchlichen Zielsetzungen des Feuchteschutzes und der Nutzbarkeit bei barrierefreien Türschwellen in Einklang zu bringen.

1 Typische Schwachstellen

Bereits 1994 wurde vom AIBau der Forschungsbericht „Niveaugleiche Türschwellen bei Feuchträumen und Dachterrassen" [AIBau 1994] abgeschlossen. Die Arbeit befasste sich mit der Frage, wie die abdichtungstechnischen und nutzungsbedingten Anforderungen an niveaugleiche Schwellen miteinander zu verknüpfen sind.

Zum damaligen Zeitpunkt führten im Wesentlichen folgende Ursachen zu teilweise gravierenden Schäden:

– Die schadensbetroffenen Schwellen lagen in der Regel ungeschützt und waren daher einer starken Wasserbeanspruchung ausgesetzt.
– Die Abdichtung war in den meisten Fällen unzureichend aufgekantet.
– Die Entwässerung war meist mangelhaft, d. h. das Gefälle war oft unzureichend und in vielen Fällen fehlte auch die Gitterrostrinne.
– Aufgrund der verwendeten Türkonstruktion war ein fachgerechter, dichter Anschluss der Abdichtung gar nicht möglich.

Im Forschungsbericht [AIBau 1994] werden Empfehlungen zur Schadensvermeidung an niveaugleichen Türschwellen gegeben. Die Ergebnisse dieser Untersuchung flossen in die Überarbeitung der DIN 18195 Teile 5 und 9 [DIN 18195-5 und -9] ein.

Seit 1994 haben sich die anerkannten Regeln der Technik weiterentwickelt. So entsprechen z. B. die damals ausgearbeiteten Detailvorschläge nicht mehr den heutigen Wärmeschutzanforderungen der EnEV [EnEV 2009] und inzwischen sind auch erhöhte Anforderungen an die Luftdichtheit zu berücksichtigen [DIN 4108-7]. Dies war Anlass für die neue Untersuchung „Schadensfreie niveaugleiche Türschwellen" [AIBau 2010], bei der u. a. der Frage nachgegangen werden sollte, ob es inzwischen auch Türen mit ausreichend leistungsfähigen Abdichtungsanschlüssen gibt.

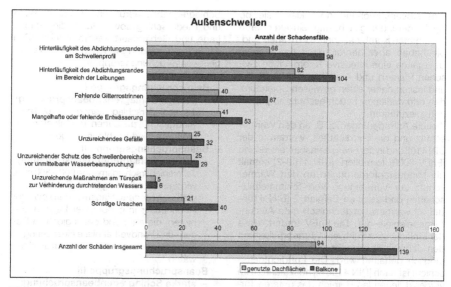

Außenschwellen

Anzahl der Schadensfälle

Ursache	genutzte Dachflächen	Balkone
Hinterläufigkeit des Abdichtungsrandes am Schwellenprofil	68	98
Hinterläufigkeit des Abdichtungsrandes im Bereich der Leibungen	82	104
Fehlende Gitterrostrinnen	40	67
Mangelhafte oder fehlende Entwässerung	41	53
Unzureichendes Gefälle	25	32
Unzureichender Schutz des Schwellenbereichs vor unmittelbarer Wasserbeanspruchung	25	29
Unzureichende Maßnahmen am Türspalt zur Verhinderung durchtretenden Wassers	5	6
Sonstige Ursachen	21	40
Anzahl der Schäden insgesamt	94	139

☐ genutzte Dachflächen ■ Balkone

Bild 1: Umfrage unter Sachverständigen, Ursachenverteilung der Schäden an Außenschwellen, Mehrfachnennung möglich

Im Rahmen einer Befragung der Hersteller von Türen, Abdichtungen, Abläufen und Gitterrostrinnen wurde lediglich eine Komplettlösung erhoben, die eine Türschwelle mit einem Dichtungsbahnenanschluss bietet, der auch den Leibungsbereich erfasst. Einige wenige Hersteller bieten Türschwellen mit Klemmvorrichtungen für Abdichtungen an, bei denen die Leibungsbereiche allerdings unberücksichtigt bleiben. Damit wird deutlich, dass es sich um ein gewerkeübergreifendes Schnittstellenproblem handelt.

Bei einer Umfrage unter Sachverständigen zur Ursachenverteilung der Schäden an Außenschwellen wurden Angaben zu insgesamt 233 schadensbetroffenen Türschwellen gemacht. Die Schadensschwerpunkte, die nach genutzten Dachflächen und Balkonen differenziert werden, sind dem Diagramm in Bild 1 zu entnehmen.

Hauptursache der Schäden an Außenschwellen genutzter Dachflächen und Balkone ist die Hinterläufigkeit des Abdichtungsrandes sowohl am Schwellenprofil als auch im Bereich der Leibung. Ein weiteres Problemfeld stellen Fehler im Zusammenhang mit der Entwässerungsplanung dar. So sind häufig fehlende Gitterrostrinnen und mangelhafte oder fehlende Entwässerungen schadensursächlich. Der Türspalt im Schwellenbereich ist nach den Untersuchungsergebnissen meist ausreichend gegen eindringendes Wasser geschützt und stellt damit keine besondere Fehlerquelle dar.

Insgesamt wird deutlich, dass seit mehr als 15 Jahren immer wieder die gleichen typischen Schwachstellen zu teilweise erheblichen Schäden führen.

2 Anforderungen

Niveaugleiche Schwellen werden beim barrierefreien Bauen gefordert. Nach [DIN 18040] Teile 1 und 2 (die endgültige Fassung des Teils 2 erscheint voraussichtlich in diesem Jahr) bzw. den vorausgehenden Normen DIN 18024 und DIN 18025, die noch bauaufsichtliche Relevanz haben, sind untere Türanschläge und Schwellen zu vermeiden bzw. auf eine Höhe von 2 cm zu beschränken.

[DIN 18195-5] und [DIN 18195-9] fordern für niveaugleiche Türschwellen besondere Maßnahmen für den Feuchtigkeitsschutz, z. B. Vordächer, Rinnen mit Gitterrosten (ggf. beheizt), Abdichtung des Innenraums, Unterfahren der Schwelle mit der Abdichtung u. a. Vergleichbares ist in der Flachdachrichtlinie [ZVDH 2008] enthalten. Diese Regelwerke differenzieren weder nach der tatsächlichen

Wasserbeanspruchung, noch klären sie, ob alle Forderungen gleichzeitig, einzeln oder in bestimmten Kombinationen vorzusehen sind. Sie heben aber hervor, dass barrierefreie Übergänge eine intensive Koordination zwischen Planern und Ausführenden bedürfen und lassen daher einen gewissen Spielraum, den erforderlichen Feuchteschutz zu planen und auszuführen. Weitere Anforderungen, z. B. an den Wärmeschutz und die Luftdichtheit, werden in der DIN 4108 und in der Energieeinsparverordnung [EnEV 2009] formuliert. [DIN 4108-2] enthält die Mindestanforderungen an den Wärmeschutz zur Vermeidung von Schimmelpilzschäden und zeigt im Beiblatt 2 [DIN 4108-Bbl. 2] wärmeschutztechnisch gute Ausführungsbeispiele auf. Die EnEV fordert, dass der Einfluss konstruktiver Wärmebrücken auf den Jahresheizwärmebedarf so gering wie möglich gehalten wird. Die Luftdichtheitsschicht ist nach [DIN 4108-7] auszuführen. Im verdeckt liegenden Bereich des unteren Türanschlusses an den Baukörper kann die Luftdichtheit mit Dampfsperrbahnen, in dem über Fußboden liegenden sichtbaren Bereich mit Dichtungsbändern oder Dichtfolien hergestellt werden.

3 Wasserbeanspruchung

Im Rahmen der Forschungsarbeit [AIBAU 2010] wurden funktionierende Außenschwellenkonstruktionen genauer untersucht. Die Untersuchungsergebnisse belegen:

- Funktionierende niveaugleiche Türschwellen liegen meist geschützt.
- In der Regel ist vor der Türschwelle eine Gitterrostrinne angeordnet, die direkt in einen Ablauf entwässert.
- Eine völlig konsequente Weiterführung des Anschlusses am seitlichen Blendrahmen ist sehr selten.
- Normgerechte Anflanschmöglichkeiten bestehen fast nie.
- Dennoch sind Schäden selten.

Aus den Untersuchungsergebnissen ist zu folgern, dass der Abdichtungsaufwand nach der Wasserbeanspruchung differenziert werden kann.

3.1 Schlagregenbeanspruchung

Die Wasserbeanspruchung des Schwellenbereichs ist abhängig von der Intensität der Schlagregenbeanspruchung, die durch Wind und Niederschlag sowie durch die örtliche Lage und Gebäudeart bestimmt wird. [DIN 4108-3] differenziert zwischen drei Schlagregenbeanspruchungsgruppen.

- **Beanspruchungsgruppe I**
  - **geringe Schlagregenbeanspruchung:** Jahresniederschlagsmenge unter 600 mm, windgeschützte Lagen in Gebieten mit größeren Niederschlagsmengen
- **Beanspruchungsgruppe II**
  - **mittlere Schlagregenbeanspruchung:** Jahresniederschlagsmenge 600 – 800 mm, windgeschützte Lagen in Gebieten mit größeren Niederschlagsmengen sowie für Hochhäuser in exponierter Lage in Gebieten, die aufgrund der regionalen Regen- und Windverhältnisse einer geringen Schlagregenbeanspruchung zuzuordnen wären
- **Beanspruchungsgruppe III**
  - **starke Schlagregenbeanspruchung:** Jahresniederschlagsmenge über 800 mm, windreiche Gebiete auch mit geringeren Niederschlagsmengen sowie für Hochhäuser oder Häuser in exponierter Lage in Gebieten, die aufgrund der regionalen Regen- und Windverhältnisse einer mittleren Schlagregenbeanspruchung zuzuordnen wären.

3.2 Orientierung der Schwelle zur Himmelsrichtung

Neben der Einordnung in die entsprechende Schlagregenbeanspruchungsgruppe spielt auch die Orientierung der Schwelle zur Himmelsrichtung eine wichtige Rolle. Entsprechend der Expositionsrichtung wird in der [DIN EN 927-1] wie folgt unterschieden:

- **gemäßigt:** Üblicherweise an Nordseiten von Gebäuden (NW bis NO)
- **streng:** Üblicherweise an Ostseiten von Gebäuden (NO bis SO)
- **extrem:** Üblicherweise an Süd-, Südwest- und Westseiten von Gebäuden (SO bis NW)

3.3 Anordnung der Türschwelle

Die Beanspruchung niveaugleicher Türschwellen ist einerseits von der Lage zur Himmelsrichtung und andererseits von dem baulichen Schutz durch Dachüberstände, Vordächer etc. abhängig.
Durch die Anordnung niveaugleicher Türschwellen in geschützter Lage von Innenhö-

Bild 2: Schlagregenbeanspruchungsgruppen nach DIN 4108-3

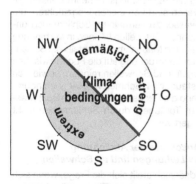

Bild 3: Windrose nach BFS-Merkblatt

fen, an Innenecken von Gebäuden, in windgeschützten Bereichen oder an Fassadenrücksprüngen kann die Wasserbeanspruchung erheblich vermindert werden.

Im Hinblick auf den baulichen Schutz unterscheiden [DIN EN 927-1] und [BFS 2006] zwischen geschützter, teilweise geschützter und nicht geschützter Lage. In Anlehnung daran kann für die niveaugleichen Türschwellen wie folgt definiert werden:

– **geschützte Lage:** Die Türschwellen sind insgesamt durch ausreichend dimensionierte Überdachungen, wie Dachüberstände, Vordächer, Balkone, Loggien, Laubengänge, etc. gegen unmittelbare Witterungseinwirkung weitgehend geschützt. Ein einheitliches Maß für die Auskragung kann nicht angegeben werden. Sie hängt wiederum von

Tabelle 1: Wasserbeanspruchungsklassen WBK in Abhängigkeit von der Schlagregenbeanspruchung, der Orientierung der Türschwelle und deren baulichen Schutz [AIBAU 2010]

Lage	Schlagregenbeanspruchungsgruppe								
	I			II			III		
	NW-NO	NO-SO	SO-NW	NW-NO	NO-SO	SO-NW	NW-NO	NO-SO	SO-NW
geschützt	1	1	2	2	2	3	2	3	3
teilweise geschützt	1	2	3	2	3	3	3	3	3
ungeschützt	2	3	3	3	3	3	3	3	3

WBK 1: niedrige, **WBK 2:** mittlere und **WBK 3:** hohe Wasserbeanspruchungsklasse

der Lage zur Himmelsrichtung, der Gebäudehöhe und den Windverhältnissen ab.
– **teilweise geschützte Lage:** Die Türschwellen befinden sich in Innenhöfen, an Innenecken von Gebäuden, an Fassadenrücksprüngen, in windgeschützten Bereichen oder sie sind durch tiefe Türleibungen, kleine Überdachungen, etc. teilweise gegen Witterungseinflüsse geschützt.
– **nicht geschützte Lage:** Die Türschwellen sind unmittelbar den Witterungseinwirkungen durch Regen und Wind ausgesetzt. Dies ist z. B. bei Türen der Fall, die in der Fassadenfläche liegen.

3.4 Wasserbeanspruchungsklassen

Die Wasserbeanspruchungsklasse einer Türschwelle lässt sich aus der Schlagregenbeanspruchungsgruppe und der Orientierung in Abhängigkeit von der Lage der Tür wie in Tabelle 1 dargestellt, bestimmen.
Die Schlagregenbeanspruchungsgruppen der Karte in DIN 4108-3 sind der örtlichen Situation anzupassen. In exponierten Lagen ist die jeweilige Beanspruchung zu erhöhen, in geschützten Lagen kann sie gemindert werden.
So ist z. B. eine Türschwelle in Aachen bei einer Zuordnung zur Schlagregenbeanspruchungsgruppe II im 3. Obergeschoss auf der Nordseite eines fünfgeschossigen Gebäudes, die durch einen auskragenden und die Tür seitlich überragenden Balkon geschützt ist, der Wasserbeanspruchungsklasse WBK 2 einzustufen. Eine entsprechende Türschwelle im 10. Geschoss zur Hauptwetterrichtung wird unter sonst gleichen Voraussetzungen in WBK 3 eingestuft.
Damit reichen einfache Maßnahmen an gering beanspruchten Schwellen aus, während der notwendige Feuchteschutz an hoch beanspruchten deutlich aufwändiger ist, um Schäden zu vermeiden.

4 Ausführungsempfehlungen zu niveaugleichen Türschwellen

Der kostenfrei unter www.aibau.de erhältliche Bericht zur Forschungsarbeit [AIBAU 2010] enthält einen Maßnahmenkatalog, der die Mindestanforderungen an die Abdichtungsmaßnahmen in Abhängigkeit von der Wasserbeanspruchungsklasse auflistet. Im Folgenden werden die wesentlichen Aspekte der Arbeit zusammengefasst.

4.1 Grundlegende Maßnahmen

Falls keine Überdachung oder Vergleichbares wirksam vor Spritzwasser schützt, sollten vor niveaugleichen Türschwellen Gitterrostrinnen (Bild 4) angeordnet werden. Gefälle im Belag und in der Abdichtungsebene im Bereich vor Schwellen sind von diesen wegzuführen, um Stauwasser zu vermeiden. Schlitzrinnen unmittelbar an Schwellen können in Verbindung mit weiteren Maßnahmen ebenfalls die Schlagregenbeanspruchung auf die Fugen zwischen Türflügeln und Schwellen mindern sowie sich ggf. stauendes Schmelzwasser verhindern, während die Beanspruchung durch Spritzwasser auf Türflügeln durch Schlitzrinnen nicht verringert wird.

4.2 Anschluss der Abdichtung an Leibungen und an Schwellen

Grundsätzlich stellt sich die Frage, worin sich die Beanspruchung an Türschwellen von der an Fensterbänken einschließlich der seitlichen Anschlüsse unterscheidet. Dort sind einfache Bänke mit geringen Überständen und Aufkantungshöhen mit nicht selten nur sehr einfa-

Bild 4: Gitterrostrinnen sind stark durchlässig und reflektieren nur wenig Spritzwasser

gen als äußerer Anschluss oder durch Unterfahren der Schwelle vorgesehen werden. Bei letzterer Lösung wird vor Einbau der Tür die Abdichtung bis in den Innenbereich verlegt und danach von innen an die Tür angeschlossen, so dass der Anschluss vor Witterungseinflüssen geschützt liegt. Das möglicherweise hinter das (feuchtigkeitsbeständige) Schwellenprofil dringende Wasser wird nach außen geleitet, ohne in den Innenbereich zu gelangen. Hierfür eignen sich bahnenförmige Abdichtungsstoffe, die sich engen Radien anpassen können, aber auch Flüssigabdichtungen, die, eine entsprechende Anwendungssorgfalt vorausgesetzt, inzwischen als bewährt gelten. Die Abdichtung ist an Leibungen bis auf die übliche Spritzschutzhöhe von 15 cm zu führen.

Der nachfolgenden Tabelle 2 können Mindestanforderungen an die Abdichtungsmaßnahmen in Abhängigkeit von der Wasserbeanspruchungsklasse entnommen werden.

chen Anschlüssen an Putzoberflächen i. d. R. schadensfrei ausgeführt, während an Schwellen aufwändige Anschlüsse mit gegen Spritzwasser schützenden Aufkantungen sowie Klemmleisten einschließlich der Abdichtung der Fuge zwischen Blendrahmen und Leibung gefordert werden.

Wie bereits beschrieben, wurde im Rahmen der Untersuchung für die Forschungsarbeit [AIBAU 2010] festgestellt, dass gerade in Situationen geringer Beanspruchung regelgerechte Aufkantungen und Anschlüsse selten sind, aber dennoch i. d. R. keine Schäden auftreten.

Bei nur geringer Wasserbeanspruchung der WBK 1 braucht daher die Abdichtung lediglich bis auf die Höhe der Oberkante des angrenzenden Belags aufgekantet und dort verwahrt werden, so dass kein Wasser dahinter gelangen kann. Die Abdichtung kann mit einfachen Maßnahmen an den Blendrahmen der Tür angeschlossen werden, vergleichbar mit der Ausführung bei Fensteranschlüssen.

Ab einer mittleren Wasserbeanspruchung nach WBK 2 sollten Abdichtungen an das Türschwellenprofil mindestens mit flüssig zu verarbeitenden Kunststoffen (FLK) angeschlossen werden, die auf dem seitlichen Blendrahmen hochgeführt werden und auf die Leibung übergehen.

Bei hoher Wasserbeanspruchung der WBK 3 sollten die in DIN 18195 enthaltenen Lösun-

4.3 Industrielle Vorfertigung der Abdichtungsanschlüsse

Die Anforderungen an die Planung sowie an eine handwerklich gute Ausführung sind insbesondere bei hoher Wasserbeanspruchung groß. Das Risiko von Fehlstellen ließe sich deutlich senken, wenn die Schwellenprofile sowie die aufgehenden Blendrahmen bis auf die jeweils erforderliche Höhe mit Bahnenstreifen werkseitig vorgefertigt wären. Da das barrierefreie Bauen zunehmend an Bedeutung gewinnt, sollten die Hersteller von Türen und Türschwellenprofilen sich dieser Aufgabe annehmen.

4.4 Wärmeschutz und Luftdichtheit

Die Bedeutung des Wärmeschutzes an niveaugleichen Schwellen ist vergleichsweise gering, da aufgrund der im Vergleich zur wärmeübertragenden Gebäudehülle die Schwellenansichtsflächen nur sehr klein sind. Die Wärmeströme durch Schwellen wirken sich bei Einhaltung des Mindestwärmeschutzes [DIN 4108-2] nicht nennenswert auf den Energiebedarf aus. Die Bedeutung des Feuchteschutzes an niveaugleichen Türschwellen dagegen ist wesentlich. Sollen die längenbezogenen Wärmebrückenverluste in energetischen Nachweisen nach [EnEV 2009] pauschaliert angesetzt werden, können Innendämmungen, thermische Trennungen oder Außendämmungen den Wärmeschutz erhöhen.

Tabelle 2: Mindestanforderungen an die Abdichtungsmaßnahmen in Abhängigkeit von der Wasserbeanspruchungsklasse [AIBAU 2010]

| | Wasserbeanspruchungsklasse | | |
	WBK 1	WBK 2	WBK 3
Grundsätzliche Forderungen	– Anordnung einer Gitterrost- oder Schlitzrinne (Verzicht auf Rinne möglich bei WBK 1 und ausreichendem Schutz der Schwelle) – Gefälle der Abdichtungsebene und des Belags möglichst vom Anschluss wegführend. – Oberflächengefälle in Abhängigkeit von der Rauigkeit der Belagsoberfläche – der Witterung ausgesetzte Abdichtungsabschlüsse müssen immer mit Überhangstreifen oder Dichtstofffugen gegen Hinterlaufen gesichert werden, offen liegende Dichtstofffugen sind regelmäßig zu warten.		
Abdichtungsabschluss auf der Außenseite der Tür			
Schwelle, Aufkantungshöhe	– Abdichtung im Schwellenbereich möglichst bis OK Belag aufkanten (Abschluss auf der Schwelle oder mit Stellblech) und hinterlaufsicher verwahren – Bei ausreichendem Schutz der Schwelle und Verzicht auf eine Gitterrostrinne ist eine Verbundabdichtung (AIV) auf Balkonen möglich, andernfalls ist der Anschluss mit Flüssigabdichtung (FLK) herzustellen.	– Abdichtung im Schwellenbereich möglichst bis OK Belag aufkanten (Abschluss auf der Schwelle oder mit Stellblech) u. hinterlaufsicher verwahren, Anschlussbreite 20–50 mm	– Abdichtung im Schwellenbereich möglichst bis OK Belag aufkanten und hinterlaufsicher verwahren, mind. 50 mm Anschlussbreite, Klemmprofil/-schiene nach DIN 18195 erforderlich, oder: – Anschluss mit industriell vorgefertigten Elementen
Aufkantung – Leibung	– Abdichtung 0–5 cm über OK Belag aufkanten und hinterlaufsicher verwahren	– Abdichtung 5–15 cm über OK Belag aufkanten – bahnenförmiges Abdichtungsende mit Klemmprofil sichern – Flüssigabdichtung (keine Einbauteile erforderlich)	– Abdichtung mindestens 15 cm über OK Belag aufkanten und Bahnenabdichtung mit Klemmprofilen/-schienen nach DIN 18195 sichern – Flüssigabdichtung (keine Einbauteile erforderlich) oder: – Anschluss mit industriell vorgefertigten Elementen
Anschluss an den Blendrahmen	– übliche Lösungen für Fensterrahmenanschlüsse	– bahnenförmige Abdichtung 20–50 mm auf den Blendrahmen führen und mech. fixieren – Flüssigabdichtungen mindestens 20 mm auf den Blendrahmen führen	– Abdichtung mit senkrechten Klemmprofilen/-schienen nach DIN 18195 sichern; bei PVC-Materialien: nach Absprache mit Türherstellern ggf. homogene Verschweißung möglich – Flüssigabdichtungen mit einer Klebebreite von mindestens 50 mm auf den Blendrahmen führen, oder: – Anschluss mit industriell vorgefertigten Elementen
Abdichtungsabschluss auf der Innenseite der Tür			
	Voraussetzung: feuchtigkeitsbeständige Türschwelle – Die äußere Abdichtung wird bis zur inneren Flucht der Außenwand geführt und an der inneren Leibung aufgekantet – Der Abdichtungsanschluss erfolgt nach Türeinbau durch rückläufigen Stoß (z. B. mit Flüssigabdichtungen). Die Luftdichtheitsschicht wird im unteren Bereich in die Abdichtungsmaßnahmen mit einbezogen		

Bei solchen Schwellen ist hinsichtlich der Luftdichtheit und des Tauwasserschutzes Folgendes anzumerken:

- Die untere Anschlussfuge soll luftdicht ausgebildet werden, die Lage der Luftdichtheitsschicht ist dabei aber unwesentlich. Prinzipiell sind hierfür auch die Abdichtungsmaßnahmen auf der Außenseite der Tür geeignet. Eine weitere Luftdichtheitsschicht ist nicht erforderlich.
- Die Abfolge der Diffusionswiderstände der inneren und der äußeren Abdichtung spielt eine untergeordnete Rolle. Der innere Anschluss muss nicht dampfdichter ausgeführt sein als die Abdichtung auf der Außenseite.

4.5 Maßnahmengruppen

Der Feuchtigkeitsschutz und damit die Zuverlässigkeit niveaugleicher Türschwellen kann erheblich erhöht werden, wenn Maßnahmen der folgenden Gruppen beachtet werden:
Maßnahmengruppe A: Minderung der Beanspruchung

- Schwellenhöhe zwischen 1 und 2 cm über Oberkante des angrenzenden Belags ausführen,
- Reduzierung der Wasserbeanspruchung durch ausreichend große Vordächer, zusätzliche „Wetterschenkel" oder vergleichbare Maßnahmen.

Maßnahmengruppe B: Minderung der Folgen von Wasserdurchtritten

- Abdichtung des Innenraums, ggf. mit eigener Entwässerung,
- Unterfahren der Türschwelle bei Beachtung evtl. Wärmeschutzanforderungen.

Maßnahmengruppe C: Erhöhung der Zuverlässigkeit des Abdichtungsanschlusses
Konzeption von handwerklich einfach ausführbaren Details, Anschluss der Abdichtung mit:

- Los-/Festflanschkonstruktionen (hohe Ausführungssorgfalt bei seitlichen Anschlüssen an Blendrahmen),
- Anschlussmöglichkeiten durch Hilfsbleche (Verbundbleche bei Kunststoffbahnen; nicht rostende Stahlbleche, auf die Bitumenbahnen angeschlossen werden können), oder Anschluss mittels Flüssigkunststoffen der Gruppe FLK.

Sind aber alle diese Maßnahmen gleichzeitig erforderlich? Genügen einzelne? Wenn ja, welche in Kombination?
Grundsätzlich sind gegen Spritzwasser hinterlaufsichere Anschlüsse der Abdichtung an niveaugleichen Schwellen erforderlich. Darüber hinaus ist bei geringer Wasserbeanspruchung (WBK 1) mindestens eine Anforderung der genannten Maßnahmengruppen zu erfüllen. Bei hohen Beanspruchungen (WBK 2 und 3) oder bei überdurchschnittlicher Qualitätsklasse sind mindestens zwei Maßnahmen unterschiedlicher Maßnahmengruppen auszuführen.
Selbstverständlich können auch alle in den Regelwerken enthaltenen Maßnahmen umgesetzt werden. Der Aufwand kann jedoch an die Beanspruchungssituation angepasst werden. Da aus Gründen der Bauorganisation nicht immer abweichende Lösungen gewünscht werden, sind bei gleichartiger Gestaltung die Schwellen nach der jeweils höchsten Beanspruchung zu dimensionieren. Bei nachträglichen Maßnahmen aber ist eine Differenzierung sinnvoll, um unnötige Aufwendungen zu vermeiden.

5 Ausführungsbeispiele

Die Forschungsarbeit [AIBAU 2010] enthält Detailzeichnungen, denen die Lage der Abdichtung und deren prinzipielle Anordnung entnommen werden können. Bild 5 zeigt die Arbeitsabfolge und den Anschluss einer Abdichtung, die die (aus feuchteunempfindlichen Stoffen bestehende) Türschwelle unterfährt und von innen an diese anschließt.
In den Bildern 5 – 8 werden Ausführungsbeispiele dargestellt, die als situationsbezogene Lösungen die prinzipiellen Vorschläge erläutern.

6 Zusammenfassung

Türschwellen bedürfen eines ausreichenden Schutzes gegen Schlagregen, Flugschnee und Schmelzwasser. Dazu können Aufkantungen vorgesehen werden, die aber den Anforderungen an behindertengerechte Nutzung oder dem heute üblichen Komfortanspruch entgegenstehen.
Regelwerke enthalten bereits seit längerem Anforderungen für niveaugleiche Türschwellen, die aber nicht nach der tatsächlichen Beanspruchung differenzieren. Auch wird nicht klar, ob alle der benannten Maßnahmen gleich-

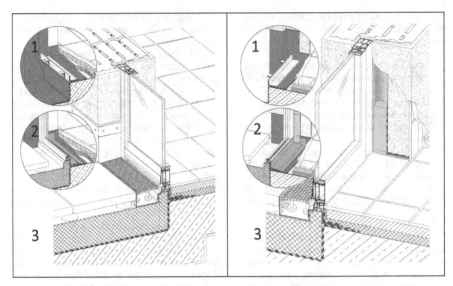

Bild 5: Anschluss der Abdichtung durch Unterfahren der Schwelle. Links die Ansicht von außen, rechts die von der Innenseite. Die Abdichtung wird vor Einbau der Tür verlegt und bis nach innen geführt (1) und danach von innen an die Schwelle angeschlossen (2) und (3). Die Abdichtung wird bis auf Spitzwasseranschlusshöhe am Blendrahmen hochgeführt und dichtet die Fuge zwischen dem Türelement und Leibung ab. Ein solcher Anschluss bietet für niveaugleiche Türschwellen einen ausreichenden Feuchteschutz bis zur WBK 3 (aus: [AIBau 2010]).

Bild 6: Anwendungsbeispiel für das Unterfahren der Türschwelle, hier mit einer Kunststoffabdichtungsbahn, die auf einem Verbundblech nach innen geführt und von innen angeschlossen wird. Auf dem Foto links ist die Situation vor Einbau der Tür dargestellt. Für den Wärmeschutz ist das seitliche Blech thermisch zwischen Innen- und Außenbereich zu trennen oder zu dämmen. Rechts nach dem Einbau der Tür, aber noch vor der Verlegung des Dachaufbaus

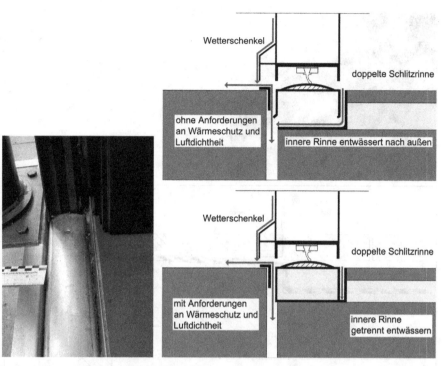

Bild 7: Anwendungsbeispiel mit doppelter Schlitzrinne, links die Situation nach dem Einbau der für Wartungen abnehmbaren Schwellenabdeckung. Rechts die Prinzipskizze der Entwässerungsführung, getrennt nach Maßnahmen in Abhängigkeit der Anforderungen an den Wärmeschutz

zeitig auszuführen sind oder einzelne kombiniert werden können.

Türschwellen unterliegen situationsabhängig unterschiedlichen Beanspruchungen, auf die die notwendigen Maßnahmen abgestimmt werden können. Bei gering beanspruchten Schwellen werden keine nennenswert anderen als die bei Fensterbänken üblichen Maßnahmen erforderlich sein, während stark beanspruchte Schwellen zuverlässig vor Spritzwasser zu schützen sind. Alternativ kann die Abdichtung mit hohem Aufwand angeschlossen oder der an die Tür folgende Innenraum abgedichtet werden, was bei von außen nach innen durchgehenden Belägen sinnvoll ist. Selbstverständlich können alle an einem Projekt einzubauenden Türen mit gleichem Schutz der Schwellen versehen werden. Durch einen an die tatsächliche Beanspruchung angepassten Feuchteschutz aber kann der Aufwand an heute sich immer mehr durchsetzende niveaugleiche Schwellen verringert werden.

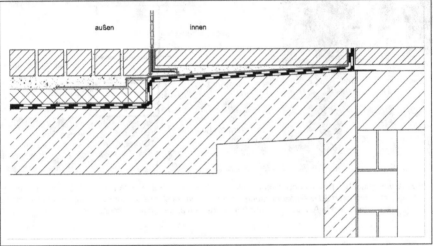

Bild 8: Anwendungsbeispiel einer Schwelle ohne Anforderungen an den Wärmeschutz, bei der der innen an die Schwelle angrenzende Bodenaufbau abgedichtet und unter der Schwelle nach außen entwässert wird. Solche Lösungen sind möglich bei Garagen oder Ladeneingängen und können mit Sauberlaufzonen kombiniert werden

7 Regelwerke und Literaturhinweise

[1] **[BFS 2006]**
Merkblatt Nr. 18: Beschichtungen auf Holz und Holzwerkstoffen im Außenbereich. Hrsg.: Bundesausschuss Farbe und Sachwertschutz, Frankfurt, 2006

[2] **[DIN 4108-2]**
DIN 4108-2:2003-04 Wärmeschutz und Energie-Einsparung in Gebäuden – Teil 2: Mindestanforderungen an den Wärmeschutz

[3] **[DIN 4108-3]**
DIN 4108-3:2001-07 Wärmeschutz und Energie-Einsparung in Gebäuden – Teil 3 Klimabedingter Feuchteschutz; Anforderungen, Berechnungsverfahren und Hinweise für Planung und Ausführung

[4] **[DIN 4108-7]**
DIN 4108-7:2011-01 Wärmeschutz und Energie-Einsparung in Gebäuden – Teil 7: Luftdichtheit von Gebäuden, Anforderungen, Planungs- und Ausführungsempfehlungen sowie -beispiele

[5] **[DIN 4108 Bbl. 2]**
DIN 4108 Bbl. 2:2006-03 „Wärmeschutz und Energie-Einsparung in Gebäuden – Wärmebrücken – Planungs- und Ausführungsbeispiele"

[6] **[DIN 18040]**
DIN 18040-1:2010-10 Barrierefreies Bauen – Planungsgrundlagen – Teil 1: Öffentlich zugängliche Gebäude
E DIN 18040-2:2009-02 Barrierefreies Bauen – Planungsgrundlagen – Teil 2: Wohnungen

[7] **[DIN 18195]**
DIN 18195-2:2009-04 Bauwerksabdichtungen –
Teil 2: Stoffe
DIN 18195-5:2000-08 Bauwerksabdichtungen –
Teil 5: Abdichtungen gegen nichtdrückendes
Wasser auf Deckenflächen und in Nassräumen;
Bemessung und Ausführung
DIN 18195-9:2010-05 Bauwerksabdichtungen –
Teil 9: Durchdringungen, Übergänge, An- und
Abschlüsse

[8] **[DIN EN 927-1]**
DIN EN 927-1:1996-10 Beschichtungsstoffe
und Beschichtungssysteme für Holz im Außenbereich – Teil 1: Einteilung und Auswahl

[9] **[AIBau 1994]**
Oswald, R., Klein, A., Wilmes, K.: Niveaugleiche
Türschwellen bei Feuchträumen und Dachter-
rassen.
Aachener Institut für Bauschadensforschung
und angewandte Bauphysik, Aachen, 1994

[10] **[AIBau 2010]**
Oswald, R., Wilmes, K., Abel, R.: Schadensfreie
niveaugleiche Türschwellen.
Aachener Institut für Bauschadensforschung
und angewandte Bauphysik, Aachen, 2010

[11] **[EnEV 2009]**
Verordnung zur Änderung der Energieeinsparverordnung, vom 29.04.2009

[12] **[ZDB 2010]**
„Hinweise für die Ausführung von flüssig zu verarbeitenden Verbundabdichtungen mit Bekleidungen und Belägen aus Fliesen und Platten für
den Innen- und Außenbereich", Zentralverband
Deutsches Baugewerbe, Januar 2010

[13] **[ZVDH 2008]**
„Fachregel für Abdichtungen – Flachdachrichtlinie. Regel für Abdichtungen nicht genutzter Dächer; Regel für Abdichtungen genutzter Dächer
und Flächen", Zentralverband des Deutschen
Dachdeckerhandwerks, Ausgabe Oktober 2008

Dipl.-Ing. Klaus Wilmes

Studium des Bauingenieurwesens an der RWTH Aachen; Mitarbeit am Institut für Bauforschung (ibac) Aachen und im Ingenieurbüro Glitza; seit 1985 beim Aachener Institut für Bauschadensforschung und angewandte Bauphysik gGmbH (AIBAU); öffentlich bestellter und vereidigter Sachverständiger für Schäden an Gebäuden.

Dipl.-Ing. Matthias Zöller

Architekturstudium an der TU Karlsruhe; seit 1995 eigenes Architektur- und Sachverständigenbüro in Neustadt a. d. Weinstraße; seit 2003 Lehrbeauftragter für Bauschadensfragen an der Fakultät für Architektur an der Universität Karlsruhe und Freier Mitarbeiter im AIBau; seit 2004 ö.b.u.v. Sachverständiger für Schäden an Gebäuden und seit 2007 Referent im Masterstudiengang Altbauinstandsetzung an der Universität Karlsruhe.

DIN-Fachbericht 4108-8:2010-09 – Vermeidung von Schimmelwachstum in Wohngebäuden – Zielrichtung und Hintergründe

Dr.-Ing. Martin H. Spitzner, Obmann DIN 4108, Forschungsinstitut für Wärmeschutz e. V. (FIW), München

1 Einleitung

Die thermische Behaglichkeit und der Schutz vor Schimmelbildung in Wohngebäuden sind heute im Allgemeinen sicherlich wesentlich besser als früher. Trotzdem wird in letzter Zeit wieder vermehrt über Probleme des Schimmelpilzwachstums in Wohngebäuden berichtet. Verschiedene Normen behandeln einzelne jener Aspekte, die zu Schimmelpilzwachstum führen können. Meistens kommen bei Schimmelpilzwachstum aber mehrere ungünstige Faktoren zusammen. Als ganzheitliche Zusammenschau des Beziehungsgeflechts ist vor kurzem der DIN-Fachbericht 4108-8: 2010-09 „Wärmeschutz und Energieeinsparung in Gebäuden – Teil 8: Vermeidung von Schimmelwachstum in Wohngebäuden" [1] erschienen. Er stellt qualitativ die wechselseitigen Zusammenhänge zwischen Bausubstanz, Nutzung, Feuchtefreisetzung, Möblierung sowie Gesichtspunkten der Heizung und Lüftung dar.

2 Überblick DIN-Fachbericht 4108-8

Der Fachbericht gibt einleitend kurze, vereinfachende Informationen zu typischen Schimmelpilzen in Innenräumen und zu den Bedingungen, die Schimmelpilzwachstum befördern. Für die Charakterisierung des mikrobiellen Befalls, für die Konzeption und Durchführung von Schimmelpilzsanierungen, sowie für die rechnerische Analyse einer Schimmelpilzgefährdung wird auf die einschlägige Literatur und z. B. verfügbare Leitfäden verwiesen.

Im Hauptteil des Fachberichts werden die Einflüsse von Bausubstanz, Nutzung und Lüftungs-/Heizungssystemen auf das Schimmelpilzrisiko diskutiert. Die Abschnitte „Baukonstruktion" und „Heizungs- und Lüftungssysteme" sprechen eher den Verantwortungs(!)- und Änderungsbereich des Gebäudeeigentümers an; der Abschnitt „Nutzer" eher den Verantwortungsbereich des Gebäudenutzers. Der Fachbericht gibt umfangreiche Hinweise zu Lüftung, Heizung, Feuchtefreisetzung und Möblierung

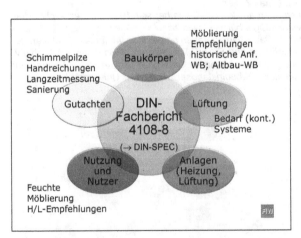

Bild 1: Zu berücksichtigende Einflüsse im Zusammenhang mit Schimmelpilzwachstumsvermeidung; Überblick zum DIN-Fachbericht 4108-8

der Wohnung – durchaus mit dem Hintergedanken, dass die Hinweise als Grundlage für Informationsschriften für Mieter und Vermieter dienen könnten.

Ein kurzer, interessanter Abriss stellt die Entwicklung der wärmetechnischen Mindestanforderungen an die Gebäudehülle in der DIN-Normenreihe 4108 dar. Der Abschnitt „Begutachtung bei bestehenden Gebäuden" stellt u. a. klar, welche Arten von Messungen wofür bei der Beurteilung eines bestehenden Gebäudes geeignet sind. Listenartige Aufstellungen im Anhang verstehen sich als Hilfestellung für die Begutachtung und Beurteilung von aufgetretenen Feuchte- bzw. Schimmelpilzschäden.

Abgerundet wird der Fachbericht durch drei umfangreiche Tabellen, in denen die „historischen" normativen Mindestanforderungen an den baulichen Wärmeschutz flächiger Bauteile in Deutschland zusammengetragen sind, und zwar aus den Ausgaben der DIN-Reihe 4108 seit dem Erscheinen ihres „Vorläufers" 1947, und erstmalig aus den TGL der DDR ab 1965. Die Tabellen erleichtern die Überprüfung, ob ein bestehendes Gebäude überhaupt jene wärmeschutztechnischen Anforderungen einhält, die bei der Errichtung des Gebäudes in DIN und TGL festgeschrieben waren. (Abschnitt mit Änderungen entnommen aus [2]).

3 Geschichte

Erarbeitet wurde der Fachbericht vom Arbeitsausschuss „Wärmetransport" im Normenausschuss Bauwesen (NABau). Als Basis diente ein früherer Entwurf einer DIN 4108-8 „Wärmeschutz und Energie-Einsparung in Gebäuden – Teil 8: Vermeidung von Schimmelpilzbefall", den der Ausschuss von seinem Vorgängerausschuss „geerbt" hatte und der dort nicht fertiggestellt worden war. Im Auftrag des Bundesbauministeriums waren dafür zwei Forschungsarbeiten zu typischen Wärmebrücken und Bauteilanschlüssen in Bestandsgebäuden durchgeführt worden, deren Ergebnisse in Form von Wärmebrückenkatalogen als Anhang zur geplanten DIN 4108-8 gedacht waren.

Bei der Wiederaufnahme der Arbeiten wurde beschlossen, diese beiden umfangreichen Kataloge (180 bzw. 260 Seiten) nicht dem Fachbericht anzuhängen, nachdem sie auch separat veröffentlicht sind, siehe [3] und [4]. Außerdem wurde eine Veröffentlichung als Fachbericht statt als Norm für angemessener erachtet. Dabei sollte, durch Übernahme der geplanten Normnummer 4108-8 in den Berichtstitel, auf die Einordnung in den Zusammenhang der Normenreihe 4108 hingewiesen werden.

Alle nicht vollständig konsensbasierten Dokumente (PAS, CWA, Vornorm und Fachbericht) werden seit April 2009 vom DIN einheitlich unter dem Namen DIN SPEC veröffentlicht [5]. Nachdem die Arbeiten am DIN-Fachbericht 4108-8 schon vorher begonnen waren, konnte erreicht werden, dass er noch unter der reservierten, alten Bezeichnung eines Fachberichts und nicht als „DIN SPEC" mit einer beliebigen Nummer veröffentlicht wurde.

4 Warum ein DIN-Fachbericht?

Das DIN (Deutsches Institut für Normung e.V.) kennt neben der „Norm" u. a. auch die Veröffentlichungsform einer „Vornorm" und eines „Fachberichts" für von Normenausschüssen erarbeitete Dokumente [5].

Vollständig konsensbasierte Dokumente werden vom DIN als Norm herausgegeben. Für die Erarbeitung und Veröffentlichung gibt es eine festgelegte Vorgehensweise, die vorsieht, dass alle betroffenen und interessierten Kreise entsprechend einbezogen werden. Vor der Veröffentlichung der eigentlichen Norm wird ein Normentwurf zur Prüfung und Kommentierung durch die Öffentlichkeit herausgegeben; die eingehenden Stellungnahmen werden vom zuständigen Arbeitsausschuss der Norm behandelt, das Manuskript gegebenenfalls überarbeitet, und dann als fertige Norm zur Veröffentlichung verabschiedet. Damit kann im Regelfall erst einmal unterstellt werden, dass der Inhalt einer Norm in der Fachwelt allgemein anerkannt ist und sie damit den allgemein anerkannten Regeln der Technik entspricht: „Ein normatives Dokument zu einem technischen Gegenstand wird zum Zeitpunkt seiner Annahme als der Ausdruck einer anerkannten Regel der Technik anzusehen sein, wenn es in Zusammenarbeit der betroffenen Interessen durch Umfrage- und Konsensverfahren erzielt wurde" [6]. Dieses Umfrage- und Konsensverfahren durch eine Entwurfsveröffentlichung entfällt bei einer Vornorm und bei einem Fachbericht. „Fachberichte" dienen der Sicherung einmal gewonnener Daten und Erkenntnisse, indem sie jene Arbeitsergebnisse der Normungsarbeit dokumentieren, die nicht als Norm herausgegeben werden sollen. Sie bedürfen nicht des Konsens aller interessierten Kreise. Sie unterliegen nicht einer Entwurfsphase, sondern werden ohne vorherige Entwurfsumfrage veröffentlicht [5]. Damit erhebt ein Fachbericht nicht den Anspruch, den allgemein anerkannten Stand der Technik umfassend darzustellen – dazu wäre eine Norm zu erstellen gewesen. Jedermann darf zu einem Fachbericht Stellung nehmen, jedoch besteht kein öffentliches Einspruchsverfahren. Wann und in welcher Form ein Fachbericht überarbeitet wird, obliegt der Entscheidung des Arbeitsausschusses.

5 Beteiligung an der Erstellung

An dem Fachbericht haben als interessierte Kreise im Arbeitsausschuss „Wärmetransport" mitgewirkt: Ausführende, Architekten/Ingenieurbüros, Bundesministerien, Hersteller, Prüfinstitute, Verbraucher, Wissenschaft. So haben z. B. Vertreter der Wohnungswirtschaft und der Wohnungsmieter von Anfang an mit am Tisch gesessen; ebenso der Verbraucherrat im DIN, einige Sachverständige und Gutachter sowie Vertreter des für DIN 1946-6 zuständigen Arbeitsausschusses im Normenausschuss Heiz- und Raumlufttechnik (NHSR).

Nachdem jedes Normungs- oder Berichtsvorhaben im DIN-Anzeiger für technische Regeln (DIN-Mitteilungen) und oft auch über die DIN-Internetseite angekündigt wird, war auch beim DIN-Fachbericht 4108-8 der Fachöffentlichkeit die Möglichkeit gegeben, sich zu beteiligen. In der Tat haben während der Bearbeitungsphase einige Organisationen und interessierte Kreise Anmerkungen und Wünsche eingereicht. In diesem Zusammenhang sei den Kollegen und den vertretenen interessierten Kreisen im Arbeitsausschuss für ihre engagierte Erarbeitung des DIN-Fachberichts 4108-8 ausdrücklich gedankt.

Die Ergebnisse der Normungsarbeit stellen Kompromisse zwischen den Interessen der verschiedenen beteiligten Kreise dar. Von daher vertreten sie nicht die (mitunter „einseitigen gefärbten") Positionen einzelner beteiligter Kreise.

6 Anwendungsbereich

Normen, Vornormen und Fachberichte legen jeweils in ihrem Kapitel 1 unter der Überschrift „Anwendungsbereich" fest, wofür sie anzuwenden sind und welche Intention der Normungsausschuss mit dem Dokument verfolgt. Für Anwendungsbereiche, die dort nicht genannt sind, ist das Dokument nicht unbedingt anwendbar.

Zielrichtung des DIN-Fachberichts 4108-8 ist die Vermeidung von Schimmelwachstum – dies drückt ja schon der Titel aus. Um Schimmelwachstum vermeiden zu können, ist es aber erforderlich, die Ursachen für dieses Schimmelpilzwachstum zu kennen. Gebäudeeigentümer und Gebäudenutzer können nur bei Verständnis oder zumindest Kenntnis der Ursachen dauerhaft die Maßnahmen und Verhaltensweise ergreifen, die zur Vermeidung von Schimmelwachstum erforderlich sind. Dazu gibt der Fachbericht „Planungs- und Nutzungshinweise zur Vermeidung von Schimmelpilzwachstum in Aufenthaltsräumen von Hochbauten" für eine „wohnungsübliche bzw. wohnungsähnliche Nutzung". Dabei verfolgt er das Ziel, „eine Vermeidung und Bekämpfung der Lebensbedingungen der Schimmelpilze unter Beachtung der bauphysikalischen Zusammenhänge zu unterstützen" [1].

Nach wie vor gibt es keine Norm, die umfassend regelt, wie Schimmelpilzwachstum zu vermeiden ist. Auch die Analyse, Begutachtung und Sanierung von Schimmelpilzschäden war und ist nicht normativ geregelt.

7 Wechselseitige Einflussgrößen

Ein Schimmelpilzschaden beruht sehr häufig auf einer Kombination aus ungenügender Gebäudehülle und ungenügendem Nutzerverhalten (und ggf. ungenügender Anlagentechnik). Dementsprechend sieht der Arbeitsausschuss eine gemeinsame Verantwortung für die Schimmelpilzvermeidung bei Gebäudeeigentümer und Nutzer, und drückt dies eindeutig im Fachbericht so aus: „Das Risiko des Schimmelpilzwachstums ist vorrangig von der Baukonstruktion, dem Nutzerverhalten und der Belüftung und Beheizung abhängig" [1].

Der Eigentümer verantwortet die Bereiche Bausubstanz (und deren Konsequenzen für die Möblierungsmöglichkeiten) sowie Heiz- und Lüftungstechnik. Klar wird gefordert, dass die „Baukonstruktion ... die Voraussetzungen schaffen (muss), dass bei üblicher Nutzung der Räume ausreichend hohe innere Oberflächentemperaturen zur Vermeidung von Schimmelpilzwachstum auftreten" [1]. Tut sie das nicht, ist der Eigentümer meines Erachtens gefordert, dies entsprechend herzustellen. Gegebenenfalls sind in der Praxis entsprechende Wärmedämm- und anlagentechnische Sanierungsmaßnahmen erforderlich, (z. B. Wärmedämmung der Gebäudehülle, Einbau einer Lüftungsanlage, Einrichtung eines Trockenraums für Wäsche, Änderung des Möblierungsplans etc.). Dementsprechend beschäftigen sich die Kapitel 5 und 7 des Fachberichts mit dem Einfluss der Bausubstanz und von Lüftungs- und heizungstechnischen Maßnahmen.

Gleichzeitig muss das Nutzerverhalten „den baukonstruktiven und nutzungsbedingten Gegebenheiten angepasst sein". Dazu gehört im Sinne der DIN 4108-2 zur Verringerung des Schimmelpilzwachstumsrisikos eine gleichmäßige Beheizung, eine ausreichende Belüftung, eine weitgehend ungehinderte Luftzirkulation (z. B. durch entsprechende Möblierung), sowie eine angemessene Feuchtefreisetzung [1] [7]. Je schlechter der bauliche und anlagentechnische Zustand eines Gebäudes ist, um so mehr Aufmerksamkeit ist auf eine entsprechende Nachrüstung des Gebäudes und auf ein angepasstes Nutzerverhalten zu lenken.

Selbstverständlich kann man vom Nutzer nicht ein unbegrenztes Anpassen an einen wie auch immer gearteten (thermisch schlechten) Gebäudezustand verlangen. Andererseits wird man sich in einem Gebäude mit sehr gutem Wärmeschutz anders verhalten können (höhere Feuchtefreisetzung; wenig Lüftung; große Möbel direkt vor der Außenwand etc.) als in einem Gebäude mit mäßigem oder schlechtem Wärmeschutz. Eine gewisse Berücksichtigung der Verhältnisse durch angepasstes Nutzerverhalten halte ich für durchaus angemessen und nicht für eine einseitige Belastung des Nutzers, solange sie den Nutzer nicht unangemessen in seiner „Wohnungsnutzungfreiheit" einschränkt. Damit verantwortet der Nutzer (im Rahmen der üblichen Nutzung) die Bereiche Heizen und Lüften, Feuchtefreisetzung und Möblierung. Durch sein Verhalten kann er „zur Schimmelpilzwachstumsvermeidung beitragen" [1]. In der Praxis hängt das Lüftungsverhalten von einer Vielzahl unterschiedlicher Einflussgrößen ab, u. a. Wettersituation, Lebensgewohnheiten, örtliche Gegebenheiten sowie sozioökonomische Faktoren.

Für den Gebäudeeigentümer bzw. Vermieter ist die Beachtung der Nutzerhinweise sinnvoll, um z. B. abzuschätzen, ob es dem Mieter überhaupt möglich ist, bei üblicher Lebensführung Schimmelpilzwachstum zu vermeiden und um ggf. Verbesserungsmaßnahmen

in seinem eigenen Verantwortungsbereich abzuleiten und vorzunehmen.

8 Mindestwärmeschutz

Eine bestehende Baukonstruktion muss mindestens dem Mindestwärmeschutz entsprechen, der zum Zeitpunkt der Errichtung des Bauwerks gültig war. Dies kann anhand von 3 Tabellen im Anhang des Fachberichts beurteilt werden. Sie listen die historischen Mindestanforderungen an den baulichen Wärmeschutz flächiger Bauteile aus den DIN-Normen und aus den TGL der ehemaligen DDR auf. Die Tabellen verstehen sich als Hilfestellung. Sie sollen dem Gutachter die Suche nach den mitunter schwierig zu beschaffenden historischen Dokumenten ersparen. Ein kompletter Abriss der historischen Anforderungen und der seinerzeit bekannten bzw. zu beachtenden Sachverhalte aus anderen Quellen hätte Umfang und Bearbeitungsdauer des Fachberichts gesprengt.

Leider haben sich in die Tabellen Fehler eingeschlichen. So erwecken die Tabellen fälschlicherweise z. B. den Eindruck, in früheren DIN-Normen wären keine Anforderungen an kleinformatige Bauteile wie Fenstersturze, Heizungslaibungen etc. sowie an erdberührte Bauteile gestellt. Außerdem ist die verwendete Abkürzung k. A. für „keine Angabe" fehlerhaft verwendet und missverständlich, weil sie mit „keine Anforderung" verwechselt werden könnte. Von daher bestehen verständliche Korrekturwünsche an die Tabellen, die bei einer Überarbeitung berücksichtigt werden.

Werden Teile der thermischen Gebäudehülle so geändert, dass dies einen maßgeblichen Einfluss auf den Wärmeschutz hat, so gelten für diese Bauteile im Allgemeinen die Anforderungen zum Zeitpunkt der Änderung. Neue Gebäude müssen die Mindestanforderungen der aktuellen DIN 4108-2 an flächige Bauteile und an Wärmebrücken einhalten. Bei einem Schimmelpilzschaden ist immer auch der Mindestwärmeschutz der Baukonstruktion zu überprüfen. Selbstverständlich muss – neben dem ausreichenden Wärmeschutz – auch ein ausreichender Schutz gegen Regen und Schlagregen, aufsteigende Feuchte, Tauwasserbildung im Inneren der Konstruktion nach DIN 4108-3, sowie Schadensfreiheit bei Rohren, Leitungen, Abdichtungen etc. gegeben sein.

9 Kritische Innenoberflächentemperatur

In aller Regel sind die Wärmebrücken die kritischen Bereiche der Gebäudehülle und nicht die flächigen Bauteile. Von daher ist es meistens ausreichend, die Wärmebrücken hinsichtlich der ausreichend hohen Innenoberflächentemperatur nachzuweisen. Für den rechnerischen Nachweis sind immer die Randbedingungen der DIN 4108-2 anzusetzen. Mit ihnen muss die Innenoberflächentemperatur an der ungünstigsten Stelle mindestens 12,6°C betragen bzw. der normierte Temperaturfaktor f_{Rsi} mindestens 0,70. Wichtig: auch wenn der Normentext der DIN 4108-2 dies nicht eindeutig formuliert, bezieht sich diese Forderung nur auf linienförmige („zweidimensionale") Wärmebrücken, nicht aber auf punktförmige („dreidimensionale") Wärmebrücken [8] [9] [2]. Die Normforderung $f_{Rsi} \geq$ 0,70 gilt für Kanten zwischen zwei Außenbauteilen, nicht aber für die Ecken zwischen drei Bauteilen. Und sie gilt für den rechnerischen Nachweis durch eine zweidimensionale Wärmebrückenberechnung, nicht aber für die messtechnische Überprüfung im bestehenden Gebäude durch eine Kurzzeitmessung!

10 Einfluss von Möblierung

Ist der Wärmeübergang vom Raum zur Innenoberfläche des Bauteils eingeschränkt, z. B durch schwere Gardinen ohne Belüftungsabstand oben und unten, oder vor allem durch große Möbel an der Außenwand, ergeben sich besonders niedrige Innenoberflächentemperaturen des Bauteils in diesem Bereich. Weil die Raumluftfeuchte allerdings weiterhin in den Spalt zwischen Möbel und Außenbauteil gelangt, ist dies mit einem deutlich erhöhten Risiko für Schimmelpilzwachstum verbunden. Ein daraus resultierender Schimmelschaden kann meines Erachtens dann nicht nur dem Gebäude angelastet werden, sondern wird durch die Möblierung und die Beheizung/Lüftung zumindest mitverursacht sein. In diesem Falle wird auch zu fragen sein, ob/wie die Möblierung überhaupt anders hätte erfolgen können und/oder ob die Möblierung im Möblierungsplan von vorneherein so vorgegeben wurde, wie das z. B. in Küchen der Fall sein könnte.

Der Einfluss von Schränken kann in einem äquivalenten Wärmeübergangswiderstand $R_{si,äq}$ berücksichtigt werden [1], der im Fachbericht erstmalig im Normzusammenhang definiert wird. Er fasst den Wärmeübergangswiderstands R_{si} und den Wärmedurchlasswiderstand des Schranks zusammen, und kann anstelle des üblichen R_{si} verwendet werden, um die resultierende Wandoberflächentemperatur hinter dem Schrank zu berechnen. Nach einer Untersuchung von Reiß und Erhorn [10] beträgt er für

– Bereiche hinter freistehenden Schränken:
$R_{si,äq} = 0,50$ m²·K/W
– Bereiche hinter Einbauschränken:
$R_{si,äq} = 1,0$ m²·K/W

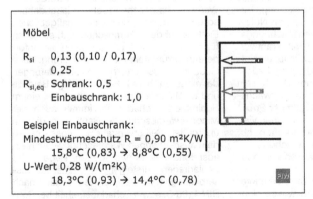

Möbel

R_{si} 0,13 (0,10 / 0,17)
0,25
$R_{si,eq}$ Schrank: 0,5
Einbauschrank: 1,0

Beispiel Einbauschrank:
Mindestwärmeschutz R = 0,90 m²K/W
15,8°C (0,83) → 8,8°C (0,55)
U-Wert 0,28 W/(m²K)
18,3°C (0,93) → 14,4°C (0,78)

Bild 2: Wärmeübergangswiderstand R_{si} und äquivalenter Wärmeübergangswiderstand $R_{si,äq}$ in m²K/W für die U-Wert-Berechnung, für die Überprüfung des Schimmelpilzrisikos, für einen freistehenden Schrank und für einen Einbauschrank

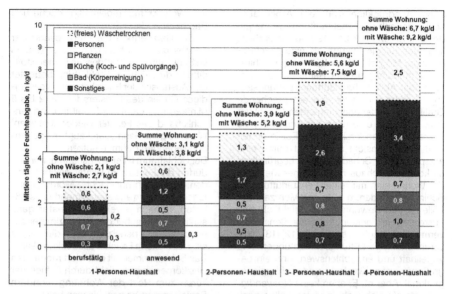

Bild 3: Beispielszenarien (Orientierungswerte) für die ungefähre tägliche Feuchtefreisetzung in Wohnungen bei üblichem Wohnverhalten, ohne und mit freiem Wäschetrocknen in der Wohnung. Quelle: [11] [1]. Hinweis: für die Vermeidung von Schimmelpilzwachstum sind Tagesmittelwerte relevant, von daher wird die Feuchtefreisetzung durch freies Wäschetrocknen auf die Tage zwischen dem jeweiligen Wäschewaschen aufgeteilt. Wird z. B. im 1-Personenhaushalt einmal innerhalb von 4 Tagen Wäschewaschen unterstellt, ergibt dies die Angabe von 0,25 Waschmaschinen je Tag. An dem Tag, an dem die Wäsche tatsächlich getrocknet wird, ist die Feuchteabgabe entsprechend höher als die Mittelwerte im Bild.

Eine ausreichende Sicherheit gegen Schimmelpilzwachstum hinter dem Schrank ist gegeben, wenn die Temperatur der Wandinnenoberfläche hinter dem Schrank mit dem jeweiligen $R_{si,äq}$ den Temperaturfaktor $f_{Rsi} \geq 0,70$ einhält.

Die gemeinsame Absprache der beteiligten Kreise, u. a. mit Wohnungswirtschaft und Mieterbund und ihren prinzipiell entgegenstehenden Interessen, einen solchen $R_{si,äq}$ zuzuordnen und im Fachbericht zu veröffentlichen, ist ein wichtiger Erfolg. Damit wird nicht-normativ die Möglichkeit dokumentiert, bereits im Vorfeld denkbare Möblierungssituationen zu beurteilen – man wird sehen, welche Konsequenzen sich daraus für Möblierungspraxis, Möblierungspläne und den Wärmeschutz der betreffenden Außenbauteile durchsetzen werden.

11 Feuchtequellen

In bewohnten Räumen wird der Luft ständig Feuchte zugeführt. Bei üblichem Wohnverhalten können in Abhängigkeit von der Haushaltsgröße und der Nutzung täglich durchschnittlich zwischen etwa 2 l Feuchte (1-Personen-Haushalt, berufstätig, ohne Wäschetrocknen) über knapp 7 l (4-Personen-Haushalt, ohne Wäschetrocknen) bis rund 9 l Feuchte (4-Personen-Haushalt, mit Wäschetrocknen) freigesetzt werden. Zum Vergleich: 9 l Feuchte entspricht fast einem vollen 10-l-Eimer, der pro Tag in die Luft in der Wohnung „ausgeleert" wird und durch Lüftung wieder zuverlässig aus der Wohnung abgeführt werden muss, um nicht zu einem Schimmelpilzwachstumsrisiko zu führen.

12 Ist Fensterlüftung ausreichend?

An mehreren Stellen weist der Fachbericht im Zusammenhang mit der Lüftung zum Feuchteschutz auf DIN 1946-6 hin. Vor allem bei energetischen Teilmodernisierungen mit Fensteraustausch sei dringend empfohlen, im Sinne eines Lüftungskonzepts zu überprüfen, ob und wie nach der Modernisierung die ausreichende Lüftung durchgeführt werden kann. Ausdrücklich sieht der Arbeitsausschuss jedoch die Fensterlüftung – entgegen der Zielrichtung der DIN 1946-6 – mehrheitlich auch für die Zukunft als eine gleichberechtigte Möglichkeit zur Lüftung zur Schimmelvermeidung, in einer Reihe mit Querlüftung über ALD, Schachtlüftung, Lüftungsanlagen, siehe z. B. auch die entsprechende Grafik in [2]. In der überwiegenden Anzahl der Fälle erscheint eine reine Fensterlüftung als ausreichend; anderslautende Forderungen sind meiner Ansicht nach nicht durch eine entsprechende Schadensquote begründbar: es kommt durchaus nicht in einer Mehrzahl der Wohnungen mit reiner Fensterlüftung zu Schimmelschäden, d. h. in der Mehrzahl der Fälle ist den Bewohnern offensichtlich eine ausreichende Fensterlüftung zur Schimmelvermeidung möglich, siehe z. B. [12] [13]. Nutzerunabhängige Lüftungseinrichtungen sind vorteilhaft und empfehlenswert, und ein begrüßenswertes Komfort- und Lufthygienemerkmal. Aber m. E. eben keine Notwendigkeit, wie sie sich wohl in vielen Fällen nach DIN 1946-6 ergäbe, und nicht prinzipiell als Stand der Technik anstelle der Fensterlüftung in Wohnungen zu betrachten.

13 Lüftung- und Heizungsempfehlungen

Die Empfehlungen des Fachberichts zum Nutzerverhalten gelten für den üblichen Fall des Gebäudes mit Fensterlüftung und um so strikter, je schlechter das Wärmedämmniveau des Gebäudes ist und je mehr Feuchte relativ zur Wohnungsgröße in der Wohnung freigesetzt wird. Die gemachten Empfehlungen, auch im Schlafraum nachts, sind meiner Ansicht nach in einer Vielzahl von Fällen umsetzbar – dass sie nicht in allen Situationen 1:1 umsetzbar sind, ist selbstverständlich und deshalb unerwähnt. Hier ist immer eine Würdigung des Einzelfalls erforderlich. Die Anpassung der Empfehlungen auf eine konkrete Situation muss damit nach wie vor dem Nutzer überlassen bleiben. Wichtig erscheint mir aber, dass der Nutzer die Zusammenhänge soweit verständlich gemacht bekommt, dass er – soweit in der konkreten Situation möglich und zumutbar – ein angemessenes Nutzerverhalten gestalten kann.

Die Nutzerempfehlungen zum Lüften und Heizen in Kürze:

– Feuchte und Schadstoffe möglichst sofort und am Entstehungsort durch Lüften abfüh-

ren. Wohnzimmer regelmäßig, Küche und Bad nach Bedarf lüften.

– In der Heizperiode die Kippstellung der Fenster gar nicht benutzen (außer Nachts im Schlafzimmer), stattdessen immer Stoßlüftung durchführen. Stoßlüftung bedeutet den Austausch der Raumluft durch vollständiges Öffnen des Fensters für ca. 2 bis 5 Minuten und ca. 4 bis 5 mal am Tag; anschließend das Fenster wieder schließen. Wenn es geht, dann „Durchzug" mit gegenüberliegenden Räumen nutzen.

– Der Schlafraum ist eine Ausnahme: nur hier dürfen die Fenster im Winter gekippt werden, aber auch nur nachts. Morgens und tagsüber (sofern anwesend) mehrfach stoßlüften, danach jeweils die Fenster ganz schließen. Tagsüber das Schlafzimmer zumindest leicht beheizen, damit die nachts eingespeicherte Feuchte austrocknen kann. Das Schlafzimmer mit dem dort montierten Heizkörper heizen, nicht durch Öffnen der Türen zum Rest der Wohnung, sondern Schlafzimmertüre geschlossen halten.

– Freies Trocknen von Wäsche auf Wäscheständern in der Wohnung, wenn es irgend geht, vermeiden; stattdessen z. B. Trockenräume einrichten und verwenden. Muss doch ausnahmsweise Wäsche in der Wohnung auf Wäscheständern getrocknet werden, unbedingt zusätzlich lüften, z. B. während des Wäschetrocknens ein Fenster kippen und die Zimmertür geschlossen halten; die Heizung dabei nicht abschalten oder drosseln.

– Keine Beheizung über Raumverbund; kühlere Räume nicht mit Luft aus wärmeren Räumen temperieren („überschlagen"), sondern bei kühleren Räumen die Innentüren geschlossen halten. Sonst wird neben der Wärme auch Feuchte in den kühleren Raum transportiert, wodurch das Schimmelpilzwachstumsrisiko steigt. Alle Räume durch ihre eigenen Heizflächen ausreichend beheizen.

– Bei Abwesenheit tagsüber (z. B. Berufstätigkeit) die Heizung nicht drosseln, sondern auch tagsüber gleichmäßig weiter heizen. Dann kann a) die Luft die Feuchtigkeit wieder aufnehmen, die z. B. nachts in Matratzen, Vorhängen, Teppich, Wandoberfläche etc. gepuffert wurde, und b) bleiben die Innenoberflächen der Außenbauteile warm genug, um Schimmelpilzwachstum zu vermeiden. Eine Nachtabsenkung der Raumtemperatur in den Wohnräumen ist möglich, morgens sollte aber wieder auf den Normalwert erhöht werden. Bei längerer Abwesenheit aller Bewohner (z. B. Urlaub) kann die Raumtemperatur für den ganzen Zeitraum abgesenkt werden. Wenig und ungenutzte Nebenräume gering beheizen (Grundbeheizung).

- Kellerräume mit Kellernutzung mehr im Winter als im Sommer lüften, weil im Winter die Außenluft trockener ist; im Sommer und vor allem im Herbst kann es sonst zu einem Niederschlag von Luftfeuchtigkeit an der kalten Kellerwand und zu Schimmelpilzwachstum kommen. Feuchte Keller können häufig nicht durch „Trockenlüften" getrocknet werden.
- Baufeuchte durch verstärktes Lüften und Heizen aller Räume aus dem Gebäude entfernen. Dies kann bis zu 2 Jahre dauern, in dieser Zeit sind die erhöhten Heizkosten aus Gebäudesicht notwendig.
- Teilsanierungen, bei denen die Dichtheit des Gebäudes erhöht wird (z. B. durch Fensteraustausch), aber nicht gleichzeitig der Wärmeschutz der anderen Außenbauteile verbessert wird, möglichst vermeiden; viel besser ist es, zusammen mit dem Fensteraustausch auch die Wärmedämmung zumindest der Außenwand und der obersten Geschossdecke zu verbessern. Anderenfalls muss zukünftig ganz besonders aufmerksam und häufig gelüftet werden und gegebenenfalls mehr geheizt werden, um Schimmelpilzwachstum zu vermeiden.
- Vor allem im Zusammenhang mit energetischen Modernisierungen gilt: Eigennutzer sollten sich selbst informieren; Mieter sollten zeitnah durch den Vermieter über die Folgen von Instandsetzungs-/ Modernisierungsmaßnahmen für das Lüftungs- und Heizverhalten informiert werden. Günstig erscheint mir hier z. B. eine Kombination aus schriftlichen detaillierten Empfehlungen und einer persönlicher Erläuterung der Hintergründe, Zusammenhänge und Empfehlungen.

14 Möblierungsempfehlungen

Zur Vermeidung von Schimmelpilzwachstum sollten große Möbel wie z. B. Schrankwände, Sofas oder Betten nicht an der Außenwand aufgestellt werden, ganz besonders nicht in Außenecken. Ähnliches gilt für Betten mit geschlossenem Aufbau (Bettkasten) im Erdgeschoss oder über ungeheizten Bereichen (z. B. Durchfahrten, Tiefgaragen). Diese Empfehlungen zur Möbelpositionierung sollten auch in den Möblierungsplänen Berücksichtigung finden! Sollten diese Empfehlungen nicht eingehalten werden können, kann das Schimmelpilzwachstumsrisiko verringert werden durch

- Verbesserung des Wärmeschutzes der wärmeübertragenden Bauteile und/oder
- Hinterlüftung der Möbel, d. h. Abrücken der Möbel von der Wand um mindestens 5 cm, damit eine umlaufende Luftschicht entsteht, die eine Luftzirkulation ermöglicht; bei Einbaumöbeln müssen zusätzlich große Lüftungsöffnungen im Sockel und in den umlaufenden Blenden vorhanden sein.

15 Gutachtenerstellung

Ziel des Fachberichts ist die Vermeidung von Schimmelpilzschäden; weniger ihre Beurteilung. Ein Schimmelpilzschaden beruht bekanntermaßen sehr häufig auf einer Kombination aus baukonstruktiven und nutzerbedingten (und ggf. anlagenbedingten) Einflüssen. Sehr häufig wird man die Schadensursache nicht eindeutig der einen oder anderen Seite zuordnen können. Eine ausreichende Klärung der Ursache ist erforderlich, um ein Fortschreiten einer bereits aufgetretenen Schädigung zu vermeiden, und um nach einer Schimmelpilzsanierung ein erneutes Schimmelpilzwachstum zu verhindern.

16 Beurteilung bestehender Gebäude

Sinnvoll erscheint mir für die Beurteilung eines aufgetretenen Schimmelschadens eine Kombination aus der Untersuchung der „harten Fakten" [14] (z. B. Baukonstruktion, Wärmeschutz, rechnerische Wärmebrückenanalyse) und einer Erfassung des Benutzerverhaltens (z. B. Nutzung; Lüftungsmöglichkeit; Möblierung; Befragung der Nutzer; momentanes und langfristiges Raumklima, sofern zum Untersuchungszeitpunkt überhaupt bestimmbar etc.). Eine Aussage zum langfristigen Raumklimaverlauf kann m. E. die Ursachensuche in die eine oder andere Richtung unterstützen, selbst wenn es sich dabei notgedrungen um eine nachträgliche Messung handelt. Die Erfahrung zeigt, dass nach einer eventuellen gewissen Achtsamkeitsphase bei Langzeitmessungen viele Nutzer wieder (zumindest fast) zu ihrem vorherigen Heiz- und Lüftungsverhalten zurückkehren, so dass zu-

WB (abnehmende Aussagegenauigkeit)

Numerisch
  Detailpläne oder Probenahme
  als Nachweis nach DIN 4108-2
Langzeitmessung
  quantitative Aussage vorh. Temp. / f-Werte
    » kontinuierlich 2 Wochen
    » Außentemperatur von ≤ 5 °C (im Mittel)
    » innere und äußere Oberflächentemp. (nicht
       besonnt), Lufttemp., möglichst Luftfeuchte
IR oder andere Kurzzeitmessungen
  als qualitativer Hinweis auf mögliche WB
  ohne weitere Absicherung i.d.R. nicht zielführend
  zur Beurteilung nicht geeignet

Bild 4: Reihenfolge mit abnehmender Aussagegenauigkeit zur Analyse von Wärmebrücken bei der Begutachtung

mindest Hinweise auf mögliche Schadensursachen abgeleitet oder verneint werden
können.
Für die Beurteilung von Wärmebrücken wählt
der Fachbericht explizit die Reihenfolge numerische Berechnung – Langzeitmessung –
Kurzzeitmessung als mögliche Untersuchungsmethoden mit in dieser Reihenfolge abnehmender Aussagegenauigkeit.

17 Messungen

Soll ein aufgetretener Schimmelschaden –
warum auch immer – messtechnisch beurteilt
werden oder Messungen die Beurteilung unterstützen, ist zu beachten, dass die Momen-
tanwerte der Oberflächentemperaturen von
Bedingungen (auch längerfristig) vor der Messung und von denen während der Messung
beeinflusst werden. Für die bei Schimmelschäden üblichen Messungen gilt (siehe auch
[15]):

– die Messung von Raumlufttemperatur und
  Raumluftfeuchte zur Beurteilung hinsichtlich
  einer Schimmelbildung ist nur als Langzeitmessung sinnvoll;
– die Messung der Oberflächentemperaturen
  ist je nach Fragestellung als Kurzzeitmessung (z. B. Infrarotverfahren zur Ortung von
  Fehlstellen in der Wärmedämmung; orien-
  tierende Aussage) oder als Langzeitmessung (z. B. Oberflächentemperaturen im

Bereich von Wärmebrücken; quantitative
Aussage) sinnvoll;
– die Messung von Luftschadstoff- und Spo-
  renbelastung, Baufeuchte und Luftströ-
  mungen ist in der Regel eine Kurzzeitmessung;
– zur Beurteilung des baulichen Mindestwärmeschutzes und von Wärmebrücken werden Kurzzeitmessungen (auch Infrarotmessungen ohne weitere Absicherung) als nicht
  geeignet angesehen. Für quantitative messtechnische Aussagen sind Langzeitmessungen (Messung und Mittelung in der
  Regel über mindestens zwei Wochen bei
  einer Außentemperatur von ≤ 5 °C im Mittel
  über die Messperiode) erforderlich.

Wichtig erscheint mir festzuhalten, dass Kurzzeitmessungen von Oberflächen- und Luft-
temperaturen zur zahlenmäßigen Beurteilung
des Wärmeschutzes in der Fläche und an
Wärmebrücken oder zur belastbaren Beurteilung des Nutzerverhaltens nicht zweckmäßig
sind.

18 Erwiderungen

Der DIN-Fachbericht 4108-8 wurde überra-
schend heftig kritisiert. Deshalb nehme ich
im Folgenden zu einigen der vorgebrachten
Kritikpunkte Stellung. Die Kommentierungen
geben meine Meinung wieder, nicht unbedingt die abgestimmte Meinung des für den

Messungen bei Schimmelschäden

Raumlufttemp. und –feuchte
» zur Beurteilung hinsichtlich Schimmel-bildung
» nur als Langzeitmessung sinnvoll;
Oberflächentemperaturen je nach Fragestellung
» Kurzzeit (z. B. IR zur Ortung von Fehlstellen; orientierend)
» Langzeit- (z. B. Oberflächen an Wärmebrücken; quantitativ);
Schadstoffe, Sporen, Baufeuchte, Luftströmung
» Kurzzeit.

Bei entsprechendem Nachweis der Tauglichkeit sind andere, ingenieurmäßige Mess- und Nachweisverfahren möglich

Bild 5: Mögliche Messungen bei Schimmelpilzwachstumsschäden

Fachbericht zuständigen Arbeitsausschusses, dessen Obmann ich bin. In diesem Zusammenhang ist immer zu überlegen, ob eine vorgebrachte Kritik noch der Sache dient.

– „Fachbericht" versus „Norm": Ein Fachbericht ist a priori nicht normativ. Im Normenwerk Bewanderten dürfte dies klar sein; leider wird vom DIN kein entsprechender Vermerk auf dem Fachbericht gemacht. Insofern sind die Unterüberschriften „informativ" der beiden Anhänge des Fachberichts irreführend – der ganze Fachbericht ist informativ.

– Beteiligung der Fachöffentlichkeit: Auch beim DIN-Fachbericht 4108-8 war der Fachöffentlichkeit ausreichend die Möglichkeit gegeben, sich zu beteiligen. In der Tat haben während der Bearbeitungsphase einige Organisationen und interessierte Kreise Anmerkungen und Wünsche eingereicht. Auch der Verbraucherrat im DIN war in der ganzen Entstehungsphase des Fachberichts an der Erarbeitung intensiv beteiligt. Warum nun auftretende Kritiker die Möglichkeit zur Mitwirkung nicht genutzt haben und sich erst jetzt, nach Fertigstellung und Veröffentlichung des Fachberichts, zu Wort melden, ist unverständlich und bedauerlich. Unverständlich auch, wenn nun umfangreiche Kritik im Namen „der Bausachverständigen" (aller?) und durch den Verbraucherrat erhoben werden soll. Zielführender für eine kollegiale Zusammenarbeit wäre ein rechtzeitiges Einschalten in die Erstellung gewesen.

Es steht zu hoffen, dass die Einsprecher bereit sind, sich mit vergleichbarem Engagement rechtzeitig in eine eventuelle zukünftige Überarbeitung des Fachberichts einzubringen. Hinreichend bekannt ist, dass die Ergebnisse der Normungsarbeit durchaus auch Kompromisse zwischen widerstreitenden Interessen der verschiedenen beteiligten Kreise darstellen können, und nicht die Positionen einzelner beteiligter Kreise vertreten können.

– Anwendungsbereich: das Kapitel „Anwendungsbereich" des Fachberichts legt fest, wofür er anzuwenden ist und welche Intention der Arbeitsausschuss mit dem Dokument verfolgt. Für Anwendungsbereiche, die dort nicht genannt sind, ist das Dokument mitunter nur bedingt anwendbar. Bei nicht genannten Anwendungsbereichen empfiehlt es sich, mit Interpretationen über vermutete Intentionen des Arbeitsausschusses zurückhaltend zu sein, oder sie deutlich als Interpretation zu kennzeichnen. Erklärtes Ziel des Fachberichts ist es, die Vermeidung von Schimmelpilzwachstum unter Beachtung der bauphysikalischen Zusammenhänge zu unterstützen, sowie dazu dienliche Planungs- und Nutzungshinweise zu geben. Die Schadensbegutachtung sehe ich nicht im Fokus des Fachberichts; die entsprechenden Abschnitte 8 und Anhang B des Fachberichts sind m. E. eher als zusätzliche Hilfestellung für die Begutachtung gedacht, wenn es denn doch zum Schimmelschaden gekommen ist. Es ist nicht Intention des

Fachberichts, zu normieren, wie aufgetretene Schimmelschäden zu analysieren und zu begutachten sind, welche Untersuchungen in welcher Reihenfolge durchzuführen sind, oder welche Aspekte in solchen Gutachten zu behandeln sind. Dies kann schon aus zweierlei Gründen nicht so sein: 1. der Fachbericht ist keine Norm und „normiert" von daher auch nichts; 2. es würde nicht zum erklärten Ziel und Anwendungsbereich des Fachberichts passen. Damit gibt es auch weiterhin keine Norm, die umfassend regelt, wie Schimmelpilzwachstum zu vermeiden ist. Ebenso sind die Analyse, Begutachtung und Sanierung von Schimmelpilzschäden weiterhin nicht normativ geregelt. Verständlich erscheinen mir jedoch die Sorgen mancher Kritiker, dass die entsprechenden Abschnitte des Fachberichts genau so fehlinterpretiert werden könnten. Sinnvoll könnte es daher sein, in einer eventuellen zukünftigen Überarbeitung des Fachberichts den o. g. Sachverhalt unmissverständlich deutlich zu machen – neben einer vielleicht auch inhaltlichen Überarbeitung der beiden Abschnitte.

- Eigentümer UND Mieter: Der Arbeitsausschuss sieht eine gemeinsame Verantwortung für die Schimmelpilzvermeidung bei Gebäudeeigentümer und Nutzer, und drückt dies eindeutig im Fachbericht so aus: „Das Risiko des Schimmelpilzwachstums ist vorrangig von der Baukonstruktion, dem Nutzerverhalten und der Belüftung und Beheizung abhängig" [1]. Aussagen, der Fachbericht würde die Verantwortung für Schimmel im Wesentlichen dem Nutzer zuordnen [14], sind unzutreffend und können m. E. nur bei Nichtbeachtung der anderslautenden Passagen des Fachberichts abgeleitet werden.

- Nutzerverhalten und Nutzerempfehlungen: Hinsichtlich der Verantwortung des Gebäudeeigentümers wird auf obige Ausführungen verwiesen. Hinsichtlich des Nutzerverhaltens postuliert der Fachbericht, dieses müsse „den baukonstruktiven und nutzungsbedingten Gegebenheiten angepasst sein". Die Thematisierung, welches Verhalten einem individuellen Nutzer in einer konkreten Situation (Lebenssituation, Lage des Gebäudes etc.) zumutbar ist, ist nicht Zielsetzung des Fachberichts oder des Arbeitsausschusses. Die gemachten Empfehlungen, auch im Schlafraum nachts, sind meiner Ansicht nach in einer Vielzahl von Fällen ausreichend umsetzbar.

- Mindestwärmeschutz: Die Formulierung „Die Baukonstruktion muss dem Mindestwärmeschutz entsprechen, der zum Zeitpunkt der Errichtung des Gebäudes gültig war" des Fachberichts im Kapitel „Begutachtung bei bestehenden Gebäuden" ist klar und sachlich richtig: der Satz sagt nicht, dass bestehende Gebäude NUR dem genormten Mindestwärmeschutz von damals entsprechen müssen, und auch nicht, dass dieser NUR in der betreffenden Norm definiert gewesen sein kann. Andererseits ist es möglich, ihn tatsächlich so fehlzuinterpretieren. Um dem vorzubeugen, könnte dieser Satz in einer eventuellen Überarbeitung sicherheitshalber umformuliert oder durch einen Hinweis ergänzt werden. Unverständlich bleibt mir, warum an einer Stelle dem Fachbericht eine wortwörtliche Aussageabsicht unterstellt wird, an anderer Stelle aber über die Worte hinausinterpretiert wird.

- Tabellarische Zusammenstellung der historischen Mindestanforderungen der DIN und TGL an flächige Bauteile: die Zusammenstellung versteht sich als Hilfestellung, um dem Gutachter die Mühe zu sparen, nach den mitunter schwierig zu beschaffenden historischen Normen zu suchen. Aus der Überschrift der Tabellen oder aus dem Verweisen im Text zu folgern, das wären alle damaligen Anforderungen oder alle seinerzeit zu beachtenden Aussagen in der Fachliteratur gewesen, passt meiner Ansicht nach nicht zu der Expertise, die man von einem damit befassten Fachmann erwarten darf. Aber auch hier könnte es sinnvoll sein, durch eine kurze Anmerkung diesen Sachverhalt interpretationssicher zu machen.

- Nutzerverhalten nach Modernisierungen: vor allem Teilsanierungen mit Fensteraustausch, aber ohne Dämmmaßnahmen der flächigen Bauteile (und selbstverständlich der Wärmebrücken) sind „schimmelkritisch" und sollten m. E. möglichst unterbleiben (oder z. B. durch eine genaue Analyse abgesichert und/oder durch lüftungstechnische Maßnahmen „entschärft" werden). Obige Empfehlung gilt umso mehr, je schlechter der Wärmeschutz der Bauteile ist. Insofern ist Absatz 1 des betreffenden Abschnitts 6.3.3.5 wohl zu zurückhaltend formuliert. Wird dennoch eine solche Teilsanierung durchgeführt, ist es auf jeden Fall sinnvoll, seitens des Nutzers zu versuchen, das Lüftungs- und Heizverhalten den neuen Bedingungen (soweit möglich und zumutbar) anzupassen. Schon alleine, um einen Schaden zu vermeiden oder, wenn er auftritt, die Belästigung durch den Schimmel bis zur Behebung und Schimmelbeseitigung gering zu halten. Die Frage, inwieweit der Gebäudeeigentümer durch eine ungeeignete Teilsanierung dem Nutzer die Schimmelvermeidung erschwert oder praktisch unmöglich macht, und ein Schaden deshalb anteilig oder zur Gänze dem Eigentümer und nicht dem Nutzers anzulasten ist, wird dadurch ja nicht ausgeklammert.

– Zusammenspiel verschiedener Einflüsse: Ein Schimmelpilzschaden beruht bekanntermaßen sehr häufig auf einer Kombination aus baukonstruktiven und nutzerbedingten (und ggf. anlagenbedingten) Einflüssen. Häufig wird man die Schadensursache nicht, oder nur mit unverhältnismäßig hohem Aufwand, eindeutig und sicher der einen oder anderen Seite zuordnen können. Insofern erscheint mir die im Kapitel „Beurteilung bestehender Gebäude" des Fachberichts enthaltene Formulierung „Die Begutachtung … sollte daher eindeutig die Frage klären, ob die Ursache auf baukonstruktive oder nutzerbedingte Einflüsse zurückzuführen ist" unglücklich gewählt. Gemeint war wohl eher „… baukonstruktive und/oder nutzerbedingte Einflüsse"; außerdem wollte der Arbeitsausschuss sicherlich nicht die Forderung erheben, die Schadensursache sei immer eindeutig bis ins Letzte zu klären. Meiner Ansicht nach wollte der Ausschuss eher darauf hinweisen, dass nicht nach einer oberflächlichen Untersuchung vorschnell eine der Seiten verantwortlich gemacht werden darf, sondern dass eine ausreichend gründliche Klärung der Ursache(n) erforderlich ist, um diese Ursache(n) zu beheben oder zukünftig zu vermeiden und nach einer Schimmelpilzsanierung ein erneutes Schimmelpilzwachstum zu vermeiden.

– Beurteilung bestehender Gebäude: Selbstverständlich bleiben die Herangehensweise und die Reihenfolge seiner Untersuchungsmaßnahmen der freien Entscheidung des Gutachters vorbehalten. Ein „Vorrang" für Messungen gegenüber anderen Herangehensweisen bei der Beurteilung eines aufgetretenen Schimmelpilzschadens kann aus dem Fachbericht meines Erachtens nur bei Überinterpretation herausgelesen werden, ebenso eine Wertung verschiedener Herangehensweisen. Immerhin werden in den Kapiteln 5 bis 7 zuerst die baukonstruktiven,

nutzerbedingten und anlagentechnischen Einflüsse diskutiert, bevor in Kapitel 8 – nachdem in vier einleitenden Abschnitten nochmals auf die vorgenannten Einflüsse hingewiesen wird – zum ersten Mal das Wort „Messung" auftaucht. Für die Beurteilung von Wärmebrücken wird explizit die Reihenfolge numerische Berechnung – Langzeitmessung – Kurzzeitmessung als mögliche Untersuchungsmethoden mit in dieser Reihenfolge abnehmender Aussagegenauigkeit gewählt. Ein fachlich versierter Gutachter wird Hinweise zu einzelnen möglichen Schritten einer Begutachtung entgegennehmen können, ohne gleich zu unterstellen, andere Schritte wären weniger sinnvoll oder nachgelagert, nur weil diese anderen Schritte gar nicht oder zufällig in einer anderen Reihenfolge erwähnt werden. In diesem Zusammenhang sei mir der Hinweis erlaubt: Wäre jede Reihenfolge eine absichtsvolle Aussage, dann wäre etwa aus der Reihenfolge der Kapitel auch zu folgern, dass der Fachbericht der Baukonstruktion den höchsten Einfluss auf mögliche Schimmelpilzschäden zuordnen würde – was nicht zutrifft.

– Raumklimatische Grenzwerte: ist ein Schimmelschaden aufgetreten und soll die vorhandene relative Luftfeuchtigkeit beurteilt werden, gibt Abschnitt 8.3 dazu einige Hinweise. Dabei kann es auch sinnvoll sein, die vorhandene relative Luftfeuchte mit jener zu vergleichen, die für Schimmelfreiheit von der schlechtesten baulichen Stelle abgeleitet werden kann. Z. B. um zu prüfen, ob der Schimmelschaden überhaupt durch Luftfeuchtigkeit verursacht sein kann, oder wie viel Abstand zu einer schimmelsicheren Raumluftfeuchte besteht, um mögliche Gegenmaßnahmen zu überlegen. Wo aber ist das **Kriterium**, welches mein Nachredner hier herausliest? Es steht hier nicht, wie das Ergebnis dieses Vergleichs eingestuft werden soll, auch nicht „Überschreitet die Luftfeuchtigkeit um soundsoviel…" oder dergleichen, sondern nur, dass sie verglichen werden kann. Die Fortsetzung „Wird die vorhandene Luftfeuchtigkeit als zu hoch eingeschätzt" macht deutlich, dass hier die Einschätzung des Gutachters gefragt ist, wie die vorgefundene Luftfeuchtigkeit in der konkreten Situation zu bewerten ist, und kein harter Grenzwert formuliert wird! Ein Gutachter darf durchaus berücksichtigen, muss aber nicht, wie sich die vorhandene

Luftfeuchte zu jener verhält, die sich aus den schlechteren Stellen der Gebäudehülle für Schimmelfreiheit ergäbe. Eine Folgerung, laut Fachbericht wäre der zulässige Luftfeuchtegrenzwert nach der Stelle mit dem jeweils schlechtesten, aber noch zulässigen baulichen Wärmeschutz festgelegt, ist unzutreffend und hinzuinterpretiert.

19 Zusammenfassung

Meistens kommen bei Schimmelpilzwachstumsschäden mehrere ungünstige Einflüsse zusammen. Die wechselseitigen Zusammenhänge zwischen Bausubstanz, Nutzung, Feuchtefreisetzung, Möblierung sowie Gesichtspunkten der Heizung und Lüftung werden im DIN-Fachbericht 4108-8 einer qualitativen Zusammenschau unterzogen. Primäres Ziel des Fachberichts ist es, die Vermeidung und Bekämpfung der Lebensbedingungen der Schimmelpilze unter Beachtung der bauphysikalischen Zusammenhänge zu unterstützen. Gebäudeeigentümer und Gebäudenutzer können bei Verständnis oder zumindest Kenntnis der Ursachen dauerhaft die Maßnahmen und Verhaltensweise ergreifen, die zur Vermeidung von Schimmelwachstum erforderlich sind. Dazu gibt der Fachbericht Planungs- und Nutzungshinweise für eine wohnungsübliche bzw. wohnungsähnliche Nutzung. Außerdem gibt er Hilfestellungen für die Begutachtung sowie Hinweise zu möglichen Messungen in diesem Zusammenhang. Normative Festlegungen, z. B. zu zahlenmäßigen Mindestanforderungen, oder zu Vorgehensweise und Umfang bei Begutachtung, werden nicht gemacht. Die Fachkreise sind aufgefordert, positiv zu einer Fortschreibung des Fachberichts beizutragen. Ein erstmals im Zusammenhang mit der Normung definierter, äquivalenter Wärmeübergangswiderstand erlaubt es, im Vorfeld denkbare Möblierungssituationen hinsichtlich der resultierenden Wandoberflächentemperatur hinter Möbeln und Einbauschränken zu berechnen. Die umfangreichen Empfehlungen des Fachberichts zu Lüften, Heizen und Möblieren können u. a. als Grundlage für Informationsschriften für Mieter und Vermieter dienen.

Hinsichtlich der Kritik meines Nachredners am Fachbericht ist zusammenzufassen: Eigentümer und Nutzer werden in gleicher Weise zur Verantwortung gezogen; im Fachbericht eine einseitige Verschiebung der Verantwortlichkeit zum Nutzer zu sehen, ist eine Fehlinterpretation. Beim Fachbericht handelt es sich ausdrücklich um Empfehlungen und Hinweise, nicht jedoch um verbindliche Regeln; die „Nicht-Einhaltung" wird auch nicht „geahndet". Der Fachbericht ist so formuliert, dass „Verurteilungen" vermieden werden sollen. Er will Ursachen und Zusammenhänge beschreiben und dadurch mögliche Lösungswege aufzeigen; keine normativen Regelungen festlegen. Insofern ist es mir unverständlich, dass mein Nachredner die Aussagen und Empfehlungen konsequent als „Regeln" interpretiert. Über den Inhalt des Fachberichts hinaus zu interpretieren, ist für eine subjektive Meinungsbildung sicherlich zulässig, aber nicht durch den Wortlaut des Fachberichts unterstützt.

20 Literatur

[1] DIN-Fachbericht 4108-8: 2010-09 „Wärmeschutz und Energieeinsparung in Gebäuden – Teil 8: Vermeidung von Schimmelwachstum in Wohngebäuden", Berlin: Beuth-Verlag 2010

[2] Spitzner, M. H.: Vermeidung von Schimmelwachstum in Wohngebäuden – der neue DIN-Fachbericht 4108-8. Bauphysik 32 (2010), Heft 6, S. 414-423

[3] Stiegel, H.; Hauser, G.: Wärmebrückenkatalog für Modernisierungs- und Sanierungsmaßnahmen zur Vermeidung von Schimmelpilzen. Bauforschung für die Praxis, Band 74. Stuttgart: Fraunhofer IRB Verlag 2006

[4] Planungsinstrumente zur Vermeidung von Schimmelpilzbefall bei der Modernisierung und Instandsetzung; Abschlussbericht Oktober 2002; Rosenheim: ift Rosenheim 2002

[5] Spezifikationen im DIN. Online im Internet: URL: http://www.spec.din.de/ cmd?level=tpl-rubrik&menuid=81499&cmsareaid=81499&cmsrubid=83803& menurubricid=83803&languageid=de; Stand 2011-04-18

[6] DIN EN 45020: 2007-03: Normung und damit zusammenhängende Tätigkeiten – Allgemeine Begriffe (ISO/IEC Guide 2:2004); Dreisprachige Fassung EN 45020: 2006. Berlin: Beuth-Verlag 2007

[7] DIN 4108-2: 2003-07: Wärmeschutz und Energieeinsparung in Gebäuden – Teil 2: Mindestanforderungen an den Wärmeschutz. Berlin: Beuth-Verlag 2003

[8] Ausdrückliche Festlegung des DIN-Normungsausschusses NA 005-56-91 „Wärmetransport" zur DIN 4108-2 und DIN 4108 Beiblatt 2 im Rahmen seiner Sitzung

[9] Spitzner, M. H.; Sprengard, C.: Wärmeschutz. In: Bundesverband Kalksandsteinindustrie E.V. (Hrsg.): Kalksandstein – Planung, Konstruktion, Anwendung; 5. überarbeitete Auflage. Düsseldorf: Verlag Bau+Technik GmbH, 2009. Herun-

terladbar unter http://www.kalksandstein.de/
bv_ksi/infomaterial/images/path455/PKA-The-
menheft-Waermeschutz.pdf

[10] Erhorn, H.; Reiß, J.: Schützt der Mindestwärmeschutz in der Praxis vor Schimmelpilzschäden?
IBP-Mitteilung 224. Aus: Neue Forschungsergebnisse, kurz gefasst 19 (1991)
[11] Hartmann, T.; Reichel, D.; Richter, W.: Feuchteabgabe in Wohnungen. In: Künzel, H. (Hrsg.):
Wohnungslüftung und Raumklima. Stuttgart:
Fraunhofer IRB Verlag, 2009
[12] Brasche, S.: Vorkommen, Ursachen und gesundheitliche Aspekte von Feuchteschäden in
Wohnungen. Auswertung zu Schimmelpilzschäden in nach Wärmeschutzverordnung von
1995 erbauten Gebäuden. Sekundärauswer-
tung zu: Brasche, S.; Heinz, E.; Hartmann, T.;
Richter, W.; Bischof, W.: Vorkommen, Ursachen
und gesundheitliche Aspekte von Feuchteschäden in Wohnungen. Ergebnisse einer repräsentativen Wohnungsstudie in Deutschland. Bun-
desgesundheitsblatt (2003) 46, S.683-693. Zitiert und abgedruckt in [13]
[13] Liebert, G.; Spilker, R.; Oswald, R.: Schimmelpilzbefall bei hochwärmegedämmten Neu- und
Altbauten. Erhebung von Schadensfällen – Ursachen und Konsequenzen. Bauforschung für
die Praxis Band 84. Stuttgart: Fraunhofer IRB
Verlag 2008
[14] Oswald, R.: Sind Schimmelgutachten normierbar? Kritische Anmerkungen zum DIN-Fachbericht 4108-8 : 2010-09. Kurzfassung zum Vortrag bei den Aachener Bausachverständigentagen, 11. und 12.04.2011, Aachen
[15] de Anda González, L.; Spitzner, M. H.: Schimmelpilze in Wohnräumen vermeiden. Beuth
kompakt. Hrsg.: DIN Deutsches Institut für Normung e.V. ISBN 978-3-410-21082-5. Berlin:
Beuth-Verlag 2011

Dr.-Ing. Martin H. Spitzner
Studium der Bauphysik HfT-FHT Stuttgart; MSc-Studium University of
Southampton/GB, Promotion TU Clausthal über die Wärmeleitfähigkeit
geschäumter Massen; Mitarbeiter im Ingenieurbüro ebök und mehrere
Jahre im Institut für Ziegelforschung tätig; Seit Anfang 2000 im FIW
München, Abteilungsleiter „Bauphysik & Bauteile"; Normungsgremien von
DIN, CEN, ISO zu Wärmeschutz, Energieeinsparung und Energieeffizienz
in Gebäuden; Obmann DIN-Normenausschüsse „Baulicher Wärmeschutz
im Hochbau" und „Wärmetransport"; Mitarbeiter DIN-Normenausschuss
„Energetische Bewertung von Gebäuden"; Lehrbeauftragter an der Freien
Universität Bozen und an der TU München; Veröffentlichungen; Vorträge.

Sind Schimmelgutachten normierbar?
Kritische Anmerkungen zum DIN-Fachbericht
4108-8:2010-09

Prof. Dr.-Ing. Rainer Oswald, AIBAU, Aachen

1 Einleitung

Während mein Vorredner – Herr Dr. Martin H. Spitzner – als Obmann von DIN 4108 über die Hauptziele des Fachberichts – nämlich die Vermeidung von Schimmelwachstum in Wohngebäuden – gesprochen hat, sollen im Folgenden die Auswirkungen des Fachberichts auf die Tätigkeit des Bausachverständigen betrachtet werden. Der Fachbericht nennt zwar das Aufstellen von Regeln zur Bearbeitung von Schimmelgutachten nicht ausdrücklich als Ziel, faktisch behandelt er aber im Kapitel 8 seines Hauptteils die „Begutachtung bei bestehenden Gebäuden", der Anhang B trägt den Titel „Gutachten Schimmelpilzschäden".

Da der Fachbericht im Normenkontext veröffentlicht wurde, ist damit zu rechnen, dass in Zukunft die Formen und der Inhalt von Schimmelgutachten an den Ausführungen des Berichts zu diesem Themenkomplex gemessen werden. Hier soll daher untersucht werden, inwieweit Schimmelgutachten überhaupt normierbar sind und ob der nun vorliegende Fachbericht in der Flut der Veröffentlichungen über Schimmel in Gebäuden eine bessere Hilfestellung zur angemessenen Klärung von Streit über Schimmel in Gebäuden bietet.

Dabei werde ich mich – entsprechend den Schwerpunkten des Fachberichts – ausschließlich mit der Ursachenanalyse und den Schlussfolgerungen zur Verantwortlichkeit in Schimmelgutachten beschäftigen – nicht aber mit den ebenfalls heftig diskutierten Fragen der hygienischen Bewertung von Schimmel in Gebäuden und ebenso nicht mit der Frage der angemessenen Instandsetzung.

Hinsichtlich der Ursachenanalyse sollen zwei Fragen untersucht werden:

1. Lassen sich Regeln zur Vorgehensweise bei Schimmelgutachten festlegen? und
2. Inwieweit können Regeln für den Einsatz und die Interpretation von Messungen aufgestellt werden?

Im Hinblick auf die Schlussfolgerungen zur Verantwortlichkeit werde ich drei Fragenkomplexen nachgehen:

1. Lassen sich Regeln zur Bewertung des Wärmeschutzes aufstellen?
2. Sind Regeln zur Bewertung der Belüftungsbedingungen formulierbar?
3. Gibt es eindeutige Mangelkriterien zur Bewertung des Wohnverhaltens?

Ich stelle mir also die Frage, ob der Fachbericht sinnvolle Regeln zur differenzierenden, angemessenen Bearbeitung von Schimmelgutachten bietet.

Unter „differenzierend" verstehe ich dabei eine auf den Einzelfall zugeschnittene, angemessene Vorgehensweise, die also nicht z. B. die Gebäude einer bestimmten Altersklasse generell als wärmeschutztechnisch mangelhaft bezeichnet und nicht pauschal für mindestgedämmte Altbauten generell Lüftungsanlagen für erforderlich hält, sondern eine Vorgehensweise, die auf den jeweiligen Einzelfall differenziert eingeht: so sind in der Mittelwohnung eines Dreispänner-Mehrfamilienhauses die Belüftungsbedingungen aufgrund der fehlenden Querlüftungsmöglichkeiten deutlich ungünstiger als in den übrigen Wohnungen dieses Grundrisstyps; in einer Wohnlage mit deutlichem Außenlärm sind andere Anforderungen an die Belüftungsmöglichkeiten zu stellen als an ruhige Wohnlagen.

2 Regeln zur Vorgehensweise bei der Ursachenanalyse

2.1 Analysemethodik, Eindeutigkeit

Grundsätzlich liegen dem Schimmelwachstum bauphysikalische/chemische/biologische Sachverhalte und Abläufe zugrunde, die theoretisch im Einzelfall vollständig zu klären sind. Der Unterzeichner hat mit Herrn Dahmen und Mitarbeitern im Schimmelpilzsanierungsleit-

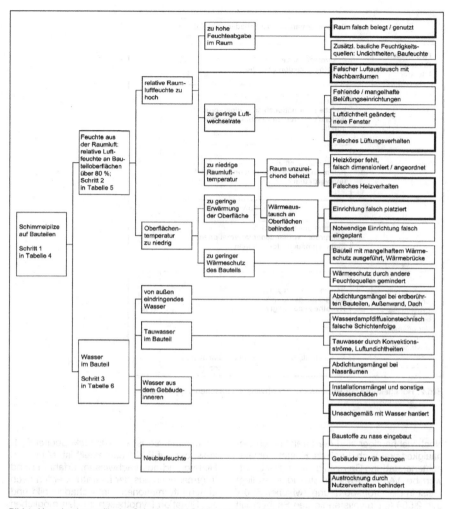

Bild 1: Ursachenbaum für das Schadensbild Schimmelpilze auf Bauteilen

faden des Umweltbundesamts[1] die Ursachenstruktur bei Schimmelpilz in Gebäuden grafisch dargestellt (s. Bild 1). Es lassen sich demnach – schon zusammengefasst zu Gruppen – 21 verschiedene Ursachen benennen, die zu einem Drittel in den Verantwortungsbereich des Nutzers fallen und die sich überlagernd einwirken können.

[1] Leitfaden zur Ursachensuche und Sanierung bei Schimmelpilzwachstum in Innenräumen des Umweltbundesamts, September 2005

Angesichts dieses komplexen Gesamtzusammenhangs sind einer vollständig eindeutigen Ursachenanalyse meist Grenzen gesetzt: Bei Schimmelpilzstreitigkeiten geht es häufig um die Rekonstruktion zurückliegender Zustände – d. h., es geht um die Frage, ob zu einem zurückliegenden Zeitpunkt, z. B. aufgrund des Heiz-, Lüftungs- und Feuchtefreisetzungsverhaltens, Klimabedingungen herrschten, die das Schimmelpilzwachstum verursachten. Solche Zustände sind im Nachhinein meist nicht mehr zuverlässig zu rekonstruieren.

```
┌─────────────────────────────────────────────────────────────┐
│         Erste Informationen zu Schadensbild/ Situation        │
│                                                               │
│  ┌────────────┐    ┌──────────────────────────────┐  ◄────┐  │
│  │ Fachwissen │ ►  │ Zusammenhänge herstellen:    │       │  │
│  │ Erfahrung  │    │ Hypothese zu den Ursachen    │       │  │
│  │ Literatur  │    └──────────────────────────────┘       │  │
│  └────────────┘                                            │  │
│                    ┌──────────────────────────────┐       │  │
│                    │ Fragen stellen:              │       │  │
│                    │ Welche Informationen sind    │       │  │
│                    │ widersprüchlich?             │       │  │
│                    │ Welche weiteren Informationen│       │  │
│                    │ würden aufklären?            │       │  │
│                    └──────────────────────────────┘       │  │
│            NEIN    ┌──────────────────────────────┐       │  │
│                    │ Zweckmäßigkeit abwägen:      │       │  │
│                    │ Sammeln weiterer Informationen│      │  │
│                    │ möglich und vertretbar?      │       │  │
│                    └──────────────────────────────┘       │  │
│                              JA                            │  │
│                    ┌──────────────────────────────┐       │  │
│                    │ Informationen sammeln:       │       │  │
│                    │ Überprüfen vorhandener Info.  │       │  │
│                    │ Einholen neuer Informationen │       │  │
│                    └──────────────────────────────┘       │  │
│  ┌────────────┐    ┌──────────────────────────────┐       │  │
│  │ Sachverhalt│    │ Schlussfolgerungen ziehen:   │       │  │
│  │ und        │    │ Zweifel ausgeräumt?          │ NEIN ─┘  │
│  │ Ergebnisse │    │ Hypothese bestätigt?         │          │
│  │ unter...   │    └──────────────────────────────┘          │
│  └────────────┘              JA                              │
│                    ┌──────────────────────────────┐          │
│                    │ Sachverhalt und Ergebnisse   │          │
│                    │ dokumentieren                │          │
│                    └──────────────────────────────┘          │
└─────────────────────────────────────────────────────────────┘
```

Bild 2: Rückgekoppelter Prozess der schrittweisen Ursachenanalyse bei Bauschäden

Noch viel häufiger sind der erreichbaren Genauigkeit praktisch durch die Kosten zur Gutachtenerstattung Grenzen gesetzt. Der Streitwert bei Vermieter-Mieter-Streitigkeiten liegt meist in der Größenordnung zwischen 500 € und 2.500 €. Ein vollständig den Sachverhalt bis ins Letzte zweifelsfrei klärendes Gutachten würde meist Kosten verursachen, die um ein Mehrfaches höher liegen. Die baulichen und raumklimatischen Randbedingungen sind daher meist nicht vollständig zu klären. Es ist Aufgabe des Sachverständigen, situationsbezogen den effektivsten Weg zur hinreichenden Aufklärung der wesentlichen Einflussgrößen zu suchen.

Aus diesem Grund werden auch im Regelfall nicht zunächst alle erdenklichen Informationen zum Begutachtungsfall wahllos gesammelt, sondern es wird – wie dies auch für die Begutachtung von anderen Schadensthemen üblich ist – schrittweise vorgegangen. Die Ur-

sachenanalyse ist ein rückgekoppelter Prozess, der auf Bild 2 dargestellt ist. Mit einem Hintergrund aus Fachwissen, Erfahrung und Informationen aus der Literatur werden nach ersten Informationen zum Schadensbild und zur Situation Hypothesen zu den möglichen Ursachen aufgestellt und anschließend fragt man sich, welche Informationen weiter gesammelt werden müssen, um die Anzahl der denkbaren Ursachenalternativen durch Verifikation oder Falsifikation zu bestätigen oder auszuschließen.

Wie das Flussdiagramm zeigt, hat sich der Sachverständige im Arbeitsprozess innehaltend zu fragen, ob weiter in die Tiefe gehende Untersuchungen noch angemessen und in diesem Sinne zweckmäßig sind.

Ist die Zweckmäßigkeit nicht mehr gegeben, weil der Aufwand z. B. nicht mehr vertretbar ist, so muss die Untersuchung abgebrochen werden und ggf. im Gutachten darauf hingewiesen werden, dass bestimmte Sachverhalte nicht mit vollständiger Gewissheit beantwortet werden können.

Aufgrund dieser Überlegungen möchte ich einen wesentlichen Satz des Fachberichts kommentieren. Der Fachbericht führt im Abschnitt *Begutachtung bei bestehenden Gebäuden* zu Beginn aus: *„Die Begutachtung eines Schimmelschadens sollte daher eindeutig die Frage klären, ob die Ursache auf baukonstruktive oder nutzerbedingte Einflüsse zurückzuführen ist".*

Der Grundsatz ist zwar prinzipiell richtig; nach dem von mir Dargestellten ist aber eine völlige Eindeutigkeit mit vertretbarem Aufwand sehr häufig nicht erreichbar und ebenso ist eine einseitige Zuordnung zur Verantwortung des Nutzers oder des Hauseigentümers als Verantwortliche für die Baukonstruktion in den meisten Fällen nicht richtig, da die tatsächlichen Bedingungen meist zeigen, dass es nicht nur einen Verantwortlichen gibt – also sowohl baukonstruktiv als auch nutzerbedingte Einflüsse eine Rolle spielen.

Der Unterzeichner hatte im Schimmelpilzsanierungsleitfaden einen Vorschlag zur schrittweisen Ursachenanalyse veröffentlicht, der mit dem Sammeln sehr einfacher, grundsätzlicher Informationen beginnt und auf diese Weise schon die beiden großen Ursachengruppen „Schimmelpilzwachstum durch Feuchtigkeit im Bauteil" von der Ursachengruppe der „Schimmelpilzbildungen durch die Wärmeschutz/Belüftungsproblematik" unterscheiden zu können. Bereits zuverlässige Angaben über den Zeitpunkt des Auftretens des Schimmelpilzschadens geben in vielen Fällen eine wesentliche Information über die mögliche Ursache, ebenso auch die Lage der Schäden im Wohnungs-/Gebäude-Grundriss kann bereits deutliche Informationen bieten. So deutet ein Befall ausschließlich auf den Fassaden der Wetterseite eines freistehenden Gebäudes mit erfahrungsgemäß unzuverlässigem Schlagregenschutz deutlich auf eine Durchfeuchtungsursache hin, die mit Schlagregen zusammenhängt.

Ich weiß nicht, warum sich die Verfasser des Fachberichts des vorliegenden Schimmelpilzleitfadens nicht bedienten. Im Anhang B des Fachberichts ist eine höchst umfangreiche Liste von möglichen Informationen zusammengestellt, die bei der Begutachtung von Schimmelpilzen gesammelt werden können. Dies ist selbstverständlich hilfreich, wenn auch die Auflistung nicht vollständig ist. Wichtig ist aber,

dass nicht der Fehlschluss gezogen werden darf, dass die vollständige Sammlung sämtlicher in dieser Liste aufgeführter Informationen als Mindeststandard für die Erstattung von Schimmelgutachten aufgefasst wird.

2.2 Messungen

Neben der Liste im Anhang A befasst sich der Fachbericht hinsichtlich der Schimmelpilzbegutachtung zu einem ganz wesentlichen Anteil mit den „möglichen Messungen". Es werden die Arten der Messungen beschrieben, die Einflüsse auf die Messwerte bei Oberflächentemperaturen und bei Messungen zur Beurteilung der Wärmebrücken des baulichen Mindestwärmeschutzes werden ebenso genannt wie „Hinweise zur Messung der Baufeuchte" gegeben.

Ich möchte in meinem Vortrag die dort ausgeführten Einzelheiten nicht genauer behandeln, obwohl dies ebenfalls das Thema eines lohnenden, längeren Beitrags wäre. Besonders begrüßenswert sind die klaren Worte zur nur bedingten Aussagefähigkeit von Kurzzeitmessungen. Hier kann durch den Fachbericht tatsächlich einer weit verbreiteten Fehlanwendung von Messgeräten entgegengewirkt werden.

Der Leitfaden formuliert dazu: *„Kurzzeitmessungen werden als nicht geeignet angesehen. Infrarotmessungen sind ohne weitere Absicherung in der Regel nicht zielführend. Für quantitative Aussagen sind Langzeitmessungen erforderlich."*

Obwohl man nur vom begrenzten Aussagewert von Langzeitmessungen noch vieles zu sagen wäre, sind Regeln zum Einsatz von Messgeräten durchaus sinnvoll und begrüßenswert. Allerdings gebe ich zu bedenken, dass nicht der Eindruck entstehen darf, als ob die Analyse von Schimmelschäden mit der Messtechnik beginnen sollte. Dies ist keinesfalls richtig. Der Unterzeichner beobachtet immer wieder, dass Sachverständige bei der Begutachtung von Schimmelpilzschäden nicht mehr den Gesamtzusammenhang nachdenkend beobachten, sondern blind auf den Einsatz ihrer Messgeräte vertrauen. Tatsächlich kann aber auf Messgeräte häufig verzichtet werden. Von einem übergreifenden Fachbericht sollte das Signal ausgehen, dass beim Schimmelpilzgutachten mehr nachgedacht und weniger gemessen wird.

2.3 Zusammenfassung zur Methodik

Ich fasse also zum ersten Themenkomplex der Normierbarkeit der Ursachenanalyse von Schimmelschäden wie folgt zusammen:

- Die Vorgehensweise bei der Gutachtenerstattung ist nicht sinnvoll normierbar. Die Situation des Einzelfalls bestimmt die effektivste Strategie.
- Listen zur Datensammlung sind nützlich, bergen im Normenkontext aber die Gefahr, als Beurteilungsmaßstab für die „Vollständigkeit" von Gutachten missbraucht zu werden.
- Die Forderung nach Eindeutigkeit des Gutachtenergebnisses ist als Grundsatz richtig, kann aber einen unangemessenen Erwartungsdruck erzeugen.
- Regeln zur Messtechnik sind wichtig, Messungen sollten aber nicht im Vordergrund der Analyse stehen.

3 Bewertungskriterien für die Verantwortlichkeit bei Schimmelschäden

3.1 Hauptfragestellungen

Aus dem vorangehend Dargestellten ergibt sich, dass die Ursachenermittlung bei Schimmelschäden im Einzelfall schwierig sein kann und meist mehrere Einflussfaktoren ergibt. Trotzdem besteht wohl der entscheidende Klärungsbedarf hinsichtlich eindeutiger und einheitlicher Kriterien zur Beurteilung der Verantwortlichkeit von Schimmelschäden. Es stellen sich dabei wohl folgende Fragen hinsichtlich der Verantwortlichkeit:

1. Wann sind die Wärmeschutzeigenschaften zu bemängeln?
   1.1 Gilt der Standard zum Errichtungszeitpunkt?
   1.2 Gilt der Standard des Errichtungszeitpunkts auch noch nach Teilmodernisierung, z. B. Fensteraustausch und Heizungseinbau?
   1.3 Wann gilt das „Schimmelpilzkriterium" als Beurteilungsmaßstab?
2. Wann sind die Belüftungseinrichtungen und -möglichkeiten als mangelhaft zu bewerten?
3. Bei welchen raumklimatischen Grenzwerten liegt ein Fehler des Nutzers vor?

Auch hier möchte ich wieder der Frage nachgehen, ob der DIN-Fachbericht zu diesen zentralen Hauptfragen zur Verantwortlichkeit

angemessene und differenzierende Antworten möglich macht.

3.2 Kriterien zur Beurteilung der Wärmeschutzeigenschaften von bestehenden Gebäuden

3.2.1 Standard zum Errichtungszeitpunkt

Gemäß der allgemeinen Praxis formuliert der Fachbericht die Grundanforderungen an den Wärmeschutz bestehender Gebäude wie folgt: *„Die Baukonstruktion muss dem Mindestwärmeschutz entsprechen, der zum Zeitpunkt der Errichtung des Bauwerks gültig war."*
In einem ausführlichen Abschnitt 5.6 *„Hinweise zur Beurteilung von Altbauten"* wird dazu auf die Anwendung der früheren Fassung von DIN 4108 Teil 2 eingegangen. Der Abschnitt wird durch einen Anhang A *„Historische Entwicklung von Mindestanforderungen an den baulichen Wärmeschutz"* ergänzt, der in grundsätzlich sehr verdienstvoller Weise die Angaben der verschiedenen Normenfassungen tabellarisch zusammenfasst. Dadurch wird prinzipiell die Arbeit des Sachverständigen vereinfacht. Allerdings sind dabei mehrere Fehler unterlaufen, auf die ich in diesem Vortrag nicht eingehen möchte. Ich verweise dazu auf meine Stellungnahme[2].
Grundsätzlich ist anzumerken, dass das oben zitierte Kriterium nicht präzise formuliert ist. Ein Gebäude ist im Hinblick auf das Schimmelthema wärmeschutztechnisch mangelhaft, wenn die zum Zeitpunkt der Errichtung übliche Praxis zur Erzielung eines schimmelvermeidenden Mindestwärmeschutzes nicht beachtet wurde. Der Fachbericht erweckt den Eindruck, als ob DIN 4108 als einziger Beurteilungsmaßstab zählt. Damit wird der Fehlschluss nahegelegt, dass in allen nicht klar in DIN 4108 aufgeführten Bauteilbereichen baulich kein Wärmeschutz erforderlich war, Schimmel an diesen Bereichen also nutzerbedingt ist. Dies ist falsch.
Die, wenn nicht sogar fehlerhaften, so zumindest sehr missverständlichen Angaben des Berichts zu den Mindestanforderungen an den Wärmeschutz des Altbaubestandes aus der Nachkriegszeit lassen befürchten, dass zukünftig in Begutachtungen ein großer Anteil

---

[2] Oswald, R.: Angemessene Antworten auf das komplexe Problem der Schimmelursachen? Stellungnahme zum DIN-Fachbericht DIN 4108-8 *Vermeidung von Schimmelwachstum in Wohngebäuden*. In: Der Bausachverständige, 1/2011

der tatsächlich aus baulichen Wärmeschutzmängeln herzuleitenden Schimmelschäden unter Bezugnahme auf den Fachbericht den Nutzern angelastet werden wird. Hier sind also dringend Korrekturen erforderlich.

3.2.2 Lüftungsrelevante Änderungen an der Bausubstanz

Ein Mehrfamilienwohnhaus mit dem Standort Köln, Baujahr 1962, das mit 30 cm dicken Kalksand-Lochstein-Mauerwerk, innenseitig verputzt, außenseitig spaltplattenbekleidet, errichtet wurde, lag im Wärmedämmgebiet I. Nach der tabellarischen Zusammenstellung der DIN 4108 des Jahres 1960 war hier bei der Verwendung von Kalksand-Lochsteinen ein 24 cm dickes Kalksandstein-Mauerwerk wärmeschutztechnisch ausreichend. Das tatsächlich 30 cm dick ausgeführte Mauerwerk erfüllt damit „gut" den Mindestwärmeschutz des Errichtungsjahrs!

Es ist nun zu fragen, ob dieses Beurteilungskriterium auch noch uneingeschränkt gilt, wenn an derartigen Objekten „lüftungsrelevante" Änderungen durchgeführt werden – also z. B. die alten, zugigen Fenster mit Einfachverglasung gegen luftdichte, neue Fenster mit Isolierverglasung ausgetauscht werden. Unsere Untersuchungen im Jahr 1994 über die Schadenshäufigkeit bei Instandsetzungsmaßnahmen[3] zeigte, dass die Schimmelpilzbildung nach dem Austausch von Fenstern die häufigste Schadensursache nach Instandsetzungsmaßnahmen ist. Der Fachbericht führt zwar aus, dass auch derartige Veränderungen das Schimmelpilzrisiko steigt; er kommt insgesamt aber lediglich zu folgendem Schluss: „Der Nutzer ... muss über die Folgen von Instandsetzungs-/Modernisierungsmaßnahmen für das Lüftungs- und Heizverhalten informiert werden (z. B. Mieter durch Vermieter)."

Zunächst ist selbstverständlich erfreulich, dass hier eine klare Verpflichtung zur Aufklärung der Nutzer festgeschrieben wird. Die Frage ist allerdings, ob dies ausreichend ist. Generell wird die Frage nach der Zumutbarkeit des notwendigen Lüftungs- und Heizverhaltens im Fachbericht nicht thematisiert. Die zentrale Passage des Fachberichts in diesem Zusammenhang lautet: „Das Nutzerverhalten, insbesondere das Lüftungsverhalten, muss den baukonstruktiven und nutzungsbedingten

Gegebenheiten angepasst sein." Darauf wird zurückzukommen sein.

3.2.3 Schimmelpilzkriterium

Nach meinen Beobachtungen wenden viele Fachkollegen auch bei der Beurteilung von älteren Gebäuden das Schimmelpilzkriterium an; sie untersuchen also, ob bei den normierten Randklimabedingungen von –5°C Außentemperatur und +20°C, 50 % r. F. Innenklimabedingungen an der Bauteiloberfläche keine Überschreitung der Luftfeuchtigkeit von 80 % zu erwarten ist – die Oberflächentemperatur also über 12,6°C liegt.

Der Fachbericht geht auf das Schimmelpilzkriterium ausführlicher ein. Er bietet folgende „vereinfachende bauphysikalische Modellbetrachtung": „Hiernach kann eine Schimmelpilzbildung auftreten, wenn an mindestens fünf aufeinander folgenden Tagen die relative Luftfeuchte auf der Bauteiloberfläche mindestens 12 Stunden/Tag einen Wert von > 80 % aufweist."

Prinzipiell ist diese Vereinfachung begrüßenswert, macht sie doch klar, dass auch das Schimmelpilzkriterium nicht die Wirklichkeit beschreibt, sondern ebenfalls nur ein Bemessungswert ist. Dies sollten Kollegen bei der Anwendung des Schimmelpilzkriteriums beachten. Auch wenn das Schimmelpilzkriterium nicht erfüllt ist, muss keinesfalls zwingend Schimmel auf den entsprechenden Flächen anfallen.

Auf die sehr positiven Ausführungen des Fachberichts zur Ermittlung des U-Wertes auf der Grundlage von Langzeitmessungen am ausgeführten Bauteil soll hier nicht weiter eingegangen werden. Hier ist aber doch auch die Interpretation der Messergebnisse diskussionswürdig, da bei der Planung und Ausführung sowohl von Altbauten wie von neuen Gebäuden nicht das gemessene Schimmelpilzkriterium geschuldet wird, sondern ein nach den Dimensionierungsregeln und nach den ausführungstechnischen Bedingungen realisierbarer Wert geschuldet ist. Dieser Wert kann deutlich vom gemessenen Wert abweichen, ohne dass von einem wärmeschutztechnischen Mangel gesprochen werden darf.

3.3 Bewertung der Belüftungseinrichtungen

3.3.1 Lüftungsmöglichkeiten

Eine Bewertung der Lüftungsmöglichkeiten wird im Fachbericht nicht vorgenommen. Die Lüftungsmöglichkeiten durch

---

[3] Abel, R.; Oswald, R.; Schnapauff, V.; Wilmes, K.: Bauschadensschwerpunkte bei Sanierungs- und Instandhaltungsmaßnahmen, Teil II, 1994

- Querlüftung über Außenluftdurchlässe
- Schlaglüftung
- Fensterlüftung und
- Lüftungsanlagen

werden fast kommentarlos aufgezählt.

3.3.2 Nutzerverhalten

Es ist daher zu konstatieren, dass der Fachbericht das Luftfeuchteproblem in Innenräumen durch genauere Regeln zum Nutzerverhalten lösen will. Dazu werden detaillierte Angaben zu den Themen

- Feuchtefreisetzung
- Lüftungsverhalten
- Heizverhalten
- Möblierungsverhalten

formuliert.

Es ist insofern nur konsequent, dass diese sich an den Nutzer richtenden Regeln in einer eigenen Broschüre vom DIN veröffentlicht wurden[4]. Diese Zusammenstellung von Regeln zum Wohnverhalten ist lesenswert. Ich möchte auf einen Aspekt genauer eingehen, um die Problematik aufzuzeigen.

Besonders schwierig ist die Schimmelpilzfreiheit in Schlafräumen durch manuelles Lüftungsverhalten sicherzustellen, da dort in der Regel niedrigere Raumlufttemperaturen erwünscht sind. Der Fachbericht versucht, dieses Problem wie folgt zu lösen:

„Schlafräume nachts: Hinsichtlich der prinzipiellen Vermeidung gekippter Fenster während der Heizperiode stellt der Schlafraum eine Ausnahme dar. Aus praktischen Gesichtspunkten können Fenster über Nacht angekippt bleiben. Diese nächtliche Grundlüftung ist tagsüber mit einer geeigneten Stoßlüftung zu kombinieren. Außerhalb der Stoßlüftung sind die Fenster tagsüber zu schließen. Durch die nächtliche Kipplüftung kann eine örtliche Auskühlung im Bereich der Fensterleibung im Winterfall auftreten. Dem Effekt der abgesenkten Oberflächentemperatur steht dabei jedoch die gleichzeitig zu verzeichnende Austrocknung des Bauwerks entgegen. Die für Schimmelpilzwachstum erforderliche lange Zeitdauer des kritischen Feuchtezustands schränkt die Wahrscheinlichkeit von Schimmelpilzwachstum durch lokale Auskühlung im Fensterbereich weiter ein. Unterbleibt jedoch die zu-

sätzliche Stoßlüftung tagsüber, kann – abhängig vom Innenklima und der Beheizung des Schlafzimmers – in den ausgekühlten Fensterleibungen Schimmelpilzwachstum auftreten. Bei ausschließlicher Fensterlüftung stellt die nächtliche Dauerkippstellung oder eine Spaltlüftung in Schlafräumen, die aus Sicht der Schimmelpilzwachstumsvermeidung günstigste Lüftungsvariante zur feuchtetechnischen Entlastung der Bauteile der Gebäudehülle dar. Vermeidbare energetische Nachteile entstehen durch dieses Verhalten nur, wenn die Fenster außerhalb der Schlafenszeit geöffnet werden. Schlafräume tagsüber: Nach dem Aufstehen sollte auch bei nachts offenen und gekippten Fenstern ein oder mehrere intensive Stoßlüftungen mit weit geöffnetem Fenster erfolgen. Anschließend sollte im Winter das Fenster geschlossen werden und der Schlafraum tagsüber beheizt werden, um das Austrocknen der Feuchte zu ermöglichen, die während der Nacht in Stoffen, Matratzen, Teppichen, der Einrichtung von den obersten Bauteilschichten aufgenommen wurde. Dieser Energieaufwand ist zugunsten der Feuchteabfuhr und der Schimmelvermeidung in Kauf zu nehmen. Wenn möglich, sollte auch im Verlauf des Tages mehrfach stoßgelüftet werden. Im Lauf des Nachmittags oder des frühen Abends (je nach Dämmstandard des Gebäudes) kann die Heizung im Schlafraum wieder abgedreht werden, um die Raumtemperatur bis zum Schlafengehen auf das gewünschte Temperaturniveau zu absinken zu lassen."

Der Unterzeichner ist sicher, dass mit derartigen Regelungen die überwiegende Zahl der in mindestgedämmten Altbauwohnungen lebenden Bewohner nicht erreicht wird. Er befürchtet, dass insofern solche Empfehlungen weniger wirkungsvoll zur Schimmelvermeidung beitragen, als vielmehr vor allem die Schuldzuweisungen „vereinfachen" werden. Der Fachbericht enthält mehrere sehr informative Diagramme, z. B. zur Feuchtelast und zu den Luftwechselraten in Wohnräumen.

3.3.3 Raumklimatische Grenzwerte

Der Fachbericht hält zur Beurteilung des Raumklimas längerfristige Luftfeuchte- und Lufttemperaturmessungen für zielführend. Dabei wird übersehen, dass mit solchen Messungen nicht zwingend ein zurückliegender Zustand rekonstruiert werden kann, da prinzipiell davon ausgegangen werden muss, dass ein Nutzer angesichts montierter Messgeräte nicht das übliche Nutzungsverhalten zeigt.

---

[4] de Anda Gonzales, L.; Spitzner, H.M.: *Schimmelpilze in Wohnräumen vermeiden*, Berlin 2011

Oswald/Sind Schimmelgutachten normierbar?

Im Übrigen ist zu fragen, was mit den ermittelten Luftfeuchtewerten bewertend geschehen soll. Dazu formuliert der Fachbericht ein bemerkenswertes Kriterium: *„Die vorhandene relative Luftfeuchte ist mit der Luftfeuchte zu vergleichen, die sich für die schlechteste bauliche Stelle so ergibt, dass dort noch kein Schimmelwachstum auftritt."* (!)

Damit wird faktisch die gemäß der jeweiligen Normperiode nachweisfreie zwei- bzw. dreidimensionale geometrische Wärmebrücke für die zulässige relative Innenluftfeuchte von Wohnräumen maßgeblich, da zwei- bzw. dreidimensionale geometrische Wärmebrücken in den früheren Nachweisverfahren ausgenommen wurden. Die „zulässigen" Raumluftfeuchten sind demnach variabel und richten sich nach dem Standard des Gebäudes. Auch damit wird dem Nutzer eine weitere Verantwortung aufgebürdet.

3.4 Zusammenfassung zur Verantwortlichkeit

Hinsichtlich der Kriterien zur Bewertung der Verantwortlichkeit ist daher zusammenfassend Folgendes festzuhalten.

Der Fachbericht gibt eindeutige Bewertungskriterien:

– Der Mindestwärmeschutz nach dem Normentext zum Errichtungszeitpunkt ist maßgeblich.
– Das gilt auch nach lüftungsrelevanten Änderungen – der Nutzer ist dann über die geänderten Bedingungen aufzuklären.
– Die zulässigen Luftfeuchtegrenzwerte richten sich nach dem ungünstigst-zulässigen Wärmeschutz der Gebäudehülle.
– Die Zumutbarkeit des erforderlichen Heiz- und Lüftungsverhaltens wird nicht thematisiert.
– Randbedingungen für die Notwendigkeit einer nutzerunabhängigen Grundlüftung werden nicht genannt (dies steht zu DIN 1946-6 im Widerspruch).

4 Schlussfolgerungen

4.1 Kernaussagen

Vor fünf Jahren wurde auf den Aachener Bausachverständigentagen 2006 über die Frage kontrovers diskutiert, ob Wohnungen ohne nutzerunabhängige Lüftungseinrichtungen grundsätzlich zu bemängeln sind. Ich habe die damaligen Ergebnisse mit den Aussagen des vorliegenden Fachberichts verglichen. Folgendes ist festzustellen:

Der Fachbericht spiegelt die im Normungsgremium konsensfähigen Kriterien zur Schimmelpilzbewertung wider. Diese decken sich überwiegend mit dem während dieser Tagung im Jahr 2006 festgestellten Diskussionsstand.

Ich hatte vor fünf Jahren folgende Schlussfolgerungen gezogen[5]:

– Die Ausstattung von Wohnungen mit Lüftungsanlagen ist in Deutschland keine „übliche Beschaffenheit".
– Die deutsche Gesellschaft setzt offenbar auf das „eigenverantwortliche Verhalten des Bürgers".

Diese Grundhaltung wird konsequent im vorliegenden Fachbericht praktiziert.

Meine Zusammenfassung des Jahres 2006 endete aber nicht mit diesen beiden Feststellungen. Ich bin damals wie folgt fortgefahren:

– Ein nennenswerter Anteil der Bürger ist durch das von ihm erwartete Heiz- und Lüftungsverhalten offensichtlich überfordert.
– Im Rechtsstreit sollte die Verantwortlichkeitsfrage an den Richter zurückgegeben werden. Es geht schließlich um ein gesellschaftliches Problem.

Damit wollte ich zum Ausdruck bringen, dass die Frage nach der Zumutbarkeit eines bestimmten Verhaltens keine Frage an den Bausachverständigen ist.

Ich hatte schließlich mit folgendem Appell geschlossen:

„Als Sachverständiger kann man nur zu einer Änderung der Situation appellieren. Wer auf dem Verordnungsweg hochdichte Wohnungen fordert, muss auch die Konsequenzen regeln."

Der Fachbericht gibt demnach zu vielen Themen wichtige und beachtenswerte Hinweise. Zur Verantwortlichkeitsfrage gibt er zum Teil eindeutige Kriterien. Diese lassen aber keine differenzierenden Antworten zu, sondern gehen in der Regel zu Lasten des Wohnungsnutzers.

Die entscheidenden, bereits im Jahr 2006 aufgeworfenen Fragen bleiben ungelöst.

---

[5] Oswald, R.: Das Beurteilungsdilemma des Sachverständigen im Lüftungsstreit. In: Aachener Bausachverständigentage 2006

5 Stellenwert des Fachberichts

Erlauben Sie mir abschließend einige Anmerkungen zum Stellenwert des vorliegenden Fachberichts.

Der Fachbericht wurde vor der Veröffentlichung nicht in einer Entwurfsfassung der breiten Fachöffentlichkeit zur Diskussion vorgelegt. Er erfüllt daher eine wichtige Voraussetzung nicht, die sonst bei Normen die Anscheinsvermutung einer anerkannten Regel der Bautechnik nahe legt. Er ist nach meiner Auffassung keine anerkannte Regel der Bautechnik.

Die komplexe Behandlung des im Fachbericht angesprochenen Themenkreises ist grundsätzlich begrüßenswert und sollte weiter verfolgt werden. Die vorliegende Fassung des Berichts hat allerdings sehr erheblichen Beratungs- und Änderungsbedarf.

6 Literatur

[1] Leitfaden zur Ursachensuche und Sanierung bei Schimmelpilzwachstum in Innenräumen des Umweltbundesamts, September 2005

[2] Oswald, R.: Angemessene Antworten auf das komplexe Problem der Schimmelursachen? Stellungnahme zum DIN-Fachbericht DIN 4108 Vermeidung von Schimmelwachstum in Wohngebäuden. In: Der Bausachverständige, 1/2011

[3] Abel, R.; Oswald, R.; Schnapauff, V.; Wilmes, K.: Bauschadensschwerpunkte bei Sanierungs- und Instandhaltungsmaßnahmen, Teil II, 1994

[4] de Anda Gonzales, L.; Spitzner, H.M.: Schimmelpilze in Wohnräumen vermeiden, Berlin 2011

[5] Oswald, R.: Das Beurteilungsdilemma des Sachverständigen im Lüftungsstreit. In: Aachener Bausachverständigentage 2006

Prof. Dr.-Ing. Rainer Oswald
Studium der Architektur (RWTH Aachen), Schwerpunkt Baukonstruktion und Bauphysik; Promotion über ein bauphysikalisches Thema; bis 2009 Honorarprofessor für Bauschadensfragen an der RWTH Aachen; Systematische Bauschadensforschung – zunächst an der RWTH Aachen, dann als Leiter des AIBAU – Aachener Institut für Bauschadensforschung und angewandte Bauphysik gemeinn. GmbH; Leiter der Aachener Bausachverständigentage; Ingenieurbüro für bauphysikalische Neubauberatung und Sanierungsplanungen; ö.b.u.v. Sachverständiger für Schäden an Gebäuden, Bauphysik und Bautenschutz; Mitglied in Arbeits- und Sachverständigenausschüssen des DIN und des DIBt zu Themen der Abdichtungstechnik und des Wärmeschutzes; Ausschussmitglied in Prüfungsgremien der Kammern zur öffentlichen Bestellung; Fachbuchautor.

1. Podiumsdiskussion am 11.04.2011

Frage:
Die Forderung, dass der Sachverständige auf die „Unvollständigkeit" von Beweisbeschlüssen hinweisen soll, wirft die Frage auf, wo die Grenze zur Parteilichkeit (bzw. Beratung) des durch diesen Hinweis Bevorteilten liegt. War das bisherige Konzept nicht richtiger, bei dem der nicht fachkundige Bauherr einen Privatsachverständigen nach möglichen Mängeln suchen ließ und der Gerichtssachverständige die behaupteten Mängel beurteilte?

Liebheit:
Die Beauftragung eines Privatgutachters ist nach meiner Meinung zur effektiven Klärung der Mängel und deren Beseitigung sachgerecht und zweckmäßig, wenn die Baubeteiligten, die als deren Verursacher in Betracht kommen, ihre Verantwortung für die Mängel leugnen oder die Problematik nicht in den Griff bekommen. Dann dürfte die Beauftragung eines Privatgutachters auch zur Vermeidung eines Prozessrisikos zweckmäßig und erforderlich sein. Dennoch bereiten die Gerichte dem Auftraggeber bezüglich der Erstattung der Privatgutachterkosten nicht selten unberechtigte Schwierigkeiten (vgl. OLG Düsseldorf, Urteil vom 12.10.2010 – 21 U 194/09 mit kritischer Anmerkung von Liebheit, ibr-online).
Nach der obergerichtlichen Rechtsprechung ist der Bauherr aber nicht verpflichtet, mit Hilfe eines Privatgutachters nach dem Mangel zu forschen. Ein Privatgutachten kann selbst in unproblematischen Fällen 1.000 € bis 3.000 € kosten. Diese Kosten müsste der Auftragnehmer dem Auftraggeber als Mangelfolgeschaden ersetzen, wenn sein Werk mangelhaft war und er das bestritten hat. Dann muss das Gericht häufig einen weiteren Sachverständigen mit der Erstattung eines Gutachtens beauftragen, was zu einer vermeidbaren Steigerung der Prozesskosten führt.
Die Symptomrechtsprechung des BGH berücksichtigt die Schwierigkeiten einer laienhaften Partei, den konkreten Mangel im Prozess vorzutragen. Nach dieser muss sie lediglich die Mangelerscheinung vortragen, also das, was sie stört, weil sie es sieht, hört oder fühlt. Ob die gerügte Erscheinung tatsächlich durch einen Mangel des Werks der Gegenpartei verursacht worden ist, muss der Sachverständige aufklären. Das ist nach der Rechtsprechung des BGH keine unzulässige Ausforschung. Die Symptomrechtsprechung dient also dem prozessökonomischen Interesse beider Parteien an der Beilegung eines Streits. Insoweit hat sie auch für die Frage der Hemmung der Verjährung von Mängelansprüchen eine erhebliche Bedeutung.
Da ein laienhafter Vortrag der Partei im Prozess ausreichend ist, kommt es nicht selten vor, dass dieser fachlich unzureichend ist oder sich auf technische Fehlvorstellungen gründet. Zudem ist die Symptomrechtsprechung einer Vielzahl von Anwälten unbekannt. Sie gehen aufgrund der Parteiherrschaft und des Beibringungsgrundsatzes davon aus, dass das Gericht und der Sachverständige nur die Tatsachen bei der Entscheidung bzw. Gutachtenerstattung berücksichtigen dürfen, die eine Partei ausdrücklich vorgetragen hat. Deshalb finden sich in den Schriftsätzen immer wieder fehlerhafte Ausführungen zu der konkreten Ursache einer Mangelerscheinung. Richter mit geringer Erfahrung in Bausachen beschränken die Beweisfrage häufig auf die Klärung der Richtigkeit dieser Behauptung. Der BGH hat schon wiederholt entschieden, dass das verfahrensfehlerhaft ist.
Wenn der Sachverständige bei verständiger Würdigung des Parteivortrags erkennt, worum es der Partei tatsächlich geht, wäre die strikte Beschränkung seines Gutachtens auf den ausdrücklichen Wortlaut solch einer Beweisfrage verfahrensfehlerhaft. Der Sachverständige darf kein Gutachten erstatten, das für ihn erkennbar den Kern der Problematik verfehlt. Solch ein unbrauchbares Gutachten würde lediglich unnötige Kosten verursachen und zu einer Prozessverschleppung führen. Der Sachverständige muss vielmehr entsprechend

seiner Funktion als Berater des Gerichts, das auf seinen Sachverstand vertraut, prüfen, ob sich die Beweisfrage auf die entscheidenden aufklärungsbedürftigen Kriterien des Sachvortrags der Parteien beziehen. Insoweit hat er eine Art „Bedenkenhinweispflicht", die aber aufgrund der Parteiherrschaft durch den Sachvortrag der Parteien begrenzt ist. Der Sachverständige muss jede Parteilichkeit bzw. Beratung einer Partei vermeiden, die sich auf Gesichtspunkte bezieht, die keinen Bezug zu dem Vortrag der Partei haben.

Das soll an einem Beispiel verdeutlicht werden. Ein Anwalt hat lediglich folgende Fragen formuliert:

1. *Weist die Abdichtungsbahn Risse auf?*
2. *Was kostet eine Erneuerung der Abdichtungsbahn?*

Wenn unter der Abdichtung eine Wärmedämmung vorhanden ist, stellt sich für den Fachmann zusätzlich die Frage, ob die Wärmedämmung durchfeuchtet ist, ob sie noch getrocknet werden kann oder ob sie ausgetauscht werden muss, so dass die Beschränkung auf die Erneuerung der Abdichtungsbahn unzureichend und sinnlos wäre, was der Anwalt als Laie verkannt hat.

Die Beschränkung auf die Beantwortung der ausdrücklichen Beweisfrage, was eine Erneuerung der Abdichtungsbahn kostet, ist erkennbar nicht zielführend, weil diese nicht alle Folgen des gerügten Mangels der Rissbildung dauerhaft zu beseitigen vermag. Der Sachverständige muss mit dem Gericht klären, ob die Mangelbeseitigungskosten nur nach der Erneuerung der Abdichtungsbahn bzw. einschließlich einer Erneuerung der gesamten Wärmedämmung (sofern dies erforderlich ist) berechnet werden sollen.

Oft sind Planungsfehler die Ursache von Mangelerscheinungen. Der Architekt, der den Bauherrn weiterhin berät, weist gelegentlich pflichtwidrig nicht darauf hin, dass seine Planung fehlerhaft war, sondern er verweist den Bauherrn auf irgendwelche Ausführungsmängel eines Unternehmers, deren Beseitigung nicht zum eigentlichen Ziel des Bauherrn führt, nämlich zur nachhaltigen Beseitigung aller Ursachen der Mangelerscheinung, insbesondere der entscheidenden Ursache.

Wenn der vom Gericht bestellte Sachverständige diese nicht erkennt oder es versäumt, das Gericht vor der Erstattung des Gutachtens auf die entscheidende Ursache hinzuweisen,

damit das Gericht den Beweisbeschluss entsprechend modifiziert, schlägt die Stunde des Privatgutachters, dessen Kosten der Architekt als Mangelfolgeschaden tragen muss. Das erscheint angesichts seiner unzureichenden Aufklärung des Auftraggebers auch gerecht.

R. Oswald:
Es gibt allerdings Situationen bei denen übergangslos neue Problemkreise angesprochen werden, nach denen man gar nicht gefragt wurde. Da steckt doch die eigentliche Problematik der Frage.

Liebheit:
Daher muss mit dem Gericht geklärt werden, ob die Erweiterung der Fragestellung nach der Symptomrechtsprechung durch die geschilderte Mangelerscheinung gedeckt ist. Wenn es sich – wie von Herrn Prof. Oswald angesprochen – um einen neuen Problemkreis handelt, auf den sich der Parteivortrag auch bei dessen umfassender verständiger Würdigung nicht bezieht, darf der Sachverständige unter Berücksichtigung des Beibringungsgrundsatzes dazu keine Stellung nehmen. Der Richter kann solche Grenzfälle mangels ausreichender technischer Kenntnisse nur sehr schwer beurteilen. Der Sachverständige kann die rechtlichen Grenzen einer zulässigen Auslegung des Parteivortrags ebenfalls nur schwer beurteilen.

Ich empfehle, durch eine konstruktive Zusammenarbeit mit dem Gericht zu klären, ob die Erweiterung der Fragestellung noch dem Parteivortrag entspricht oder nicht. Die Klärung dieser Frage und Beratung des Gerichts bei dessen Entscheidung gehört zu den Pflichten des Sachverständigen. Sie kann keine Ablehnung des Sachverständigen wegen Befangenheit rechtfertigen, da er zum Ausdruck gebracht hat, dass er die Grenzen des Zulässigen auf keinen Fall überschreiten will.

Frage:
In der Sachverständigenpraxis ist die Bestimmung der Verantwortungsquoten oft schwierig. Gibt es hierzu verbindliche Anhaltswerte oder gute Literaturquellen?

Liebheit:
Diese Frage trifft ins Schwarze einer Problematik, die durch ständige sachfremde Hinweise in der Rechtsprechung und Literatur begründet worden ist. Danach soll der Sachverständige „nur aus technischer Sicht" zur

Verantwortung eines Baubeteiligten Stellung nehmen dürfen. Eine Quotenbildung, die die unterschiedlichen Vertragspflichten, z. B. aufgrund der vertraglichen Beschaffenheitsvereinbarung oder der Prüf- und Hinweispflicht eines Bauleiters oder Nachunternehmers nach den von der Rechtsprechung herausgearbeiteten Grundsätzen nicht berücksichtigt, ist jedoch unbrauchbar. Das wird durch eine Fülle von obergerichtlichen Entscheidungen bestätigt, die solchen Bewertungen unkritisch gefolgt sind.

Der Sachverständige wird seiner Aufgabe als Berater des Gerichts nur dann gerecht, wenn er in einem ersten Schritt alle Kriterien, die aus seiner Sicht für die Quotenbildung entscheidungsrelevant sind, darlegt. Dazu gehören die vorgenannten Kriterien ebenso wie die Bauabläufe, die Erkenntnismöglichkeiten des einzelnen Baubeteiligten und die diesem bekannten baupraktischen Risiken. Diese Kriterien muss er sodann „aus der Sicht des Baupraktikers" bewerten. Nur auf diese Weise kann seine Quotenbildung sach- und praxisgerecht sein und von den Beteiligten entweder akzeptiert oder durch eine andere Gewichtung eines Bewertungskriteriums modifiziert werden. Wenn solch eine Grundlage für die eigenverantwortliche Entscheidung des Gerichts geschaffen wird, ist das Gutachten des Sachverständigen uneingeschränkt verwertbar – unabhängig davon, ob das Gericht einzelne Kriterien anders gewichtet als der Sachverständige.

R. Oswald:
Als Verfahren zur Quotierung der Verantwortlichkeit hat sich die von Herrn Kamphausen entwickelte Methode in Deutschland weitgehend durchgesetzt (P. A. Kamphausen (Arge Aurnhammer); In: Versicherungsrecht 1996 Heft 16, S. 676 ff.). Sie macht gerade komplizierte Sachverhalte deutlich transparenter. Wobei man aber immer wieder auf Richter stößt, die das nicht durchsichtig genug finden. Es ist daher die Aufgabe des Sachverständigen, nachvollziehbar zu beschreiben, aus welchen Gründen bestimmte Entscheidungen im Rahmen des Bewertungsprozesses getroffen worden sind.

Frage:
Warum funktionieren viele Millionen Quadratmeter abgedichtete Industriedächer mit mechanisch befestigten Kunststoffdachbahnen auf einer Stahltrapezprofilkonstruktion, obwohl sie nicht im Gießverfahren sondern einlagig und nicht unterlaufsicher verlegt sind? Sollte man nicht diese Dächer der Fairness halber mehr in den Vordergrund stellen?

Zöller:
Bei den von mir vorgestellten Dächern ging es vorrangig um die Frage, ob diese Dächer auch gefällelos ausgeführt werden können. Dies halte ich eher für kritisch. Mit richtiger Gefällegebung können solche Dächer selbstverständlich zuverlässig ausgebildet werden. Als Beispiel hatte ich einen Fall dargestellt, bei dem die Nähte der Bahnen teilweise offen waren. Auf Grund der starken Gefällegebung sind trotzdem keine Schäden aufgetreten.

Wir haben nicht in jeder Situation eine Stahlbetondecke, auf die dann mit einer Verbundabdichtung gearbeitet werden kann. Leichtdachkonstruktionen können auch mit anderen, als den dargestellten Materialien, zuverlässig abgedichtet werden.

R. Oswald:
Industriehallendächer sollten hier nicht abqualifiziert werden. Bei den dargestellten Beispielen handelte es sich selbstverständlich um Situationen, in denen die Abdichtung nur schwer zugänglich ist, z. B. bei intensiv begrünten Dächern oder Dächern, die mit Belägen versehen waren. Hier sind höhere Anforderungen an die Zuverlässigkeit der Abdichtung, sowie von Herrn Zöller dargestellt, zu stellen.

Dächer auf Industriebauten haben keine Kiesschüttung, wegen den dadurch bedingten hohen Lasten. Die Dachhaut ist also für Wartung und Inspektion unmittelbar zugänglich. Im Übrigen haben Stahltrapezdachkonstruktionen in der Regel kurze Sickerwege. Bei heute verlegten Dampfsperren handelt es sich oft um sehr dünne Folien (auch aus Brandschutzgründen), die keine zusätzlichen Abdichtungsfunktionen mehr erfüllen können. Die Unterläufigkeitsproblematik ist damit reduziert. Eventuelle Leckstellen können einfacher geortet werden, da die Wasseraustrittsstelle i. d. R. nicht weit von der Eintrittsstelle entfernt liegt. Deshalb können funktionsfähige Industriehallendächern mit einem geringeren Zuverlässigkeitsstandard konstruiert werden.

Frage:
Warum werden in den Fachregeln immer noch im Querschnitt Entspannungs- und Dampfdruck-Ausgleichsschichten ausgeführt?

Sie erhöhen ggf. die Wasserunterläufigkeit und nützen praktisch nichts.

Michels:
Wir haben in den Technischen Fachregeln zwei Ausführungsmöglichkeiten mit einer Ausgleichsschicht. Eine vollflächige Verklebung ist ebenfalls zulässig. Allerdings mit dem ergänzenden Satz:
„Auf eine Dampfdruck-Ausgleichsschicht kann verzichtet werden, wenn durch den Einbau der Wärmedämmung sichergestellt werden kann, dass keine Feuchtigkeit eingeschlossen wird."
Gasblasen unter der Abdichtung haben immer eine Ursache, nämlich Feuchtigkeit im Bereich der Wärmedämmung. Dem kann ich nur mit einer zusammenhängenden Luftschicht unterhalb der Abdichtung begegnen oder ich muss Feuchtigkeit vermeiden und vollflächig kleben.

R. Oswald:
Bei Wasser im Dämmstoff gibt es nur bei Schaumglas die Möglichkeit der Blasenbildung, da dann nämlich als Untergrund eine dampfdichte Schicht vorhanden ist. Ein Dampfdruck zwischen der Abdichtung und der Wärmedämmung kann sich doch in allen anderen Fällen gar nicht erst aufbauen. Außerdem muss die Sonneneinstrahlung direkt auf die Abdichtung einwirken. Diese Problematik tritt daher nicht bei kiesüberschütteten, sondern nur bei nackten, ungeschützt liegenden Dächern auf.
Ich finde, dass von der Dampfdruck-Ausgleichsschicht endgültig Abschied genommen werden sollte. Sie hat mehr Nach- als Vorteile.

Michels:
Wenn Sie Dächer sanieren und belassen innerhalb der Konstruktion die feuchte Dämmung, muss als oberstes Gebot darauf eine Entspannungsebene eingebaut werden. Erfahrungswerte zeigen, dass diese Maßnahme bei vorhandener Auflast von geringerer Bedeutung ist.

Zöller:
Wenn wir von Wasserdampf reden, ist gemeint, dass Wasser vom Aggregatszustand flüssig in gasförmig übergeht und so ein Überdruck entstehen kann. Das ist die Voraussetzung für die Entstehung von Blasen.
Zum Wechsel des Aggregatszustandes wird eine große Menge Energie benötigt, dem Wasser zugeführt werden muss. Außerdem muss das Wasser auf engem Raum eingeschossen sein, damit überhaupt eine Blase als Folge des Überdrucks entstehen kann.

Frage:
Ist ein hochwertig errichtetes Mehrfamilienhaus mit nicht genutztem Flachdach der Anwendungskategorie K1 oder K2 zuzuordnen?
Die Frage erfolgte vor dem Hintergrund, dass hier eine einlagige PIB-Bahn ohne nennenswertes Gefälle (max. 0,4 %) ausgeführt wurde.

Michels:
Welche Anwendungskategorie (K1 oder K2) ausgeführt werden soll, bestimmt der Auftraggeber in Beratung mit seinem Planer. An keiner Stelle der Technischen Regelwerke – weder in der Norm, noch in der Fachregel – ist verbindlich festgelegt, welches Dach mit welcher Anwendungskategorie auszuführen ist.
Der Fragesteller spricht wahrscheinlich auf das Thema PIB an. In der PIB-Klassifizierung wird innerhalb der Norm bei 1,5 mm Dicke keinerlei Unterschied zwischen K1- und K2-Dächern gemacht.
Diese Einstufung hat uns schon mehrmals in Erklärungsnot gebracht. Seinerzeit wurde dem Ansinnen des Herstellers nachgegeben. Neben der Dicke des Materials wurden allerdings auch noch andere Qualitätsmerkmale aufgenommen, wie Hagelschlagfestigkeit etc. Das wird oft übersehen. Daher ist nominell eine PIB-Bahn mit 1,5 mm Dicke – wenn das Dach ein Gefälle unter 2 % hat – auch nur der Anwendungskategorie K1 zuzuordnen. K2-Dächer müssen mindestens 2 % Gefälle haben.

R. Oswald:
Gilt bei einem Gebäude, dass als hochwertiges Objekt angepriesen und verkauft wird, nicht automatisch K2 als vereinbart (vergleichbar mit dem Umgang der Qualitätsanforderungen beim Schallschutz)?

Liebheit:
Die Auslegungskriterien, die der BGH in den Schallschutzentscheidungen bezüglich der Beschaffenheitsvereinbarung herausgearbeitet hat, sind von grundsätzlicher Bedeutung. Im Rahmen der Vertragsauslegung sind die gesamten Verhältnisse des Bauwerks und seines Umfelds, sein technischer und qualitativer Zuschnitt, der architektonische Anspruch und die Zweckbestimmung des Bauwerks zu

berücksichtigen. Der Auftraggeber kann erwarten, dass das Werk diejenigen Qualitäts- und Komfortstandards erfüllt, die vergleichbare zeitgleich erstellte Bauwerke erfüllen. Diese Kriterien muss das Gericht mit Hilfe des Sachverständigen klären. Ergibt sich aus der Anpreisung des Verkäufers oder den Gesamtumständen, dass es sich um ein hochwertiges Bauwerk handelt, dürfte K2 als vereinbart gelten.

Zöller:
Bei dem Thema Gefällegebung im Zusammenhang mit der Anwendungskategorie K2 geht es vorrangig um die Frage einer erhöhten Zuverlässigkeit der Konstruktion.
Wenn ein Dach die erforderliche Gefällegebung von 2 % unterschreitet (ich rede nicht vom gefällelosen Dach), stellt sich die Frage, ob die unter bestimmten Randbedingungen daraus resultierende Mangelsituation den Abbruch und die Neuerrichtung der Abdichtung rechtfertigt. Wenn durch andere Maßnahmen die Sicherheit und somit das Ziel der hohen Zuverlässigkeit einer bestimmten Konstruktion auf ein vergleichbares Niveau angehoben wird, ist der Gedanke dieses Leistungssolls auch bei einer Unterschreitung des Gefälles erfüllt. Die Unterschreitung der Gefällegebung kann durch andere, die Zuverlässigkeit erhöhende Maßnahmen kompensiert werden. Entscheidend ist die sachbezogene Beurteilung und nicht unbedingt die Einhaltung eines einzelnen, isoliert betrachteten technischen Details.

Liebheit:
Das sehe ich genauso. Die Gerichte sind insoweit auf eine objektbezogene und detaillierte Beurteilung des Sachverständigen bezüglich der konkreten Ausführung angewiesen. Wenn der Sachverständige zu dem Ergebnis kommt, dass sich durch bereits vorhandene oder zusätzliche Maßnahmen eine gleich hohe Zuverlässigkeit der gesamten Konstruktion erreichen lässt wie eine andere Ausführungsvariante, dürfte das Gericht jene Konstruktion nicht als mangelhaft bewerten, es sei denn die Variante wurde ausdrücklich vereinbart. Bei einer gleich hohen Zuverlässigkeit der gesamten Konstruktion kann der Unternehmer die Nacherfüllung gem. § 635 Abs. 3 BGB wegen Unverhältnismäßigkeit verweigern. Wenn die Ist-Beschaffenheit von der vereinbarten Soll-Beschaffenheit abweicht und nicht festgestellt werden kann, dass die Funktionstauglichkeit des Werks dadurch beeinträchtigt wird, dürfte ein Nacherfüllungsverlangen unverhältnismäßig sein. Die Gerichte dürfen das in § 635 Abs. 3 BGB geregelte Recht des Auftragnehmers, eine unverhältnismäßige Nacherfüllung zu verweigern, nicht mit einer schlagwortartigen Argumentation schematisch übergehen, sondern sie müssen konkret feststellen, dass der Auftraggeber wegen der Vorteile der von ihm geforderten Herstellungsweise an ein objektives Interesse an dieser hat.
Wenn die Herstellungsweise mit gewissen nicht auszuschließenden Risiken oder Nachteilen verbunden ist, die nicht kompensiert werden können, dürfte ein Mangel zu bejahen sein. Dann stellt sich wieder die Frage der Unverhältnismäßigkeit der Nachbesserung. Das OLG Düsseldorf hat insoweit nicht geprüft, welche konkreten Vor- und Nachteile mit den unterschiedlichen Ausführungsvarianten verbunden sind und seine Entscheidung mit einer formalen Argumentation begründet und keine Bewertung nach baupraktischen Kriterien vorgenommen. Mit einem großen Gefälle einer Dachterrasse können auch ungewünschte Nachteile verbunden sein.

Frage:
Die Mehrzahl von Maßnahmen an Flachdächern wird im Gebäudebestand ausgeführt. Häufig trifft man dabei auf hohe Gebäude mit Kiesschüttungen von 5 cm Dicke auch in den Eckbereichen, die seit ca. 30 Jahren fertiggestellt sind und bisher funktioniert haben. Was muss im Rahmen von Sanierungsarbeiten getan werden, damit von einem solchen hohen Gebäude kein Kies herabgeweht wird? Bestehen Nachrüstungspflichten? In den Eckbereichen von Gebäuden bis 25 m Höhe im Binnenland werden heute bis zu 17 cm Kiesschüttung gefordert.

Michels:
Die Verwehsicherheit von Kies ist gerade in Rand- und Eckbereichen ein Problem. Es gibt die Vorgaben, dass man z. B. mit Rasengittersteinen oder durch Abdeckungen mit Plattenbelägen im Rand- und Eckbereich den Kies sichert. Derjenige, der die Ausführung einer Sanierung plant und ausführt, muss die Gesamtsituation einschätzen. Wenn ich z. B. als Dachdeckerunternehmen planerisch nicht auf der Höhe der Zeit bin, muss ich mir Hilfe holen und ggf. eine solche Konstruktion mit einem

Planer oder einem Sachverständigen nachrüsten. Auf jeden Fall muss ich für die Arbeiten haften.

Bei Sanierungen von Bauwerken im Bestand ist es schwierig die Gebäude auf den heutigen Stand der anerkannten Regeln der Technik nachzurüsten. Auch wenn die Dächer bisher funktioniert haben und deswegen keine zusätzlichen Maßnahmen zur Vermeidung von Kiesverwehungen unternommen worden sind, aber im ersten Jahr nach der Sanierung der Schadensfall eintritt, dann haftet der Ausführende für seine Maßnahmen.

Zöller:
Wo liegen die Grenzen?

Muss z. B. bereits bei einer Inspektion des Daches der Hinweis erfolgen, dass das Dach eigentlich so nicht mehr stehen kann?

Kann ein Gebäudeeigentümer, der nichts an seinem Dach machen lässt, im Schadenfall haftbar gemacht werden?

Michels:
Das ist eine juristische Frage, die die Pflege und Wartung von Gebäuden betrifft. Wenn das Dach 30 Jahre alt ist, wird es allerdings höchste Zeit, dass es nachgerüstet wird, indem man z. B. einen Plattenbelag im Rand- und Eckbereich auf den Kies verlegt. Der Bauherr kann von Glück reden, wenn bisher nichts passiert ist.

Liebheit:
Gem. § 836 BGB haftet der Besitzer eines Gebäudes – der nicht dessen Eigentümer sein muss –, einem Verletzten auf Ersatz seines Schadens, wenn durch die Ablösung von Teilen des Gebäudes ein Mensch getötet oder verletzt oder eine Sache beschädigt wird und die Ablösung die Folge einer mangelhaften Unterhaltung ist. Die Haftung tritt nicht ein, wenn der Besitzer nachweisen kann, dass er zur Abwendung der Gefahr die im Verkehr erforderliche Sorgfalt beobachtet hat.

Diese Voraussetzungen dürften bei einer Kiesverwehung von einem Dach, an dem seit 30 Jahren keine Wartungsarbeiten ausgeführt worden sind, zu bejahen sein, wenn sie zu einem der vorgenannten Schäden geführt hat.

Herr Michels hat zutreffend ausgeführt, dass derjenige, der die Ausführung einer Sanierung plant und ausführt, die Planung mit einem Planer oder einem Sachverständigen abstimmen muss, wenn ihm das Fachwissen bezüglich einzelner Ausführungsdetails fehlt, da er gegenüber seinem Auftraggeber dafür haftet, dass sein Werk uneingeschränkt funktionstauglich ist. Diese Haftung kann sich auch auf Mangelfolgeschäden erstrecken, die darin bestehen können, dass der Auftraggeber von einem Verletzten auf Schadensersatz in Anspruch genommen wird.

Die Inspektion eines Daches kann ein vorvertragliches Vertrauensverhältnis der Parteien begründen. Der Dachdecker sollte bei dieser Gelegenheit vorsorglich auf erkennbare Risiken hinweisen.

2. Podiumsdiskussion am 11.04.2011

Frage:
Es wurde dargelegt, dass das entscheidende Kriterium, ob die Wärmeschutzanforderungen der EnEV bei Instandsetzungsmaßnahmen erfüllt werden müssen, die Wirtschaftlichkeit der Maßnahme ist.
Das ist ein sehr ungenaues Kriterium. Wovon ist es abhängig, ob eine Maßnahme wirtschaftlich ist?

M. Oswald:
Gemäß Energieeinsparungsgesetz (EnEG) gelten Maßnahmen als wirtschaftlich vertretbar, wenn die erforderlichen monetären Aufwendungen innerhalb der üblichen Nutzungsdauer durch die eintretenden Einsparungen erwirtschaftet werden können. Bei bestehenden Gebäuden ist die noch zu erwartende (Rest-)Nutzungsdauer anzusetzen.
Die monetären Aufwendungen (Investitionskosten) einer energetischen Modernisierungsmaßnahme, lassen sich relativ exakt bestimmen.
Die Berechnung der zu erwartenden Einsparungen ist hingegen mit großen Unsicherheiten verbunden. Sowohl die angesetzte Energiepreissteigerungsrate, wie der Kapitalzinssatz und die abzuschätzende Nutzungsdauer haben maßgeblichen Einfluss auf das Ergebnis der Wirtschaftlichkeitsberechnung.
Die Nutzungsdauern von Bauteilen können z. B. dem Informationsportal „Nachhaltiges Bauen" (BMVBS), die Nutzungsdauern der technischen Gebäudeausrüstung der VDI 2067, entnommen werden.
Es gibt meines Wissens keine verbindlichen Festlegungen für die Energiepreissteigerungsrate, den Kapitalzinssatz oder den Betrachtungszeitraum, die bei einer Wirtschaftlichkeitsberechnung verwendet werden müssen.
In gerichtlichen Entscheidungen zu diesem Thema wird nicht die Nutzungsdauer sondern pauschal ein Zeitraum von zehn Jahren genannt. Bei der Konzeption der EnEV ging man von einer relativ hohen jährlichen Energiepreissteigerung von 6 % aus.

Konkrete Beispiele zur Wirtschaftlichkeit von unterschiedlichen energetischen Modernisierungsmaßnahmen unter Annahme variierender Energiepreissteigerungen und Betrachtungszeiträumen findet man in der Fachliteratur (z. B. Neddermann, Rolf; Energetische Modernisierung; 2009).
Gerichtsentscheidungen zur Frage der Energiepreissteigerungsrate und dem Kapitalzinssatz lassen keine Einheitlichkeit erkennen.
Ich stimme also dem Fragesteller zu: Dieses Kriterium ist tatsächlich sehr ungenau.
Ich gehe davon aus, dass in Zukunft neben dem reinen Wirtschaftlichkeitskriterium auch ökologische und funktionale Aspekte zum Tragen kommen werden, die Auswirkungen einer Energieeinsparmaßnahme also komplexer zu bewerten sind. Dadurch wird die Bewertung allerdings nicht einfacher.
Abschließend lässt sich festhalten, dass die Wirtschaftlichkeit einer Instandsetzungsmaßnahme zur Erfüllung der Wärmeschutzanforderungen gemäß EnEV vom Einzelfall abhängt und individuell geprüft und nachgewiesen werden muss.

Frage:
Zum Thema Aufbringen zusätzlicher Wärmedämmung auf die vorhandene Flachdachkonstruktion: Sofern man unterstellt, dass alte Dachabdichtungen eine gewisse Dampfsperrfunktion haben, ergeben sich dann keine neuen Probleme, wenn $2/3$ der Gesamtdämmung unterhalb der Dampfsperre liegen?

R. Oswald:
Es ergeben sich keine Probleme. Die Regel ist ganz einfach: Wenn das Dach bisher funktioniert hat, also bei der vorhandenen Schichtenfolge keine diffusionstechnischen Probleme aufgetreten sind, kann man durch eine oben aufgebrachte zusätzliche Dämmung bauphysikalisch alles nur besser machen. An der Stelle, wo Tauwasser anfallen könnte, wird die Temperatur durch das Aufbringen der Dämmung nämlich im Winterfall erhöht.

Frage:

Müssen bei Nacherfüllungsarbeiten die Anforderungen der aktuellen EnEV oder die der EnEV, die zum Zeitpunkt der Errichtung des Gebäudes gültig war, angewandt werden? Wenn z. B. ein Spediteur eine Fassade mit seinem Lkw zu mehr als 10 % beschädigt, was gilt dann für die Reparatur der Fassade?

Liebheit:

Einige namhafte Experten vertreten unter Berücksichtigung des verfassungsrechtlich geschützten Bestandschutzes die Auffassung, dass die Anlage 3 zu den §§ 8 und 9 EnEV auf Reparaturfälle nicht anwendbar sei. Für diese gelte lediglich die Verpflichtung zur Aufrechterhaltung der energetischen Qualität gem. § 11 EnEV. Der Bestandsschutz greift nach meiner Auffassung aber nicht mehr ein, wenn die Außenputz ohnehin erneuert werden muss. Diese Auffassung steht im Einklang mit dem Sinn und Zweck der Anlage 3 zu §§ 8 und 9 EnEV. In der Begründung der Bundesregierung zur EnEV heißt es:

„Die bisherige Anlage 3 soll mit dem Ziel geändert werden, unter Beachtung des Wirtschaftlichkeitsgebots eine durchschnittliche Verschärfung der energetischen Anforderungen an Außenbauteile um etwa 30 % zu erreichen. Die Erneuerung und Sanierung von Bauteilen erfolgt nur in relativ großen Zeitabständen (alle 20 bis 50 Jahre). Ziel der neuen Anforderungen ist es, diese Anlässe möglichst umfassend zu nutzen, um die Energieeffizienz zu verbessern.“

Wenn die Voraussetzungen des § 9 Abs. 1 EnEV in Verbindung mit der Anlage 3 erfüllt sind, greift die Bagatellregelung des § 9 Abs. 3 EnEV nicht ein, weil die Fassade zu mehr als 10 % beschädigt ist. Die gesamte Fassade muss mit einem Wärmedämmverbundsystem versehen werden, das den Anforderungen der EnEV entspricht.

Die Verpflichtung des Schadensverursachers bzw. dessen Haftpflichtversicherers zum Schadensersatz muss in 2 Stufen geprüft werden:

1. Bei der Beschädigung einer Sache muss der Schädiger gem. § 249 Abs. 1 BGB den Zustand wieder herstellen, der ohne das schädigende Ereignis bestehen würde (Grundsatz der Naturalrestitution). Bei Beschädigung einer Sache kann der Geschädigte gem. § 249 Abs. 2 BGB statt der Herstellung den dazu erforderlichen Geldbetrag verlangen. „Erfor-

derlich" sind die Aufwendungen, die ein verständiger, wirtschaftlich denkender Mensch in der Lage des Geschädigten für zweckmäßig und erforderlich halten durfte. Das sind die Kosten einer Instandsetzung, die den Anforderungen des § 9 Abs. 1 EnEV i.V.m. dessen Anlage 3 entspricht.

2. Wenn die Sanierung zu einer Werterhöhung des Gebäudes führt, kann die nach Treu und Glauben gebotene Vorteilsausgleichung die Ersatzpflicht des Schädigers mindern. Diese kommt bei Bauwerken unter dem Gesichtspunkt eines Abzugs „neu für alt" in Betracht. Eine auszugleichende Werterhöhung wird bei der Verlängerung der Lebensdauer eines Bauteils und der Ersparnis von Reparaturaufwendungen bejaht.

Wird in einem Kfz-Haftpflichtfall z. B. der beschädigte Kotflügel eines PKW ausgetauscht, erlangt der Geschädigte keinen Vorteil, weil Kotflügel üblicherweise nicht in gewissen Zeitabständen erneuert werden. Solch eine Reparatur wirkt sich auch nicht werterhöhend bei einem Verkauf des Autos aus. Anders sieht es aus, wenn ein weitgehend abgefahrener Reifen ausgetauscht werden muss.

In dem hier angesprochenen Fall müsste man dementsprechend differenzieren:

Muss der Putz nach einer Standzeit des Hauses von 30 bis 40 Jahren ohnehin renoviert werden, dürfte eine berücksichtigungsfähige Werterhöhung aufgrund der verlängerten Lebensdauer und der ersparten Reparaturaufwendungen in Betracht kommen. Die Vorteilsausgleichung darf aber den Geschädigten nicht unzumutbar belasten und den Schädiger nicht unbillig begünstigen. Insoweit handelt es sich um eine Wertungsfrage, die dem Zweck des Schadensersatzes entsprechen muss.

Bei einem relativ neuen Haus sind die vorgenannten Voraussetzungen nicht erfüllt. Insoweit kann aber eine Verkehrswerterhöhung des Hauses berücksichtigt werden, die naturgemäß nicht der Höhe der Mehrkosten entspricht, die durch eine Sanierung verursacht wird, die den Anforderungen der EnEV entspricht. Die Höhe der Verkehrswerterhöhung dürfte minimal sein.

Außerdem kommt die Berücksichtigung der energetischen Vorteile der exzellent gedämmten Fassade in Betracht, die einen deutlich geringeren Energieverlust und damit geringere Energiekosten zur Folge hat. Herr Dipl.-Ing. Martin Oswald ist in seinem Referat auf die Problematik der Wirtschaftlichkeit einer Maßnahme eingegangen. Er hat im Rahmen der anschließenden Podiumsdiskussion darauf hingewiesen, dass es bei der Wirtschaftlichkeitsberechnung der prognostizierten Energieeinsparung sehr viele Unsicherheiten gebe, z. B. aufgrund der Energiepreisentwicklung. Die Höhe der finanziellen Vorteile ist letztlich eine Sachverständigenfrage. Der Schädiger trägt die Beweislast für diese und die Höhe der Wertsteigerung. Nicht auszuschließende Unsicherheiten wirken sich deshalb zu seinem Nachteil aus. Allerdings ist insoweit kein Vollbeweis i. S. d. § 286 ZPO erforderlich, sondern eine Schätzung gem. § 287 ZPO zulässig. Diese kann sich auf „greifbare Anhaltspunkte" gründen. Ggf. ist die Höhe des „Mindestvorteils" von dem Gericht auf der Grundlage eines Sachverständigengutachtens zu schätzen.

Frage:
Bei Dachoberlichtern, die einer harten Bedachung entsprechen, muss ein Abstand von 1,25 m zur Innenseite Brandwand eingehalten werden. Warum wird nicht die Außenkante der Wand als Bezugsmaß herangezogen?

Hegger:
Dies ist so im Baurecht festgelegt worden und daher nicht interpretierbar.

Zöller:
Viele Haus-Hof-Bebauungen in ländlichen Gebieten mit geneigten Dächern werden nachträglich ausgebaut und in diesem Zusammenhang mit Dachflächenfenstern versehen. Bei sehr dicken Außenwänden (teilweise 50 bis 60 cm Dicke) muss entsprechend den Anforderungen des Brandschutzes das Dachflächenfenster sehr hoch angelegt werden, sodass es schon Oberlichtcharakter bekommt.

Hegger:
Oder auch gar nicht mehr eingebaut werden kann.

Frage:
Von der Grenzlinie des Gebäudes (Mitte Kehle) bis zum Fenster muss ein Abstand von 2 m eingehalten werden. Warum gelten hier nicht 1,25 m bis zur Innenseite der Wand?

Hegger:
Weil es im Baurecht so geregelt ist. Allerdings ist 1,25 m von der Innenseite des Fensters bis Innenseite der Innenwand deutlich weniger als 2 m von Mitte Kehle bis zum

Fenster. 75 cm dicke Wände haben wir im Regelfall nicht.
Bei giebelständig geplanten Gebäuden ist dies in der Tat ein Problem, insbesondere bei steiler Dachneigung, wenn man das Fenster noch in dem Geschoss einbauen möchte, für das es gewünscht ist.

Frage:
Gibt es Sandwichprofile mit Mineralwolle, die den Brand nicht weiterleiten? Sind diese Profile auch im Sinne der Industriebaurichtlinie verwendbar?

Hegger:
Es gibt Sandwichprofile mit Mineralwolle, die den Brand nicht weiterleiten. Der Nachweis nach DIN 18234 (Baulicher Brandschutz großflächiger Dächer) kann allerdings noch nicht erbracht werden. In den Prüfkriterien ist der Durchbrand ein Versagenskriterium. Zwischen den Elementen sitzen Profilfüller, die den Durchbrand ermöglichen. Im Einzelverfahren hat man aber keine Schwierigkeiten mit diesen Elementen.

Frage:
Muss bei der Sanierung der Dachfläche von einem Möbelhaus (über 2.500 m²) der bestehende Aufbau mit EPDS entsprechend den Anforderungen der DIN 18234 bzw. der Verkaufsstättenverordnung zwingend gegen eine nicht brennbare Dämmung ausgetauscht werden?

Hegger:
In der Verkaufsstättenverordnung besteht noch nicht die Regelung, dass die Anforderungen der DIN 18234 als Regeldachaufbau gelten. Deshalb kann auch nicht von der zwingenden Anwendung (einer nicht bestehenden Regel) die Rede sein.
Allerdings ist es immer sinnvoll ein Dach besser gegen Brand auszurüsten. Auch nach DIN 18234 kann mit EPDS gearbeitet werden, wenn die entsprechende Auflast aufgebracht wird.

Frage:
Wirkt sich eine Teilverschattung durch Solaranlagen negativ auf die Lebensdauer der Dachabdichtung aus?

Rühle:
Um die Frage zu beantworten müssten Langzeiterfahrungen über die Auswirkungen von

Teilverschattungen vorliegen. Schadensmeldungen über dadurch bedingte schnellere Erosion der Dachhaut liegen mir nicht vor. Nach meiner Erfahrung ist dies nicht das große Problem.

Im Vordergrund steht jedoch die Frage, ob die Austrocknungspotentiale der Konstruktion dadurch beeinflusst werden. Verschattungen führen zu entsprechenden Verzögerungen der Austrocknungspotentiale und sind so ggf. schadensursächlich.

Zöller:
Solaranlagen werden häufig auf bereits bestehenden Flachdächern aufgestellt. Es liegen aber keine Untersuchungen über die Funktionsfähigkeit der Abdichtungen nach dem Aufstellen der Module vor, entsprechend existieren keine Regelwerke zu dieser Frage.

Zurzeit bedarf das Aufstellen von Solaranlagen auf Flachdachabdichtungen sehr intensiver Voruntersuchungen des bestehenden Dachaufbaus – meist mit dem Ergebnis, dass der Dachaufbau neu konstruiert werden muss. Ist das richtig?

Rühle:
Diese Frage würde ich mit Ja beantworten.

Frage:
Herr Rühle, brauchen wir nicht dringend verbindliche Regelwerke zur Montage von Photovoltaikanlagen?

Rühle:
Das ist uneingeschränkt mit Ja zu beantworten.

Beim ZVDH wird darüber nachgedacht, inwieweit das bereits vorliegende Merkblatt Solartechnik nicht entsprechend ergänzt werden muss.

Mit dem Wissen, dass Durchdringungen in der wasserführenden Ebene zu Problemen führen können, sollte man bei Neubauten Aufständerungen grundsätzlich so planen, dass die Ausbildung der Anschlüsse der an aufgehenden Bauteilen entspricht. Über die sichere Ausführung von Anschlüssen an aufgehende Bauteile bestehen ausreichend Erfahrungen und Kenntnisse in der Verarbeitungstechnik.

R. Oswald:
Sind nicht auch in Bezug auf den Brandschutz und vor allem auf die Standsicherheit bauordnungsrechtliche Regeln notwendig?

Sie sagen, dass die Befestigungsmittel meist nicht zuverlässig sind. Dann geht es doch um die Frage, wie verhindert werden kann, dass Personen von herabstürzenden Solaranlagen erschlagen werden.
Gibt es dazu Aktivitäten?

Rühle:
Mein Vortrag war vom Grundsatz sicherlich relativ negativ beeinflusst – aber nicht, weil ich Gegner von solartechnischen Anlagen bin – im Gegenteil –, sondern weil ich Gegner der derzeitigen Verarbeitungssituation bin.

In Bezug auf Brandschutzaspekte sind die Hersteller im Obligo. Sie müssen ihre Produkte diesbezüglich prüfen lassen, sonst sind sie bauordnungsrechtlich mehr als problematisch.

Zu dem von Herrn Prof. Oswald angesprochenem Problem der Windsogsicherung, ist der allgemeine zur Verfügung stehende Kenntnisstand bei solchen Anlagen sicherlich noch fragwürdig. Weitere wissenschaftliche Untersuchungen sind notwendig um konkrete Aussagen treffen zu können. Die Auswirkungen von Unterströmungen und inwieweit sie angerechnet werden können, müssen untersucht werden. Nur dann können auch klare Aussagen in Regelwerke und letztlich in die Bauordnung einfließen.

Zurzeit wird nach dem trial-and-error Verfahren vorgegangen.

R. Oswald:
Was macht der Dachdeckerverband im Moment konkret?

Rühle:
Gängige Praxis ist, dass entsprechend der Berechnungen der Hersteller die unterstellte erforderliche Last, z. B. durch Auflast (beispielsweise in Form von Wannenbildungen o. ä.) aufgebracht wird und man hofft, dass die Anlage stehen bleibt.

Zöller:
Dachdecker werden aber beim Aufstellen von Photovoltaikanlagen in der Regel nicht gefragt.

Rühle:
Auch Dachdecker bauen solartechnische Anlagen, gute und schlechte. Da möchte ich unseren Verband an dieser Stelle nicht aus der Verantwortung nehmen. Handwerker mit statischen Erfahrungen haben i. d R. weni-

ger Probleme mit dem Aufstellen der Anlagen.
Der Hauptfehler liegt in der falschen Einschätzung, dass durch die Stellung der Anlage gegenüber dem anströmenden Wind ein solcher Abtrieb geschaffen wird, dass die Anlagen ohne Windsogsicherung halten.

Hegger:
Im Vorfeld muss mehr nachgedacht werden. Die Reihenfolge muss sein: anschauen, nachdenken, planen und dann handeln.

Oswald:
Wie handeln wir heute denn richtig?

Hegger:
Diesem Thema müssen wir uns dringend annehmen. Herr Rühle, da müssen Sie mit Ihrem Verband Farbe bekennen.

Rühle:
Zurzeit werden Anlagen gebaut ohne entsprechende Hinterfragung der Problematik.
Jede Anlage muss aber als Individualanlage geplant werden. In Abhängigkeit von der Gebäudehöhe, dem Standort und den bekannten Einflussfaktoren aus der DIN 1 055-04 und -05 (Wind- und Schneelast) müssen objektspezifische Anforderungen umgesetzt werden. Wir können nicht den Dachdeckern das Problem aufs Auge drücken in dem wir allgemeine Regeln fordern. Bei individuell geplanten Anlagen ist auch der Anteil der Fehler geringer.

Frage:
Ist bei einer aufgeständerten Solaranlage auf einem viergeschossigen Wohnhaus im Rahmen einer Altbausanierung ein Blitzschutz zwingend erforderlich z. B. wegen des hohen Anteils von Stahlbauteilen?

Hegger:
Ein Blitzschutz ist nicht zwingend erforderlich, sondern in erster Linie eine freiwillige, oft sehr sinnvolle, Maßnahme.

Der äußere muss immer mit dem inneren Blitzschutz kombiniert werden, denn ohne den inneren bringt der äußere Blitzschutz nicht viel. Bei einer Altbausanierung gibt es vermutlich wenig inneren Blitzschutz. Sicherlich ist es sinnvoll Elemente, die aus dem Fangschirm der Dachfläche herausragen, an den Blitzschutz anzuschließen. Als zwingendes Erfordernis ist mir dies allerdings nicht bekannt.

Rühle:
In Deutschland ist bei öffentlichen Gebäuden ein Blitzschutz in der Regel verpflichtend. Im Privathaus bzw. Mietshaus ist dies „leider" noch nicht der Fall.
Allerdings, sind überhaupt erhöhte Schäden im Zusammenhang mit solartechnischen Anlagen durch Blitzeinschläge aufgetreten?
Es sind einige Fälle bekannt, aber keine signifikant hohe Anzahl von Schäden. Daher ist die Frage, ob ein Blitzschutz zwingend eingesetzt werden muss, eher mit Nein zu beantworten.
Die Gesamtkonstellation eines Daches kann aber trotzdem einen Blitzschutz bei Montage einer Solaranlage notwendig machen.

Frage:
Was ist in dem von Ihnen, Herr Dr. Hoch, genannten Beispiel beim umgekehrten Dach als Terrassendach nach den 2 Jahren geschehen?

Hoch:
Die obere Dämmschicht ist fast abgetrocknet. Die untere war noch wassergesättigt. Das ist aber auch zu verstehen, da die wasserführende Ebene nicht nur wärmeenergiezehrend ist, sondern auch den Durchgang des Wasserdampfes behindert. Deswegen hat man sich entschlossen, eine einlagige Wärmedämmung in Dicke beider Dämmplatten zu verlegen und dann allerdings auch den Kies und die plattenförmige Gehwegmarkierung beizubehalten. Man wusste, dass das Dach funktioniert – nur zweilagig wärmegedämmt nicht.

1. Podiumsdiskussion am 12.04.2011

Frage:
Herr Flohrer, Sie hatten erläutert, dass sich verpresste Risse im Winter wieder öffnen. Risse sind aber auch bei größter Sorgfalt unvermeidbar. Wie geht man mit diesem Problem praktisch um, wenn die Deckenoberfläche nicht mehr zugänglich ist?

Flohrer:
Je kleiner der Riss, desto schwieriger ist ein dauerhaftes Verschließen. Risse mit 0,1 mm Breite, die verpresst worden sind, öffnen sich bereits bei geringen Temperaturveränderungen wieder. Die Dehnfähigkeit des Harzes ist bedingt durch die geringe Materialdicke in dem Riss relativ schnell erschöpft.
Breite Risse (Rissbreiten mit 0,3 – 0,4 mm) können eher geschlossen werden. Erstens sieht man sie sehr deutlich und zweitens hat das Polyurethan, das in den Riss injiziert wird, die Möglichkeit Rissweitenänderungen mitzumachen, weil man die Dehnfähigkeit von 5 – 10 % der Polyurethane im Riss tatsächlich ausnutzen kann.

Zöller:
Man muss in diesem Bereich mit anderen Konzepten arbeiten, aber bei dem Begriff „Weiße Decke" denken viele Ingenieure, dass vorrangig die Rissbreiten zu beschränken sind.

Flohrer:
Das ist genau der Fehler, den man nicht machen sollte.

Frage:
Warum wird nicht die Nutzungsklasse B zugrunde gelegt?

Flohrer:
Es sollte die Nutzungsklasse A zugrunde gelegt werden, d. h. es sind trockene Untersichten gefordert. In der Nutzungsklasse B müsste akzeptiert werden, dass leichte Feuchtstellen auf der Unterseite der Decke auftreten

können. Diese Feuchtigkeit dringt über kleine Risse ein. Bei schmalen Rissen geht man davon aus, dass sie sich durch den sogenannten Selbstheilungsprozess schließen. Im Sommer, wenn die Risse überdrückt werden, tritt dieser Effekt auch ein. Bei der nächsten Abkühlung im Winter geht der Riss allerdings wieder auf und es tritt nicht nur Feuchtigkeit auf, sondern es ist mit abtropfendem Wasser zu rechnen. Tropfendes Wasser auf darunter abgestellten Fahrzeugen muss verhindert werden, da sonst mit Lackschäden zu rechnen ist.

Zöller:
Müssten nicht in den allgemeinen Regelwerken zu wasserundurchlässigen Konstruktionen entsprechende besondere Anmerkungen zu Tiefgaragendecken einfließen?

Flohrer:
Ich sehe hier keinen Regelungsbedarf. In der WU-Richtlinie ist grundsätzlich die Wahl zwischen den drei Entwurfsgrundsätzen gegeben. Wenn ich das nutze und den richtigen Entwurfsgrundsatz verwende, habe ich alle Grundlagen, um eine Weiße Decke vernünftig zu planen.
Seitens des DBV wird außerdem ein Sachstandsbericht erstellt, in dem auf dieses Thema hingewiesen wird.

R. Oswald:
Der Ort der Rissbildung sollte allerdings festgelegt werden. Es kann nicht sein, dass die Risse kreuz und quer durch die Decke laufen und man eine entsprechende Deckenuntersicht incl. der Packer erhält.

Flohrer:
Deswegen sollten Risse grundsätzlich vermieden werden. Einzeln auftretende Risse müssen, wenn man von oben nicht mehr dran kommt, abgedichtet werden. Um den Ort der Rissbildung gestalterisch zu beeinflussen, werden quasi kleinere Fehlstellen (Sollrissfugen) angelegt.

R. Oswald:
Wird der Nutzer nicht überfordert, wenn er akzeptieren soll, dass die „schönen breiten" Risse gewollt sind und keinen Mangel darstellen?

Flohrer:
Die meisten Leute kennen die DIN 1045 und gehen davon aus, dass Rissbreiten begrenzt werden müssen, damit keine zusätzlichen Maßnahmen erforderlich sind.
Bei Weißen Decken über Tiefgaragen bedeuten vorhandene Risse aber automatisch, dass sie wasserführend sind und Selbstheilungsprozesse nicht greifen können. Deswegen muss man sich in dieser Situation auch nicht nach der Rissbreitenbegrenzung von DIN 1045 richten. Risse müssen hier ganz bewusst geplant und dauerhaft abgedichtet oder konsequent vermieden werden.

R. Oswald:
Ich möchte Ihre Aussage relativieren. Mir sind erdüberschüttete „Weiße Decken" bekannt, die zunächst trotz gezielt geplanter, oberseitig abgedichteter Sollbruchfugen vereinzelt Risse in der Fläche zeigten, die kraftschlüssig verpresst wurden und dann nicht undicht wurden.
Die ungünstigste Beanspruchung solcher Decken erfolgt in den ersten Monaten, in denen die temperaturschützenden Deckschichten noch fehlen und zudem der Schwindprozess des Betons noch ausgeprägt ist. Danach wird es günstiger. Man sollte also nicht sagen, dass Risse „automatisch" wasserführend sind.

Frage:
Im Vortrag von Herrn Flohrer sind bei der Betrachtung der Frage nach den allgemein anerkannten Regeln der Bautechnik die Bauweisen Weiße Wanne, Weiße Tiefgaragendecke (erdüberschüttet), Weiße Decken und Weiße Dachdecken (Dächer) relativ undifferenziert nebeneinander dargestellt bzw. beschrieben worden.
Sollten die verschiedenen Bauteile nicht differenzierter dargestellt, betrachtet und beurteilt werden?
Muss man nicht nach eingehender Überprüfung des Themas Weiße Flachdächer aus technischer und rechtlicher Sicht zum Ergebnis kommen, dass diese Bauweise eindeutig noch nicht den allgemein anerkannten Regeln der Bautechnik entspricht?

Flohrer:
Die Grundlagen, dass diese Bauweise zur allgemein anerkannten Regel der Technik wird, sind vorhanden. Das gilt auch für Weiße Wannen. Wenngleich in der Praxis durchaus viele Probleme an Weißen Decken und Weißen Wannen auftreten, weil die Planer die einzuhaltenden Randbedingungen häufig nicht beachten und so tun, als wäre z. B. die Weiße Wanne ein von Haus aus dichtes Bauwerk.
Jahrelang wurde das Thema Dampfdiffusion und Wasserdampfdiffusionstransport in den Vordergrund gehoben und alle Schäden wurden auf dieses Thema reduziert. In Wirklichkeit sind die Schäden an den Weißen Decken und Weißen Wannen vor allem eine Frage der Planung der Risse.

R. Oswald:
Die erdüberschüttete Tiefgaragendecke ist mit Sicherheit eine Bauweise, die schon seit vielen Jahren sehr gut funktioniert und bei technisch richtiger Gestaltung und Bemessung sicher als „anerkannte Regel der Bautechnik" gelten kann. Mir ist in den letzten Jahren bei keinem beratenen Objekt mit erdüberschütteten Tiefgaragendecken eine bahnenförmig abgedichtete Decke untergekommen. Die Weiße Decke ist in solchen Situationen ganz offensichtlich allgemeine Praxis.
Wir sprechen hier nicht über die unmittelbar befahrenen Betondecken, bei denen bereits der Chloridschutz ein wichtiges Thema ist. Wir reden nur über die Situationen, wo oberseitig eine gut funktionierende Wärmedämmung oder eine dicke Erdüberschüttung vorhanden ist, sodass relativ gleichmäßige Temperaturen im Bereich der Weißen Decke vorhanden sind.

Flohrer:
Wobei häufig eine gleichmäßige Temperaturbeanspruchung der Tiefgaragendecke falsch eingeschätzt wird. Auf der Innenseite sind Tiefgaragen aufgrund ihrer Nutzung und der offenen Belüftung in der Praxis deutlichen Temperaturveränderungen ausgesetzt und dies kann durchaus zu Rissbildungen führen. In dieser Beziehung sind Dachdecken deutlich einfacher zu planen.

R. Oswald:
Bei der Erarbeitung der WU-Richtlinie gab es anfangs recht große Widerstände die Weißen Decken ebenfalls in die Richtlinie mit aufzunehmen. Wenn man bedenkt, welcher Aufwand erforderlich ist, um eine funktionsfähige

Lösung zu erhalten, dann ist dieser Widerstand nicht ganz unverständlich.

Flohrer:
Der gleiche Aufwand ist bei den Weißen Wannen erforderlich, insbesondere je hochwertiger die Weißen Wannen genutzt werden (bei Bodenaufbauten bzw. Wandbekleidungen). Insofern hätten durchaus auch die Weißen Decken gleich zu Beginn mit aufgenommen werden können, aber sie waren einfach nicht Ziel der Regelung.

R. Oswald:
Hier hat eine Entwicklung stattgefunden, aber solange die Weißen Decken in der WU-Richtlinie nur am Rande angesprochen werden, wird die Frage, ob es sich dabei um anerkannte Regel der Technik handelt, weiter bestehen bleiben. Zurzeit gibt es kein Regelwerk, welches ausdrücklich die Weißen Decken betrifft. Deswegen sollten zur Streitvermeidung diese WU-Konstruktionen – im Gegensatz zu den Weißen Wannen, die allgemein als a.R.d.Bt. akzeptiert sind – immer noch ausdrücklich vereinbart werden mit dem Hinweis auf die derzeitige Regelwerksituation. Ansonsten werden immer wieder Sachverständige eingeschaltet werden müssen, um im Streitfall diese Frage zu klären.

Flohrer:
Es wurde versäumt, in der Richtlinie an mehreren Stellen auf das Thema Dach und die Besonderheiten in diesem Bereich hinzuweisen. Mit dem DBV-Sachstandsbericht soll das nun nachgeholt werden.

Zöller:
Die Entscheidung darüber, welche Konstruktion ausgeführt wird, wird letztendlich nach den entstehenden Gesamtkosten getroffen. Alle Maßnahmen z. B. zur Verringerung der Spannungen sind bei oberseitig ausgeführter Verbundabdichtung nicht mehr erforderlich und der Chloridschutz bei befahrenen Decken ist damit ebenfalls gegeben.

Flohrer:
Im Einzelfall kann eine Weiße Deckenkonstruktion die teurere Lösung sein, muss aber nicht. Bewehrungsmengen können durchaus reduziert werden und dadurch gleicht sich das wieder aus.
Wenn aber sehr aufwändig konstruiert werden muss, weil z. B. im Hochsommer gebaut

wird, könnte eine solche Konstruktion ausscheiden und es müsste wieder auf die Verbundabdichtung zurückgegriffen werden.
Es ist ein großer Nachteil, dass diese Bauweise nur von einzelnen Herstellern propagiert und vorangetrieben wird. Es gibt auch nur sehr wenige Veröffentlichungen zu diesem Thema. Dies alles trägt dazu bei, dass man sich fragt, ob es sich dabei um anerkannte Regel der Technik handelt.

Frage:
Wie sieht der weitere Aufbau oberhalb der Weißen Decke aus?

Flohrer:
Der weitere Aufbau ist mit dem eines Umkehrdachs vergleichbar. Das betrifft Gefälle, Ebenheit, Schichtenaufbau etc.

Frage:
Warum sind Flüssigabdichtungen an Dehnungsfugen geeigneter als innen liegende Dehnfugenbänder?

Flohrer:
Wenn Sie an einem innen liegenden Band ein Problem haben, können Sie zwar versuchen, die gesamte Fuge durch Vergelungen und andere Abdichtungsmöglichkeiten wieder zu heilen, aber das ist extrem schwierig. Ein Flüssigfolienanschluss ist im Schadensfall viel einfacher zu reparieren.

Frage:
Kann ich die Flüssigabdichtung auf feuchtem Betonuntergrund auftragen?

Flohrer:
Wenn man den Betonuntergrund vorher entsprechend trocknet und anschließend eine geeignete Epoxydharzgrundierung aufbringt, ist das möglich. Dann kann man auch unter diesen Bedingungen eine Flüssigabdichtung auf den Beton auftragen.

Frage:
Wachsen Wurzeln generell durch Abdichtungen oder nur dann, wenn darunter Wasser vorhanden ist?

Krupka:
Grundsätzlich gilt, Wurzeln haben im Dachaufbau ein sogenanntes ungerichtetes Suchverhalten. Sie wachsen immer in Richtung der höheren Feuchtigkeit. Wasser „riechen" kön-

nen sie nicht. Die Prüfung auf Durchwurzelungsfestigkeit nach dem FLL-Verfahren arbeitet entsprechend, in dem unter der zu prüfenden Abdichtung ein Wasseranstau ist.

Zöller:
Wurzeln können also z. B. nur in die Kanalisation einwachsen, wenn auch eine kleine Leckstelle vorhanden ist. Ein dichtes Grundleitungssystem kann nicht von Wurzeln geknackt werden?

Krupka:
Es muss immer eine vermehrte Feuchtigkeit vorhanden sein, dann sammeln sich die Wurzeln an und wachsen der Feuchtigkeit entgegen.

Frage:
Wie groß müssen die Intervalle der Fertigstellungspflege sein (Tage, Wochen, Monate)? Ist das kalkulierbar und gehört dazu auch das Bewässern?

Krupka:
Die Leistung muss natürlich nach VOB kalkulierbar ausgeschrieben werden.
Häufig heißt es allerdings nur: Ein Stück Fertigstellungspflege. Dann bekommen Sie Preise von 50 ct. bis 5 €.
Der Anbieter mit den 50 ct. bekommt den Auftrag und wird entsprechend schlecht pflegen.
Man soll die Leistung besser getrennt als einzelne Position ausschreiben:

– das Bewässern
– das Düngen
– ggf. das Nachsäen als Reserveposition (z. B., ob die Ursprungsleistung in Ordnung war)

Normalerweise reicht alle drei Monate ein Pflegegang (Düngung oder Nachbesserung). Das hängt natürlich von der Vegetation und der Witterung ab.

Frage:
Ist bei einem gefällelosen Dach eine pflegearme Extensivbegrünung mit hohen, leistungsfähigen Dränmatten möglich?
Oder ist ein Mindestgefälle notwendig – wenn ja: 2 % oder 5 %?

Krupka:
Das ist die Kernfrage, die sich immer wieder stellt.
Eine deutliche Entwässerung, 2 % oder mehr, kommt der extensiven Dachbegrünung sehr entgegen, weil sie im Sommer ruhig austrocknen soll. Die Pflanzen stammen ja von Trockenstandorten. Außerdem vertrocknen dann auch die unerwünschten Fremdkräuter, Birkensämlinge, etc.
Bei 0°-Konstruktionen ist eine leistungsfähige Dränbahn erforderlich, die es schafft einen möglichst großen Abstand zwischen der wasserführenden Dachebene und der Begrünungsfläche zu schaffen. Eventuell kann diese Lösung funktionieren.
Die extensive Dachbegrünung muss nämlich sozusagen auf einem teilweise künstlich erzeugtem Grundwasserstand funktionieren. Wenn Sie in Ihrem Garten unter dem Rasen nach 8 cm Grundwasser hätten, würden Sie sich bedanken.
Aber es wird funktionieren. Das gewünschte und angepflanzte Sedum wird sich allerdings nicht so gut durchsetzen. Es werden mehr sich wild aussäende Gräser und Kräuter wachsen. Darüber muss der Bauherr im Vorfeld informiert werden. Das Erscheinungsbild kann anders werden als gewünscht und möglicherweise wird mehr Pflege benötigt.

R. Oswald:
Das bedeutet doch wohl, dass im Regelfall eine Null-Grad-Dach-Extensivbegrünung als nicht mangelfrei gelten kann, wenn nicht ausdrücklich mit dem Besteller über das abweichende Erscheinungsbild und den höheren Pflegeaufwand gesprochen wurde.

Krupka:
Das ist richtig. Die Dachbegrünungsrichtlinie gibt zur Gefälleausbildung und den Folgen mangelnder Gefälleausbildung detailliere Hinweise. Es ist also eine Aufgabe der präventiven Schadensverhütung sich in der Planung und Ausführung um eine ausreichende Gefälleausbildung von Flachdächern zu kümmern.

Pro und Kontra: Das aktuelle Thema
Normen – Qualitätsgarant oder Hemmschuh
der Bautechnik?
2. Podiumsdiskussion am 12.04.2011

Frage:
Wie gehen wir mit den neuen Bauprodukten um?
Reicht es aus, dass ein Bauprodukt ein bauaufsichtliches Prüfzeugnis (abP) hat, um in die Norm aufgenommen zu werden?

Herold:
Das Thema wird leider immer sehr allgemein und zu undifferenziert behandelt. Nicht jedes Produkt mit einem abP oder ETA wird automatisch in eine Norm aufgenommen. Es werden nur die Produkte aufgenommen, die auch eine praktische Bewährung nach den bekannten Kriterien der „anerkannten Regel der Technik" aufweisen können.
Durch eine Prüfung muss nachgewiesen werden, dass das Produkt bestimmte für den Verwendungszweck entscheidende Kriterien erfüllt und es bedeutet nicht immer, dass es sich bereits bewährt hat. Ein Produkt mit ETA, das in die DIN 18532 aufgenommen ist, muss z. B. nach der ETAG 005 „Dachabdichtungen mit flüssigen Kunststoffen" geprüft werden und eine entsprechende Klassifizierung nachweisen. Die Prüfung selbst ist letztendlich nur ein Nachweis der in der Norm gestellten Anforderungen, die für bewährte Produkte gelten.

R. Oswald:
Produkte, die in die Norm aufgenommen werden sollen, müssen nicht nur die Prüfkriterien erfüllen, sondern auch eine praktische Bewährung anhand ausgeführter Projekte nachweisen können. Flüssigabdichtungen, die in die Kategorie W3 eingestuft werden sollen (Nutzungsdauer 25 Jahre), müssen sich auch nach der ETAG 005 mindestens 5 Jahre in der Praxis bewährt haben. Der Nachweis muss über Einzelobjekte erfolgen. Die Frage nach der Praxisbewährung wird also schon bei der Prüfung berücksichtigt.
Allerdings gibt es bei vielen Produkten immer wieder Rezepturänderungen, die kaum erkannt werden können und die auch nicht er-

neute Prüfungen zur Folge haben müssen. In den Normen sind die Produkte nämlich nur sehr allgemein definiert. Hier gibt es deshalb immer wieder Probleme.

Herold:
Das abP ist ein nationaler Nachweis entsprechend den bauaufsichtlichen Kriterien. Nicht jedes Produkt mit einem abP ist normenkonform, sondern nur wenn es auch in einer Norm aufgenommen ist. Alle anderen Produkte mit abP sind zwar bauaufsichtlich zulässig, ihre Anwendung muss aber mit dem Bauherrn vereinbart werden mit dem Hinweis, dass bei Verwendung dieses Produkts von der Norm abgewichen wird.

Frage:
Müsste man angesichts der vielfachen Änderung der Norm nicht endlich dazu kommen, dass Normen allen öffentlich interessierten Kreisen kostenlos zur Verfügung gestellt werden sollten?

R. Oswald:
Das ist eine sehr berechtigte Frage. Allerdings ist das Deutsche Institut für Normung kein staatliches Institut, sondern ein eingetragener Verein, der sich u. a. durch den Verkauf der Normen finanzieren muss.
Der Wunsch nach einer kostenfreien Vergabe kann also nur an den Staat gerichtet sein: Ist der Staat bereit, dieses Institut soweit finanziell zu fördern, dass eine kostenfreie Abgabe der Normen möglich ist?

Herold:
AbP's bekommen sie auf jeden Fall kostenlos.

Frage:
In der Schweiz gibt es die SIA-Vorschriften (SIA, Schweizerischer Ingenieur- und Architektenverein) die ähnlich aufgebaut sind.
Wie sind dort die Erfahrungen mit der Vielfältigkeit der Normen im Abdichtungsbereich?

Herold:

Die genauen Erfahrungen in der Schweiz sind mir nicht bekannt.

Durch die Vielfältigkeit der Normen sollte nicht der Stein der Weisen erfunden werden. Diese Differenzierung bietet nach Meinung der Mehrheit der Personen, die darüber zu entscheiden hatten, Vorteile für den Planer und Anwender. Durch die abgegrenzten Einzelnormen wird die Planungs- und Anwendungssicherheit erhöht.

Das Problem sind nicht zu viele Regelwerke, sondern die Unklarheit der Normen. Es werden teilweise unspezifische Anforderungen gestellt, Widersprüche sind vorhanden und Dinge werden nicht richtig zugeordnet. Durch einzelne Planungsnormen sollten die Dinge vereinfacht und die Aktualisierung der Normen erleichtert werden. Ich halte es für einen großen Fortschritt, diesen Weg jetzt zu gehen.

Frage:

Was muss man tun, um in einem Normen-Arbeitsausschuss mitwirken zu dürfen?

R. Oswald:

Einzelheiten sind in DIN 820 geregelt. Die Arbeitsausschüsse setzen sich aus „interessierten Kreisen" zusammen. Der Kreis der Planer und Bauherren ist dabei sehr unterrepräsentiert.

Bei der Mitarbeit in einem Normenausschuss müssen sämtliche entstehenden Kosten (incl. Fahrtkosten etc.) selbst getragen werden. Zusätzlich muss für die Mitarbeit sogar jährlich ein hoher Betrag gezahlt werden. Deswegen ist die Anzahl der Freiberufler, die in den Ausschüssen mitarbeiten, sehr gering. In der Regel sind Vertreter von Verbänden anwesend. So liegt es in der Natur der Sache, dass die Kreise besonders stark und kompetent vertreten sind, die ein wirtschaftliches Interesse an bestimmten Normenergebnissen haben. Für die Abdichtungsnorm kann ich sagen, dass auch die Baugewerbe- und Handwerksverbände – also die Seite der Ausführenden – sehr kompetent vertreten sind. Ich bedaure sehr, dass in den jeweiligen Ausschüssen nicht mehr fachkundige Planer und fachkundige Bauherren sitzen.

Allerdings muss man bedenken, dass bei großzügiger Kostenerstattung die Gefahr des Spesenrittertums entsteht und Personen in den Ausschüssen sitzen, die doch keine Ahnung haben. Das ist ein schwer lösbares Problem.

Bei der Konstituierung eines Arbeitsausschusses hat das DIN darauf zu achten, dass die Ausschüsse „ausgewogen" zusammengesetzt sind. Es gibt auch eine Mechanisierung der „Selbstregulierung", die Interessengruppen sind schon selbst daran interessiert, dass andere Gruppen kein Übergewicht bekommen.

Frage:

Macht die Nutzungskategorie N2 Unterschiede zwischen privat genutzten Tiefgaragen (z. B. 6 bis 8 Stellplätze) und öffentlich genutzten Tiefgaragen (mit 100 bis 200 Stellplätzen)?

Vater:

Nein, das ausschlaggebende Kriterium für die Einordnung in eine Nutzungskategorien ist die Verkehrslast. Bestimmte Gesamtgewichte für Fahrzeuge dürfen je nach Nutzungskategorie nicht überschritten werden.

Frage:

Bei der Abdichtung auf jungem Beton ist der Beton unter der Abdichtung nass und bleibt auch nach der Abdichtung nass. Nasser Beton beschädigt die Abdichtung bei Frost.

Führt die Abdichtung von nicht ausgetrocknetem Beton zu Schäden?

Vater:

Ja, das ist richtig, deswegen wird in der aktuellen Entwurfsfassung der DIN 18532 der Lastfall Feuchtigkeit und Frost in einer Umgebungsklasse zusammengefasst.

R. Oswald:

Aus Zeitgründen fällt die Diskussion zum *Pro-und-Kontra-Thema* sehr knapp aus: Ich denke, die Vor- und Nachteile der Neugliederung und die zukünftigen Inhalte der Einzelnormen sind klar geworden.

Normen sind Menschenwerk und daher nicht fehlerfrei. Insgesamt halte ich aber die Arbeit der Ausschüsse für sorgfältig und ausgewogen und man sollte dankbar sein, dass es im Gewirr der Interessen und Entwicklungen im Baubereich diese Orientierungshilfen gibt. Ich halte es daher auch für richtig, dass die Gerichte als Arbeitshypothese davon ausgehen, dass Normen anerkannte Regeln der Bautechnik beschreiben. Wer im konkreten Einzelfall anderer Meinung ist, trägt jedoch die Beweislast.

Gerade die Gruppe der Sachverständigen, die an zuverlässigen Bewertungskriterien interessiert sein muss, sollte der Normungsarbeit mit wohlwollender, kritischer Akzeptanz begegnen.

3. Podiumsdiskussion am 12.04.2011

R. Oswald:
Herr Spitzner, vielleicht möchten Sie zunächst auf meinen teilweise doch sehr kritischen Vortrag reagieren.

Spitzner:
Die Zielsetzung des Fachberichts hat der Normungsausschuss in dem Kapitel „Anwendungsbereich" dargestellt. Initiiert wurde der Fachbericht durch das Bauministerium, das den Wunsch geäußert hatte, dass von Seiten der Normung eine Zusammenstellung der verschiedenen Einflüsse auf das Schimmelpilzwachstum erarbeitet wird. Es sollen Erläuterungen und Diskussionsgrundlagen gegeben werden.
Eine Festlegung wie Feuchtigkeitsschäden zu beurteilen bzw. wie Gutachten zu erstellen sind, sollte nicht erfolgen. Genauso wenig wie in diesem Zusammenhang geklärt werden sollte, in welchem Umfang Schimmelpilzbildungen noch zumutbar sind. Diese Festlegung ist nämlich eine gesellschaftliche Frage und keine Frage, die von einem Normenausschuss geklärt werden kann.

R. Oswald:
Das Kapitel 8 heißt „Begutachtung bei bestehenden Gebäuden", der Anhang B ist mit „Gutachten Schimmelpilzschäden" überschrieben. Wenn im einleitenden Kapitel „Anwendungsbereich" die Beurteilung von Schimmelschäden nicht als Ziel genannt wird, dann deckt sich der formulierte „Anwendungsbereich" nicht mit dem tatsächlichen Inhalt des Berichts, denn in dem Fachbericht wird inhaltlich sehr viel dazu geschrieben.
In der Konsequenz werden sich Rechtsanwälte sicherlich auf die im Fachbericht getroffenen Aussagen beziehen, wenn in einem Gutachten andere Kriterien herangezogen werden. Sie werden den Inhalt des Fachberichtes gleichsetzen mit einer „Norm". Die Arbeit eines Sachverständigen wird sicherlich in Zukunft an dem Inhalt des Berichts gemessen werden.

In gewisser Weise wird hier die Tätigkeit des Sachverständigen in Bezug auf Schimmelbeurteilungen genormt. Ich hätte gerne daran mitgewirkt.

Spitzner:
Es war bekannt, dass an diesem Fachbericht gearbeitet wird, und wir hätten uns über zusätzliche aktive Mitarbeit von Seiten des Gutachterwesens gefreut.
Dieses Angebot besteht auch weiterhin.
Meiner Ansicht nach gibt es Bereiche, die überarbeitet werden müssten, da sie missverständlich sind. Wir werden in der Erstellung von Kommentierungen zum Fachbericht insbesondere die Passagen zum Thema Schimmelpilzbildung, Benutzerverhalten, Heizungs- und Lüftungsanlagen, sowie der Gutachtenerstellung klarstellen. Das Thema Gutachtenerstellung soll im Fachbericht nicht im Vordergrund stehen.
Die angesprochene Auflistung im Anhang B des Fachberichtes ist lediglich als Hilfestellung gedacht, in der die Punkte aufgeführt werden, an die man bei der Erstellung eines Gutachtens denken kann. Das heißt nicht, dass diese Themen in einem Schimmelpilzgutachten behandelt werden <u>müssen</u>.

Frage:
Wann wird das Thema „Lüften von Gebäuden" sinnvoll angegangen?

R. Oswald:
Nach Lesen des Fachberichtes entsteht der Eindruck, dass die Beurteilung von Schimmelpilzbildungen in Wohnungen eigentlich ganz einfach ist. Man muss klären, ob der Mindestwärmeschutz eingehalten wurde. Wenn er eingehalten wurde, ist <u>immer</u> der Nutzer schuld. Untersuchungen zur Lüftungssituation sind nicht mehr erforderlich.
Es muss aber erreicht werden, dass zum Thema „Lüften" konkrete Angaben und Anforderungen gemacht werden. In der DIN 1946 ist bereits ein entsprechender Ansatz vorhanden.

Die zu beantwortende Frage lautet: Welches Lüftungsverhalten kann in einer Wohnung mit einem definiertem Standard (z. B. wenn Querlüftung möglich ist) vom Nutzer erwartet werden und wann sind hier bauliche Anforderungen an die Lüftungsmöglichkeiten zu stellen?

Spitzner:
Diesen Eindruck wollen wir nicht erwecken. Das Nachdenken über die Lüftung ist uns sehr wichtig.
Zum Thema Mindestwärmeschutz: Der Fachbericht sagt, dass zumindest der Mindestwärmeschutz eingehalten werden muss. Damit ist nicht gemeint, dass bei Einhaltung alles in Ordnung ist. Aber wenn ein Gebäude noch nicht einmal den Mindeststandard einhält, ist eine mögliche Schadensursache gefunden. Insbesondere der Text beim Fensteraustausch, wonach scheinbar jeder Schimmelpilzschaden dem Nutzer angelastet werden könne, ist falsch (einseitig) interpretiert worden. Hier sind entsprechende Ergänzungen in dem Bericht erforderlich.

Frage:
Welcher Wärmeschutzstandard ist bei einer Komplettsanierung aus dem Jahr 2002 von einem Gründerzeithaus (um 1900) geschuldet?

R. Oswald:
Und in Ergänzung zu der Frage: Wie verhält es sich mit Siedlungsgebäuden, z. B. aus dem Jahr 1925, die mit minimierten Wandquerschnitten realisiert wurden?
Zu diesem Thema wird in dem Fachbericht nichts gesagt. Er beschränkt sich auf den Wohnungsbestand (incl. ehemalige DDR) nach dem zweiten Weltkrieg.

Spitzner:
Im Fall einer Generalsanierung kann der Nutzer eines solchen Gebäudes den zum Zeitpunkt der Sanierung üblichen Standard erwarten, soweit dies möglich ist.
Es wird vielleicht Situationen geben z. B. bei denkmalgeschützten Fassaden, bei denen mit vertretbarem Aufwand das nicht erreicht werden kann. Darüber muss der Nutzer dann aber ausreichend informiert werden.
Außenluftdurchlässe oder Lüftungsanlagen können durchaus sinnvoll sein. Der Fachbericht sagt aber nicht, dass sie ausgeführt werden müssen.

R. Oswald:
Es müssen differenziert klare Kriterien gefunden werden, unter welchen Randbedingungen Lüftungseinrichtungen zwingend erforderlich sind und wann nicht. DIN 1946 zeigt doch das Spektrum der Möglichkeiten auf, dass ja schon mit sehr einfachen Maßnahmen, wie Außenluftdurchlässen, beginnt. Es muss ja nicht gleich eine aufwändige mechanisch betriebene Lüftungsanlage sein.

Spitzner:
Die Festlegung solcher allgemeingültiger Grenzwerte ist sehr schwierig. Außerdem ersetzen verbindliche Grenzwerte keine Einzelfallbetrachtungen.
Der Fachbericht ist keine Norm. Er hat keinen normativen Inhalt. Es werden Einzelfallbetrachtungen beschrieben.
Die Formulierung: „Ein Gutachten soll klären, ob das Gebäude oder der Nutzer schuld sind." ist in der Tat sehr missverständlich und wird entsprechend geändert werden. Es ist völliger Unsinn zu sagen, dass es entweder immer nur das Gebäude oder immer nur der Nutzer ist. In der Regel treten immer mehrere Probleme gleichzeitig auf.

Frage:
Ist es nicht eine einfache, konstruktive Verbesserungen, z. B. Heizrohre in den kritischen Außenwandecken (z. B. Wand und Sockel im Erdgeschoss) zu führen?

Spitzner:
Im Fachbericht wird erwähnt, dass in Ausnahmefällen auch die Beheizung kritischer Bereiche sinnvoll sein kann. Nach Meinung des Ausschusses sollte es aber nicht den Standardfall darstellen. Vorrangig sind die Möglichkeiten der Verbesserung des Wärmeschutzes zu prüfen.

Frage:
Fordern Sie, dass der Bewohner im energetisch nicht sanierten Altbau ein günstigeres Klima sicherstellt als die üblichen 20°C/50 % (also z. B. 20°C/40 %)?

Spitzner:
Nein, das fordern wir nicht und davon gehen wir auch nicht aus. Wir sehen allerdings eine gewisse Notwendigkeit, dass der Nutzer eines Gebäudes sich vor dem Einzug das Gebäude anschaut und überlegt, ob es für ihn geeignet ist.

Es liegt in der Verantwortung des Eigentümers, dass er sein Gebäude in einen Zustand bringen muss, dass darin ohne Schäden üblich gewohnt werden kann. Dem Nutzer muss allerdings auch klar sein, dass man z. B. in einem schlechten Altbau keine 17 Aquarien im Wohnzimmer aufstellen kann. Man muss abwägen, was zu diesem Gebäude passt und was nicht.

R. Oswald:
Dies ist vom Grundsatz völlig richtig, aber wir brauchen Kriterien die darüber hinausgehen nur den Mindestwärmeschutz einzufordern.

Frage:
Wenn das Schimmelpilzkriterium mehrfach nicht eingehalten wird, kann dann der Mindestwärmeschutz von 1947 (bei entsprechendem Gebäude) angewendet werden?

R. Oswald:
Beurteilungen vor 1949 sind ohnehin schwierig. Aber sofern die Eingeführten Technischen Baubestimmungen (ETB) eingehalten sind, wäre der Standard des Gebäudes entsprechend dem Fachbericht grundsätzlich in Ordnung.

Spitzner:
Die historischen Anforderungen wurden nur deshalb in dem Bericht aufgenommen, damit mit wenig Aufwand nachgeprüft werden kann, was damals überhaupt gegolten hat, ohne langes Suchen nach ggf. nicht mehr auffindbaren Normen.

R. Oswald:
Der Mieter hat aber das Recht auf eine bewohnbare Wohnung. Es geht immer wieder um die Frage: Welches Lüftungs- und Heizverhalten ist zumutbar und welches nicht? Es müssen Standards festgelegt werden z. B. auch bei welchen Randbedingungen Lüftungsanlagen eingebaut werden müssen, sonst sehe ich keine Lösung des Problems.

Spitzner:
Die Frage, was zumutbar ist und was nicht, hat der Normungsausschuss nicht beantworten wollen, weil diese Frage in andere Bereiche hinein greift.
Es ist aber eine sehr wichtige Frage. Wir werden noch einige Schritte gehen müssen, bis wir normativ festlegen können, was in dieser Hinsicht zumutbar ist und was nicht.

Sie kennen die Diskussion zwischen der DIN 1946 Teil 6 und den anderen Normen. Demnach müssten in fast allen Gebäuden Lüftungsanlagen eingebaut werden.
Diese Ansicht teilt dieser Ausschuss nicht und diese Anforderung ist auch nicht durch tatsächlich vorhandene Schäden am Gebäudebestand gedeckt. Es sind nicht 90 % der Gebäude verschimmelt.

Frage:
Mit einem $r_{si,eq} = 1,0$ (aus Übergangswiderstand und einem Einbauschrank) wird jede Altbauwand zugrundegerechnet.

Spitzner:
Stimmt, denn das bedeutet, dass bei Vorhandensein eines Einbauschrankes vor der Innenseite einer Außenwand dahinter ziemlich tiefe Temperaturen herrschen, es sei denn die Außenwand hat einen sehr guten Wärmeschutz. (Anmerkung: deswegen sollten Einbauschränke auch nicht vor schlechten Altbauwänden stehen, es sei denn, wir haben eine recht niedrige Luftfeuchte im Raum.) Vertreter der Wohnungswirtschaft haben bei diesem Thema daher „gezuckt". Aber die Berechnung dieser schwierigen Situation ist jetzt wenigstens einmal dokumentiert worden. Normative Forderungen sind auch hier nicht möglich, weil dann z. B. in vielen Gebäuden auf einmal die Küchen herausgerissen werden müssten. Es gibt nicht jedes Mal in so einer Küche einen Feuchteschaden hinter den Schränken. Also wäre dieses Vorgehen auch völlig übertrieben.
Aber wir sehen das schon so, dass die Aufnahme von $r_{si,eq}$ 0,5 und 1,0 in den Fachbericht eine Möglichkeit bietet, um diese Temperaturen zu berechnen und wir erwarten, dass es eine gewisse Bewegung auslösen wird. Aber das kann man nicht mit einem Schlag normativ festschreiben.

Frage:
Welchen Stellenwert hat dieser Fachbericht?

R. Oswald:
Zunächst zur Form:
Er ist keine Norm aber auch kein veröffentlichter Aufsatz, sondern er liegt irgendwo dazwischen. Er besitzt keinen Normcharakter, der (leider) formal durch die nicht im Detail begründete Festlegung von Anforderungen und Regeln gekennzeichnet ist. Er ist aber auch kein Fachaufsatz, der durch einen we-

sentlich transparenteren Fußnoten- und Quellenapparat überprüfbar und nachvollziehbar wäre. Teilweise werden Diagramme ohne Quellenangabe aufgeführt.

Spitzner:
Das muss ich zurückweisen! Bis auf ein Diagramm sind alle mit einer Quellenangabe versehen. Eine Norm, aus der ein Diagramm entnommen wurde, hat dieses Diagramm in der Endfassung nicht mehr enthalten und konnte daher nicht zitiert werden.

R. Oswald:
Zur Frage nach dem Stellenwert des Fachberichts möchte ich noch inhaltlich aus meiner Sicht festhalten: Wenn die Gerichte bei Normen von der Anscheinsvermutung ausgehen, dass sie anerkannte Regeln der Technik beschreiben, so spielt dabei doch die Tatsache eine ganz wesentliche Rolle, dass das Arbeitsergebnis der „Interessentenkreise" in Normenentwürfen der Fachöffentlichkeit zur Diskussion gestellt und entsprechend korrigiert wurden. Das ist beim Fachbericht nicht geschehen. Ich bin sicher: Wäre er öffentlich diskutiert worden, so sähe er anders aus. Der Fachbericht ist daher in weiten Teilen nicht anerkannte Regel der Bautechnik.

Frage:
Müssen die Gitterrostrinnen vor den niveaugleichen Schwellen entwässert werden oder reicht es aus, anfallendes Wasser verdunsten zu lassen?

Zöller:
Sofern das Gefälle des Belags in Richtung der Tür verläuft, was in manchen Situationen unumgänglich ist, muss die Rinne natürlich eine eigene Entwässerung haben und kann schon aufgrund der Gefällegebung nicht nur durch den Belag entwässert werden. Wenn das Gefälle des Belages von der Tür wegführt, geht es nur um die Ableitung von Spritzwasser und von über die Fassade ablaufendes Regenwasser. Das kann so viel sein, dass es nicht nur verdunstet. Es kann aber prinzipiell durch den Belagsaufbau entwässert werden – also z. B. durch den Hohlraum aufgestellter Beläge oder durch dauerhaft ausreichend durchlässige Schüttungen. Grundsätzlich sollte die Entwässerung durch den Belag insbesondere am Übergang von der Fassadenrinne in die Belagsbettung wartbar sein, wo sich gerne Schmutz ansammelt.

VERZEICHNIS DER AUSSTELLER AACHEN 2011

Während der Aachener Bausachverständigentage werden in einer begleitenden Informationsausstellung den Sachverständigen und Architekten interessierende Messgeräte, Literatur und Serviceleistungen vorgestellt:

ADICON®
GESELLSCHAFT FÜR BAUWERKS-
ABDICHTUNGEN MBH
Max-Planck-Straße 6, 63322 Rödermark
Tel.: (0 60 74) 8 95 10
Fax: (0 60 74) 89 51 51
Fachunternehmen für WU-Konstruktionen,
Mauerwerksanierung und Betoninstand-
setzung
www.adicon.de

ANTHERM: 3D WÄRMEBRÜCKEN
SIMULATION
UND VISUALISIERUNG
T. Kornicki, Othellogasse 1/RH8/2,
A-1230 Wien
Tel./Fax: 0043 1 6157099
Software für Neubau, Sanierung und
Schadensgutachten; Stationär und
harmonisch/dynamisch; Dreidimensionale
Visualisierung von Wärmetransport und
Dampfdiffusion; Detailnachweise von
Feuchte-, Schimmel- und Kernkonden-
sationsfreiheit; Kennzahlen der Wärme-
speicherung und Transmission
www.antherm.eu

BELFOR-RELECTRONIC GMBH
Keniastraße 24, 47269 Duisburg
Tel.: (0203) 75640 400
Fax: (0203) 75640 455
Brand- und Wasserschadensanierung
www.belfor.de

BEUTH VERLAG GMBH und
BAUWERK VERLAG GMBH
Burggrafenstraße 6, 10787 Berlin
Tel.: (0 30) 2 60 10
Fax: (0 30) 26 01 12 60
Normungsdokumente und technische
Fachliteratur
www.beuth.de
www.bauwerk-verlag.de

und
ERNST & SOHN VERLAG FÜR
ARCHITEKTUR UND TECHNISCHE
WISSENSCHAFTEN GMBH & CO. KG
Rotherstraße 21, 10245 Berlin
Tel.: (0 30) 47 03 12 00
Fax: (0 30) 47 03 12 70
Fachbücher und Fachzeitschriften
für Bauingenieure
www.ernst-und-sohn.de

BIOLYTIQS GMBH
Merowingerplatz 1a, 40225 Düsseldorf
Tel.: (0211) 598 50 952
Fax: (0211) 598 50 959
Laboranalysen u.a. von Schimmelpilzen
und holzzerstörenden Pilzen, Hygiene-
untersuchungen von Klima- und Lüftungs-
anlagen nach VDI 6022, Sanierungs-
kontrollen, Luftmessungen, Eigenkontrollen
Fleischverarbeitung
www.biolytiqs.de

BIOMESS INGENIEUR- UND
SACHVERSTÄNDIGENBÜRO GMBH
Herzbroicher Weg 49,
41352 Korschenbroich
Tel.: (02161) 64 21 14
Fax: (02161) 64 89 84
Ingenieurbüro für Schimmel, Schadstoffe,
REM
www.biomess.eu

BLOWERDOOR GMBH
Zum Energie- und Umweltzentrum 1,
31832 Springe-Eldagsen
Tel.: (05044) 97540
Fax: (05044) 97544
MessSysteme für Luftdichtheit
www.blowerdoor.de

BUCHLADEN PONTSTRASSE 39
Pontstraße 39, 52062 Aachen
Tel.: (02 41) 2 80 08
Fax: (02 41) 2 71 79
Fachbuchhandlung, Versandservice
www.buchladen39.de

**BUNDESANZEIGER VERLAGS-
GESELLSCHAFT MBH**
Amsterdamer Str. 192, 50735 Köln
Tel.: (02 21) 97 66 83 61
Fax: (02 21) 97 66 82 88
*Fachinformationen für Immobilienbewerter,
Bausachverständige, Baujuristen*
www.bundesanzeiger-verlag.de

**BUNDESVERBAND DER BRAND- UND
WASSERSCHADENBESEITIGER E.V.**
Jenfelder Straße 55 a, 22045 Hamburg
Tel.: (0 40) 66 99 67 96
Fax: (0 40) 44 80 93 08
*Beseitigung von Brand-, Wasser- und
Schimmelschäden, Leckageortung*
www.bbw-ev.de

**BUNDESVERBAND FEUCHTE
& ALTBAUSANIERUNG E.V.**
Am Dorfanger 19, 18246 Groß Belitz
Tel.: (03 84 66) 33 98 16
Fax: (03 84 66) 33 98 17
*Veranstalter der Hanseatischen Sanierungs-
tage*
www.bufas-ev.de

BVS
Charlottenstraße 79/80, 10117 Berlin
Tel.: (0 30) 2 55 93 80
Fax: (0 30) 25 59 38 14
*Bundesverband öffentlich bestellter
und vereidigter sowie
qualifizierter Sachverständiger e.V.;
Bundesgeschäftsstelle Berlin*
www.bvs-ev.de

DRIESEN + KERN GMBH
Am Hasselt 25, 24576 Bad Bramstedt
Tel.: (0 41 92) 8 17 00
Fax: (0 41 92) 81 70 99
*Handmessgeräte und Datenlogger für
Feuchte, Temperatur, Luftgeschwindigkeit,
CO_2 und Staubpartikel; CO_2-Sensoren;
Messwertgeber für Feuchte, Temperatur
und Luftgeschwindigkeit, Luftdruck
(barometrisch und Differenz) und CO_2*
www.driesen-kern.de

**DYWIDAG SYSTEMS INTERNATIONAL
GMBH**
Bereich Gebäudetechnik, Germanenstraße 8,
86343 Königsbrunn
Tel.: (0 82 31) 9 60 70
Fax: (0 82 31) 96 07 43
*Spezialprüfgeräte für das Bauwesen,
Bewehrungssuchgerät Profometer,
Betonprüfhammer, Haftzugprüfgerät,
Feuchtigkeitsmessgeräte u.a.*
www.dsi-equipment.com

ELCOMETER INSTRUMENTS GMBH
Ulmer Straße 68, 73431 Aalen
Tel.: (0 7361) 528 060
Fax: (07361) 528 0677
*Alles rund um die Messtechik; Schicht-
dickenmessgeräte, Taupunktmessgeräte
und alles rund um den Korrosions-
und Bautenschutz*
www.elcometer.de

ENVILAB GMBH
Bruckersche Straße 152, 47839 Krefeld
Tel.: (0 21 51) 56 71 549
Fax: (0 21 51) 56 95 602
Schnelltests für Schimmelpilze
www.envilab-gmbh.de
und
**ISA INSTITUT FÜR SCHÄDLINGS-
ANALYSE**
Bruckersche Straße 152, 47839 Krefeld
Tel.: (0 21 51) 56 95 860
Fax: (0 21 51) 56 95 440
*Untersuchung von Probematerialien und
Gutachten zu Schimmelpilzen (in Innen-
räumen), holzerstörenden Organismen,
Innenraumschadstoffen und chemischem
Holzschutz, Materialprüfung zu biologischer
Resistenz*
www.isa-labor.de

FRANKENNE
An der Schurzelter Brücke 13,
52074 Aachen
Tel.: (02 41) 30 13 01
Fax: (02 41) 3 01 30 30
*Vermessungsgeräte, Messung von Maß-
toleranzen, Zubehör für Aufmaße,
Rissmaßstäbe, Bürobedarf, Zeichen- und
Grafikmaterial*
www.frankenne.de

FRAUNHOFER-INFORMATIONSZENTRUM RAUM UND BAU IRB
Nobelstraße 12, 70569 Stuttgart
Tel.: (07 11) 9 70 25 00
Fax: (07 11) 9 70 25 08
Literaturservice, Fachbücher, Fachzeitschriften, Datenbanken/elektronische Medien zu Baufachliteratur, SCHADIS® Volltext-Datenbank zu Bauschäden
www.irb.fraunhofer.de

GTÜ
Gesellschaft für Technische
Überwachung mbH
Vor dem Lauch 25, 70567 Stuttgart
Tel.: (07 11) 97 67 60
Fax: (07 11) 97 67 61 99
Baubegleitende Qualitätsüberwachung
www.gtue.de

GUTJAHR SYSTEMTECHNIK GMBH
Philipp-Reis-Straße 5–7, 64404 Bickenbach
Tel.: (06257) 93 06 0
Fax: (06257) 09 06 31
Komplette Drain- und Verlegesysteme für Balkone, Terrassen, Außentreppen, bauaufsichtlich zugelassenes Fassadensystem, Produkte für den Innenbereich
www.gutjahr.com

HEINE OPTOTECHNIK
Kientalstraße 7, 82211 Herrsching
Tel.: (0 81 52) 3 80
Fax: (0 81 52) 3 82 02
Endoskope, SV-Sets, Lupen mit und ohne Fotoadapter, Tiefenlupen
www.heinetech.com
und
STEFFENS SACHVERSTÄNDIGEN-AUSRÜSTER
Bergstraße 49, 50226 Frechen-Königsdorf
Tel.: (0 22 34) 6 44 00
Fax: (0 22 34) 6 55 73
Prüf- und Messgeräte für Bausachverständige
www.steffens.de
www.sv-shop.eu

HF SENSOR GMBH
Weißenfelser Straße 67, 04229 Leipzig
Tel.: (03 41) 49 72 60
Fax: (03 41) 4 97 26 22
Zerstörungsfreie Mikrowellen-Feuchtemesstechnik zur Analyse von Feuchteschäden in Bauwerken und auf Flachdächern
www.hf-sensor.de

HILTI DEUTSCHLAND GMBH
Hiltistraße 2, 86916 Kaufering
Tel.: 0800 888 55 22
Fax: 0800 888 55 23
Entwicklung, Herstellung und Direktvertrieb von Messtechnik, Abbau- und Befestigungstechnik
www.hilti.de

INGENIEURKAMMER-BAU NRW (IK-BAU NRW)
Körperschaft des öffentlichen Rechts
Carlsplatz 21, 40213 Düsseldorf
Tel.: (02 11) 13 06 70
Fax: (02 11) 13 06 71 50
www.ikbaunrw.de

INSTITUT FÜR SACHVERSTÄNDIGEN-WESEN E.V. (IfS)
Hohenzollernring 85-87, 50672 Köln
Tel.: (02 21) 91 27 71 12
Fax: (02 21) 91 27 71 99
Aus- und Weiterbildung, Literatur und aktuelle Informationen für Sachverständige
www.ifsforum.de

ISOTEC GMBH
Cliev 21, 51515 Kürten
Tel.: (02 207) 84 76 0
Fax: (02 207) 84 76 511
Bereits seit über 20 Jahren ist die ISOTEC-Gruppe spezialisiert auf die Sanierung von Feuchtigkeits- und Schimmelpilzschäden an Gebäuden
www.isotec.de

JATIPRODUCTS
Kreuzberg 4, 59969 Hallenberg
Tel.: (0 29 84) 934 93-0
Fax: (0 29 84) 934 93-29
Entwicklung, Herstellung und Vertrieb von Biozid-Produkten auf Basis von Aktivsauerstoff mit stabilisierenden Fruchtsäuren zur Bekämpfung von Schimmelpilzen, Sporen, Bakterien und Biofilmen
www.jatiproducts.de

KERN INGENIEURKONZEPTE
Hagelberger Straße 17, 10965 Berlin
Tel.: (0 30) 78 95 67 80
Fax: (0 30) 78 95 67 81
DÄMMWERK Bauphysik- und EnEV-Software
www.bauphysik-software.de

KESTLER-SCHULUNGEN
Frankenstraße 7, 97359 Schwarzach
Tel.: (0 93 24) 97 87 14
Fax: (0 93 24) 97 87 15
Software für Sachverständige, Aufnahme-
Zubehör, Schulungen „Digitale Fotografie"
für Sachverständige
www.digitalfotokurs.de

MBS SCHADENMANAGEMENT
Carl-Benz-Straße 1-4, 82266 Inning
Tel.: (0 81 43) 4 47 70
Fax: (0 81 43) 44 77 601
Brand- und Wasserschaden, Leckortung,
Bautrocknung/-beheizung, Messtechnik,
Renovierung, Bauwerksabdichtung
www.mbs-service.de

OTTO RICHTER GMBH
Seelenbinderstraße 80, 12555 Berlin
Tel.: (0 30) 65 66 110
Fax: (0 30) 65 66 11 12
Wooditherm® (Marke der Otto Richter
GmbH) ist Anbieter für thermischen
Holzschutz
www.otto-richter.de
www.wooditherm.de

POLYGON DEUTSCHLAND GMBH
Spaldingstraße 218, 20097 Hamburg
Tel.: (0 40) 734 16 03
Fax: (0 40) 734 164 39
Trocknungs- u. Sanierungsmethoden,
Brandschadenbeseitigung, Messtechnik;
z.B. Thermografie, Baufeuchtemessung,
Leckortung etc.
www.polygongroup.com

PSG PERFEKT SERVICE GMBH
Max-Planck-Straße 21,
63303 Dreieich bei Frankfurt
Tel.: (0 6103) 40 405 0
Fax: (06103) 40 405 13
Brand- und Wasserschadenssanierung,
Unterhalts- und Sonderreinigung, Sonder-
dienste
www.ahr-gruppe.com

REMMERS BAUSTOFFTECHNIK GMBH
Bernhard-Remmers-Straße 13,
49624 Löningen
Tel.: (0 54 32) 8 30
Fax: (0 54 32) 39 85
Systeme zur Bauwerksabdichtung und
Mauerwerkssanierung, Fassadeninstand-
setzung, Schimmelsanierung, Energetische
Gebäudesanierung
www.remmers.de

SAUGNAC MESSGERÄTE
Schwabstraße 18, 70197 Stuttgart
Tel.: (0 711) 664 98 53
Fax: (0711) 664 98 40
Messgeräte zur langfristigen Erfassung und
Dokumentation von Rissbewegungen und
anderen Verformungen an Gebäuden und
Bauwerken
www.saugnac-messsgerate.de

SCANNTRONIK MUGRAUER GMBH
Parkstraße 38, 85604 Zorneding
Tel.: (0 81 06) 2 25 70
Fax: (0 81 06) 2 90 80
Datenlogger für Klima, Temperatur, Luft- und
Materialfeuchte, Rissbewegungen, Span-
nung, Strom, Datenfernübertragung u.v.m.
www.scanntronik.de

TESTO AG
Testo-Straße 1, 79853 Lenzkirch
Tel.: (0 76 53) 68 17 00
Fax: (0 76 53) 68 17 01
Messgeräte für Temperatur, Feuchte, Strö-
mung, Energieeinsparung, Schall und Licht
www.testo.de

TROTEC GMBH & CO. KG
Grebbener Straße 7, 52525 Heinsberg
Tel.: (0 24 52) 96 24 00
FAX: (0 24 52) 96 22 00
www.trotec.de
und
VON DER LIECK GMBH & CO. KG
Grebbener Straße 7, 52525 Heinsberg
Tel.: (0 24 52) 96 21 20
FAX: (0 24 52) 96 22 00
Messtechnik, Bauwerksdiagnostik, Thermo-
grafie, Sanierung von Brand- und Wasser-
schäden, Schimmelsanierung
www.vonderlieck.com

UMWELTANALYTIK HOLBACH GMBH
Sperberweg 3, 66687 Wadern
Tel.: (06874) 18 22 77
FAX: (06874) 18 22 78
Mikrobiologische Luftprobenahmesysteme
wie Luftkeimsammler, Partikelsammler usw.,
und Ionometer zur Messung der Kleinionen
in Luft
www.holbach.biz

VATRO
TROCKNUNGS- U. SANIERUNGS-
TECHNIK GMBH & CO. KG
Raiffeisenstraße 25, 57462 Olpe
Tel.: (0 27 61) 9 38 10
Fax: (0 27 61) 93 81 40
Bundesweite Komplettsanierung nach
Brand- und Wasserschäden, Leckage-
ortung, Baubeheizung, Gefriertrocknung,
Renovierung, Elektrik- und Elektroniksanie-
rung, Anlagen- u. Maschinensanierung
www.vatro.de

VERLAGSGESELLSCHAFT
RUDOLF MÜLLER GMBH & CO. KG
Stolberger Straße 84, 50933 Köln
Tel.: (02 21) 5 49 71 10
Fax: (02 21) 54 97 61 10
Baufachinformationen, Technische Baube-
stimmungen, Normen, Richtlinien
www.baufachmedien.de
www.rudolf-mueller.de

VIEWEG+TEUBNER VERLAG
SPRINGER FACHMEDIEN WIESBADEN
GMBH
Abraham-Lincoln-Straße 46,
65189 Wiesbaden
Tel.: (0611) 78 78 0
Fax: (0611) 78 78 400
Verlag für Bauwesen, Konstruktiver
Ingenieurbau, Baubetrieb und Baurecht
www.viewegteubner.de

WINGS GMBH
Ein Unternehmen der Hochschule Wismar
Philipp-Müller-Strasse 14, 23966 Wismar
Tel.: (0 38 41) 753 224
Fax: (03841) 753-296
Berufsbegleitendes Fernstudium Master
„Bautenschutz" (M.Sc)/Master „Facility
Management" (M.Sc)/Master „Architektur
und Umwelt" (M.Sc)
www.wings.hs-wismar.de

WÖHLER MESSGERÄTE KEHRGERÄTE
GMBH
Schützenstraße 41, 33181 Bad Wünnenberg
Tel.: (0 29 53) 7 31 00
Fax: (0 29 53) 7 32 50
Blower-Check, Messgeräte für Feuchte,
Wärme, Schall, Thermografie, Gebäudeluft-
dichtheit und Videoinspektion
www.woehler.de

WERNER VERLAG
Wolters Kluwer Deutschland GmbH
Luxemburger Straße 449, 50939 Köln
Tel.: (0221) 943 73 72 28
Fax: (0221) 943 73 72 81
Fachverlag für Baurecht, Architektur und
Bauingenieurwesen
www.werner-verlag.de

Register 1975–2011

Rahmenthemen der Aachener Bausachverständigentage

1975 – Dächer, Terrassen, Balkone
1976 – Außenwände und Öffnungsanschlüsse
1977 – Keller, Dränagen
1978 – Innenbauteile
1979 – Dach und Flachdach
1980 – Probleme beim erhöhten Wärmeschutz von Außenwänden
1981 – Nachbesserung von Bauschäden
1982 – Bauschadensverhütung unter Anwendung neuer Regelwerke
1983 – Feuchtigkeitsschutz und -schäden an Außenwänden und erdberührten Bauteilen
1984 – Wärme- und Feuchtigkeitsschutz von Dach und Wand
1985 – Rißbildung und andere Zerstörungen der Bauteiloberfläche
1986 – Genutzte Dächer und Terrassen
1987 – Leichte Dächer und Fassaden
1988 – Problemstellungen im Gebäudeinneren – Wärme, Feuchte, Schall
1989 – Mauerwerkswände und Putz
1990 – Erdberührte Bauteile und Gründungen
1991 – Fugen und Risse in Dach und Wand
1992 – Wärmeschutz – Wärmebrücken – Schimmelpilz
1993 – Belüftete und unbelüftete Konstruktionen bei Dach und Wand
1994 – Neubauprobleme – Feuchtigkeit und Wärmeschutz
1995 – Öffnungen in Dach und Wand
1996 – Instandsetzung und Modernisierung
1997 – Flache und geneigte Dächer. Neue Regelwerke und Erfahrungen
1998 – Außenwandkonstruktionen
1999 – Neue Entwicklungen in der Abdichtungstechnik
2000 – Grenzen der Energieeinsparung – Probleme im Gebäudeinneren
2001 – Nachbesserung, Instandsetzung und Modernisierung
2002 – Decken und Wände aus Beton – Baupraktische Probleme und Bewertungsfragen
2003 – Leckstellen in Bauteilen – Wärme – Feuchte – Luft – Schall
2004 – Risse und Fugen in Wand und Boden
2005 – Flachdächer – Neue Regelwerke – Neue Probleme
2006 – Außenwände: Moderne Bauweisen – Neue Bewertungsprobleme
2007 – Bauwerksabdichtungen: Feuchteprobleme im Keller und Gebäudeinneren
2008 – Bauteilalterung – Bauteilschädigung – Typische Schädigungsprozesse
         und Schutzmaßnahmen
2009 – Dauerstreitpunkte – Beurteilungsprobleme bei Dach, Wand und Keller
2010 – Konfliktfeld Innenbauteile
2011 – Flache Dächer: nicht genutzt, begangen, befahren, bepflanzt

Verlage: bis 1978 Forum-Verlag, Stuttgart
             ab 1979 Bauverlag, Wiesbaden / Berlin
             ab 2001 Friedrich Vieweg & Sohn Verlagsgesellschaft mbH, Wiesbaden
             ab 2008 Vieweg + Teubner Verlag / GWV Fachverlage GmbH, Wiesbaden

Autoren der Aachener Bausachverständigentage

(die fettgedruckte Ziffer kennzeichnet das Jahr; die zweite Ziffer die erste Seite des Aufsatzes)

Abert, Bertram, **10**/28
Achtziger, Joachim, **83**/78; **92**/46; **00**/48
Adriaans, Richard, **97**/56
Albrecht, Wolfgang, **09**/58
Arendt, Claus, **90**/101; **01**/103
Arlt, Joachim, **96**/15
Arnds, Wolfgang, **78**/109; **81**/96
Arndt, Horst, **92**/84
Arnold, Karlheinz, **90**/41
Aurnhammer, Hans Eberhardt, **78**/48
Balkow, Dieter, **87**/87; **95**/51
Bauder, Paul-Hermann, **97**/91
Baust, Eberhard, **91**/72
Becker, Klaus, **98**/32
Beddoe, Robin, **04**/94
Berg, Alexander, **07**/117
Bindhardt, Walter, **75**/7
Blaich, Jürgen, **98**/101
Bleutge, Peter, **79**/22; **80**/7; **88**/24; **89**/9; **90**/9;
  92/20; **93**/17; **97**/25; **99**/46; **00**/26; **02**/14;
  04/15
Bölling, Willy H., **90**/35
Böshagen, Fritz, **78**/11
Borsch-Laaks, Robert, **97**/35; **09**/119; **10**/35
Bossenmayer, Horst-J., **05**/10
Brameshuber, Wolfgang, **02**/69
Brand, Hermann, **77**/86
Braun, Eberhard, **88**/135; **99**/59, **02**/87
Brenne, Winfried, **96**/65
Buss, Eckart, **99**/105
Cammerer, Walter F., **75**/39; **80**/57
Casselmann, Hans F., **82**/63; **83**/57
Colling, François, **06**/65
Cziesielski, Erich, **83**/38; **89**/95; **90**/91; **91**/35;
  92/125; **93**/29; **97**/119; **98**/40; **01**/50; **02**/40;
  04/50
Dahmen, Günter, **82**/54; **83**/85; **84**/105;
  85/76; **86**/38; **87**/80; **88**/111; **89**/41; **90**/80;
  91/49; **92**/106; **93**/85; **94**/35; **95**/135;
  96/94; **97**/70; **98**/92; **99**/72; **00**/33; **01**/71;
  03/31
Dahmen, Heinz-Peter, **07**/169
Dartsch, Bernhard, **81**/75
Döbereiner, Walter, **82**/11
Dorff, Robert, **03**/15
Draerger, Utz, **94**/118
Ebeling, Karsten, **99**/81; **06**/38; **09**/69
Ehm, Herbert, **87**/9; **92**/42
Eicke-Hennig, Werner, **06**/105
Erhorn, Hans, **92**/73; **95**/35

Eschenfelder, Dieter, **98**/22
Esser, Elmar, **08**/104
Fechner, Otto, **04**/100
Feist, Wolfgang, **09**/41
Fix, Wilhelm, **91**/105
Flohrer, C., **11**/75
Franke, Lutz, **96**/49
Franzki, Harald, **77**/7; **80**/32
Friedrich, Rolf, **93**/75
Fritz, Martin, **07**/79
Froelich, Hans H., **95**/151; **00**/92; **06**/100
Fuhrmann, Günter, **96**/56
Gabrio, Thomas, **03**/94
Gehrmann, Werner, **78**/17
Gerner, Manfred, **96**/74
Gertis, Karl A., **79**/40; **80**/44; **87**/25; **88**/38
Gerwers, Werner, **95**/13
Gieler, Rolf P., **08**/81
Gierga, Michael, **03**/55
Gierlinger, Erwin, **98**/57; **98**/85
Gösele, Karl, **78**/131
Graeve, Holger, **03**/127
Groß, Herbert, **75**/3
Grosser, Dietger, **88**/100, **94**/97
Grube, Horst, **83**/103
Grün, Eckard, **81**/61
Grünberger, Anton, **01**/39
Grunau, Edvard B., **76**/163
Haack, Alfred, **86**/76; **97**/101
Haferland, Friedrich, **84**/33
Hankammer, Gunter, **07**/125
Hauser, Gerd; Maas, Anton, **91**/88
Hauser, Gerd, **92**/98
Haushofer, Bert A., **05**/38
Hausladen, Gerhard, **92**/64
Haustein, Tilo, **08**/124
Heck, Friedrich, **80**/65
Hegger, Thomas, **11**/50
Hegner, Hans-Dieter, **01**/10; **01**/57
Heide, Michael, **10**/103
Heinrich, Gabriele, **09**/142
Heldt, Petra, **07**/61
Herken, Gerd, **77**/89; **88**/77; **97**/92
Herold, Christian, **05**/15; **08**/93; **11**/99
Hilmer, Klaus, **90**/69; **01**/27
Hoch, Eberhard, **75**/27; **86**/93; **11**/67
Hohmann, Rainer, **07**/66
Höffmann, Heinz, **81**/121
Horstmann, Herbert, **95**/142
Horstschäfer, Heinz-Josef, **77**/82

Hübler, Manfred, **90**/121
Hummel, Rudolf, **82**/30; **84**/89
Hupe, Hans-H., **94**/139
Ihle, Martin, **04**/119
Irle, Achim, **10**/139
Jagenburg, Walter, **80**/24; **81**/7; **83**/9; **84**/16;
    85/9; **86**/18; **87**/16; **88**/9; **90**/17; **91**/27;
    96/9; **97**/17; **99**/34; **01**/5
Jansen, Günther, **07**/1
Jebrameck, Uwe, **94**/146
Jeran, Alois, **89**/75
Jürgensen, Nikolai, **81**/70; **91**/111
Kabrede, Hans-Axel, **99**/135
Kamphausen, P. A., **90**/135; **90**/143
Keldungs, Karl-Heinz, **01**/1
Keppeler, Stephan, **07**/155; **10**/62
Keskari-Angersbach, Jutta, **06**/22; **10**/83
Kießl, Kurt, **92**/115; **94**/64
Kirtschig, Kurt, **89**/35
Klaas, Helmut, **04**/38
Klein, Wolfgang, **80**/94
Klingelhöfer, Gerhard, **10**/70
Klocke, Wilhelm, **81**/31
Klopfer, Heinz, **83**/21; **99**/90
Kniese, Arnd, **87**/68
Knöfel, Dietbert, **83**/66
Knop, Wolf D., **82**/109
König, Norbert, **84**/59
Kohls, Arno, **99**/100, **02**/83, **07**/93
Kolb, E. A., **95**/23
Kramer, Carl; Gerhardt, H. J.; Kuhnert, B.,
    79/49
Krings, Jürgen, **97**/95; **05**/100
Krupka, Bernd W., **11**/84
Künzel, Hartwig M., **97**/78
Künzel, Helmut, **80**/49; **82**/91; **85**/83; **88**/45;
    89/109; **96**/78; **98**/70; **98**/90
Künzel, Helmut; Großkinsky, Theo, **93**/38
Kurth, Norbert, **97**/114
Laidig, Matthias, **06**/84
Lamers, Reinhard, **86**/104; **87**/60; **88**/82; **89**/55;
    90/130; **91**/82; **93**/108; **94**/130; **96**/31;
    99/141; **00**/100; **01**/111
Liebert, Géraldine, **10**/50
Liebheit, Uwe, **08**/1; **08**/108; **09**/10; **09**/148;
    11/1
Liersch, Klaus W., **84**/94; **87**/101; **93**/46
Löfflad, Hans, **95/127**
Lohmeyer, Gottfried, **86**/63
Lohrer, Wolfgang, **94**/112
Lühr, Hans Peter, **84**/47
Mantscheff, Jack, **79**/67
Mauer, Dietrich, **91**/22
Mayer, Horst, **78**/90
Meiendresch, Uwe, **10**/1
Meisel, Ulli, **96**/40

Memmert, Albrecht, **95**/92
Metzemacher, Heinrich, **00**/56
Meyer, Günter, **10**/93
Meyer, Hans Gerd, **78**/38; **93**/24
Meyer, Udo, **10**/100
Michels, Kurt, **11**/32; **11**/108
Moelle, Peter, **76**/5
Moriske, Heinz-Jörn, **00**/86; **01**/76; **03**/113;
    05/70, **07**/151; **10**/12
Motzke, Gerd, **94**/9; **95**/9; **98**/9; **02**/1; **04**/01;
    05/01; **06**/1
Müller, Klaus, **81**/14
Muhle, Hartwig, **94**/114
Muth, Wilfried, **77**/115
Neuenfeld, Klaus, **89**/15
Nieberding, Felix, **07**/09
Niepmann, Hans-Ulrich, **09**/136
Nitzsche, Frank, **09**/159
Nuss, Ingo, **96**/81
Obenhaus, Norbert, **76**/23; **77**/17
Oster, Karl Ludwig, **98**/50
Oswald, Martin, **11**/41
Oswald, Rainer, **76**/109; **78**/79; **79**/82; **81**/108;
    82/36; **83**/113; **84**/71; **85**/49; **86**/32; **86**/71;
    87/94; **87**/21; **88**/72; **89**/115; **91**/96; **92**/90;
    93/100; **94**/72; **95**/119; **96**/23; **97**/63; **97**/84;
    98/27; **98**/108; **99**/9; **99**/121; **00**/9; **00**/80,
    01/20; **02**/26, **02**/74; **02**/101; **03**/72; **03**/120;
    04/103; **05**/46; **05**/88; **05**/92; **05**/110; **06**/47;
    06/94; **07**/40; **08**/16; **08**/91; **09**/1; **09**/133;
    09/172; **10**/89; **11**/91; **11**/146
Pauls, Norbert, **89**/48
Pfefferkorn, Werner, **76**/143; **89**/61; **91**/43
Pilny, Franz, **85**/38
Pöter, Hans, **06**/29
Pohl, Reiner, **98**/77
Pohl, Wolf-Hagen, **87**/30; **95**/55
Pohlenz, Rainer, **82**/97; **88**/121; **95**/109; **03**/134;
    09/35; **10**/119
Pott, Werner, **79**/14; **82**/23; **84**/9
Prinz, Helmut, **90**/61
Pult, Peter, **92**/70
Quack, Friedrich, **00**/69
Rahn, Axel C., **01**/95
Ranke, Hermann, **04**/126
Rapp, Andreas, **04**/87
Raupach, Michael, **08**/63
Reichert, Hubert, **77**/101
Reiß, Johann, **01**/59
Rodinger, Christoph, **02**/79
Rogier, Dietmar, **77**/68; **79**/44; **80**/81; **81**/45;
    82/44; **83**/95; **84**/79; **85**/89; **86**/111
Royar, Jürgen, **94**/120
Ruffert, Günther, **85**/100; **85**/58
Ruhnau, Ralf, **99**/127, **07**/54
Rühle, Josef, **11**/59

Sand, Friedhelm, **81**/103
Sangenstedt, Hans Rudolf, **97**/9
Schaupp, Wilhelm, **87**/109
Schellbach, Gerhard, **91**/57
Scheller, Herbert, **03**/61
Schießl, Peter, **91**/100; **02**/33; **02**/49
Schickert, Gerald, **94**/46
Schild, Erich, **75**/13; **76**/43; **76**/79; **77**/49;
  77/76; **78**/65; **78**/5; **79**/64; **79**/33; **80**/38;
  81/25; **81**/113; **82**/7; **82**/76; **83**/15; **84**/22;
  84/76; **85**/30; **86**/23; **87**/53; **88**/32; **89**/27;
  90/25; **92**/33
Schlapka, Franz-Josef, **94**/26; **02**/57
Schlotmann, Bernhard, **81**/128
Schnell, Werner, **94**/86
Schmid, Josef, **95**/74
Schmieskors, Ernst, **06**/61
Schnutz, Hans H., **76**/9
Schubert, Peter, **85**/68; **89**/87; **94**/79; **98**/82;
  04/29
Schulz, Wolf-Dieter, **08**/43
Schulze, Horst, **88**/88; **93**/54
Schulze, Jörg, **95**/125
Schulze-Hagen, Alfons, **00**/15; **03**/1; **05**/31;
  10/07
Schumann, Dieter, **83**/119; **90**/108
Schütze, Wilhelm, **78**/122
Schrepfer, Thomas, **04**/50
Sedlbauer, Klaus, **03**/77
Seiffert, Karl, **80**/113
Sieberath, Ulrich, **08**/138
Siegburg, Peter, **85**/14
Simonis, Udo, **05**/90, **07**/102
Soergel, Carl, **79**/7; **89**/21; **99**/13
Sommer, Hans-Peter, **11**/95
Sous, Silke, **05**/46; **10**/50
Spilker, Ralf, **10**/19
Spitzner, Martin H., **03**/41; **11**/132
Stauch, Detlef, **93**/65; **97**/50; **97**/98; **99**/65; **05**/58
Staudt, Michael, **04**/26

Steger, Wolfgang, **93**/69
Steinhöfel, Hans-Joachim, **86**/51
Stemmann, Dietmar, **79**/87
Tanner, Christoph, **93**/92; **03**/21
Tetz, Christoph, **07**/162
Thomas, Stefan, **05**/64
Tredopp, Rainer, **94**/21
Trümper, Heinrich, **82**/81; **92**/54
Ubbelohde, Helge-Lorenz, **03**/6; **06**/70
Usemann, Klaus W., **88**/52
Vater, Ernst-Joachim, **11**/112
Venter, Eckard, **79**/101
Venzmer, Helmuth, **01**/81; **08**/74
Vogdt, Franz Ulrich, **08**/22
Vogel, Eckhard, **92**/9; **00**/72
Vogler, Ingrid, **06**/90
Voos, Rudolf, **00**/62
Vygen, Klaus, **86**/9;
Warmbrunn, Dietmar, **99**/112
Warscheid, Thomas, **07**/135
Weber, Helmut, **89**/122; **96**/105
Weber, Ulrich, **90**/49
Weidhaas, Jutta, **94**/17; **04**/09
Werner, Ulrich, **88**/17; **91**/9; **93**/9
Wesche, Karlhans; Schubert, P., **76**/121
Wetzel, Christian, **01**/43
Willmann, Klaus, **95**/133
Wilmes, Klaus, **11**/120
Winter, Stefan, **05**/74; **08**/115; **09**/109
Wiegrink, Karl-Heinz, **04**/62
Wirth, Stefan, **08**/54
Wolf, Gert, **79**/38; **86**/99
Wolff, Dieter, **00**/42
Zanocco, Erich, **02**/94
Zeller, Joachim, **01**/65
Zeller, M.; Ewert, M. **92**/65
Ziegler, Martin, **09**/95
Zimmermann, Günter, **77**/26; **79**/76; **86**/57
Zöller, Matthias, **05**/80; **06**/15; **07**/20; **08**/30;
  09/84; **10**/132; **11**/21; **11**/120

Die Vorträge der Aachener Bausachverständigen-tage, geordnet nach Jahrgängen, Referenten und Themen

(die fettgedruckte Ziffer kennzeichnet das Jahr; die zweite Ziffer die erste Seite des Aufsatzes)

75/3
Groß, Herbert
Forschungsförderung des Landes Nordrhein-Westfalen.

75/7
Bindhardt, Walter
Der Bausachverständige und das Gericht.

75/13
Schild, Erich
Ziele und Methoden der Bauschadensforschung.
Dargestellt am Beispiel der Untersuchung des Schadensschwerpunktes Dächer, Dachterrassen, Balkone.

75/27
Hoch, Eberhard
Konstruktion und Durchlüftung zweischaliger Dächer.

75/39
Cammerer, Walter F.
Rechnerische Abschätzung der Durchfeuchtungsgefahr von Dächern infolge von Wasserdampfdiffusion.

76/5
Moelle, Peter
Aufgabenstellung der Bauschadensforschung.

76/9
Schnutz, Hans H.
Das Beweissicherungsverfahren. Seine Bedeutung und die Rolle des Sachverständigen.

76/23
Obenhaus, Norbert
Die Haftung des Architekten gegenüber dem Bauherrn.

76/43
Schild, Erich
Das Berufsbild des Architekten und die Rechtsprechung.

76/79
Schild, Erich
Untersuchung der Bauschäden an Außenwänden und Öffnungsanschlüssen.

76/109
Oswald, Rainer
Schäden am Öffnungsbereich als Schadensschwerpunkt bei Außenwänden.

76/121
Wesche, Karlhans; Schubert, Peter
Risse im Mauerwerk – Ursachen, Kriterien, Messungen.

76/143
Pfefferkorn, Werner
Längenänderungen von Mauerwerk und Stahlbeton infolge von Schwinden und Temperaturveränderungen.

76/163
Grunau, Edvard B.
Durchfeuchtung von Außenwänden.

77/7
Franzki, Harald
Die Zusammenarbeit von Richter und Sachverständigem, Probleme und Lösungsvorschläge.

77/17
Obenhaus, Norbert
Die Mitwirkung des Architekten beim Abschluß des Bauvertrages.

77/26
Zimmermann, Günter
Zur Qualifikation des Bausachverständigen.

77/49
Schild, Erich
Untersuchung der Bauschäden an Kellern, Dränagen und Gründungen.

77/68
Rogier, Dietmar
Schäden und Mängel am Dränagesystem.

77/76
Schild, Erich
Nachbesserungsmaßnahmen bei Feuchtig-
keitsschäden an Bauteilen im Erdreich.

77/82
Horstschäfer, Heinz-Josef
Nachträgliche Abdichtungen mit starren Innen-
dichtungen.

77/86
Brand, Hermann
Nachträgliche Abdichtungen auf chemischem
Wege.

77/89
Herken, Gerd
Nachträgliche Abdichtungen mit bituminösen
Stoffen.

77/101
Reichert, Hubert
Abdichtungsmaßnahmen an erdberührten
Bauteilen im Wohnungsbau.

77/115
Muth, Wilfried
Dränung zum Schutz von Bauteilen im Erd-
reich.

78/5
Schild, Erich
Architekt und Bausachverständiger.

78/11
Böshagen, Fritz
Das Schiedsgerichtsverfahren.

78/17
Gehrmann, Werner
Abgrenzung der Verantwortungsbereiche zwischen Architekt, Fachingenieur und ausführendem Unternehmer.

78/38
Meyer, Hans-Gerd
Normen, bauaufsichtliche Zulassungen, Richt-
linien, Abgrenzungen der Geltungsbereiche.

78/48
Aurnhammer, Hans Eberhardt
Verfahren zur Bestimmung von Wertminderun-
gen bei Baumängeln und Bauschäden.

78/65
Schild, Erich
Untersuchung der Bauschäden an Innenbau-
teilen.

78/79
Oswald, Rainer
Schäden an Oberflächenschichten von Innen-
bauteilen.

78/90
Mayer, Horst
Verformungen von Stahlbetondecken und
Wege zur Vermeidung von Bauschäden.

78/109
Arnds, Wolfgang
Rißbildungen in tragenden und nicht-tragen-
den Innenwänden und deren Vermeidung.

78/122
Schütze, Wilhelm
Schäden und Mängel bei Estrichen.

78/131 Gösele, Karl
Maßnahmen des Schallschutzes bei Decken,
Prüfmöglichkeiten an ausgeführten Bauteilen.

79/7
Soergel, Carl
Die Prozeßrisiken im Bauprozeß.

79/14
Pott, Werner
Gesamtschuldnerische Haftung von Architek-
ten, Bauunternehmern und Sonderfachleuten.

79/22
Bleutge, Peter
Umfang und Grenzen rechtlicher Kenntnisse
des öffentlich bestellten Sachverständigen.

79/33
Schild, Erich
Dächer neuerer Bauart, Probleme bei der Pla-
nung und Ausführung.

79/38
Wolf, Gert
Neue Dachkonstruktionen, Handwerkliche Probleme und Berücksichtigung bei den Festlegungen, der Richtlinien des Dachdeckerhandwerks – Kurzfassung.

79/40
Gertis, Karl A.
Neuere bauphysikalische und konstruktive Erkenntnisse im Flachdachbau.

79/44
Rogier, Dietmar
Sturmschaden an einem leichten Dach mit Kunststoffdichtungsbahnen.

79/49
Kramer, Carl; Gerhardt, H. J.; Kuhnert, B. Die Windbeanspruchung von Flachdächern und deren konstruktive Berücksichtigung.

79/64
Schild, Erich
Fallbeispiel eines Bauschadens an einem Sperrbetondach.

79/67
Mantscheff, Jack
Sperrbetondächer, Konstruktion und Ausführungstechnik.

79/76
Zimmermann, Günter
Stand der technischen Erkenntnisse der Konstruktion Umkehrdach.

79/82
Oswald, Rainer
Schadensfall an einem Stahltrapezblechdach mit Metalleindeckung.

79/87
Stemmann, Dietmar
Konstruktive Probleme und geltende Ausführungsbestimmungen bei der Erstellung von Stahlleichtdächern.

79/101
Venter, Eckard
Metalleindeckungen bei flachen und flachgeneigten Dächern.

80/7
Bleutge, Peter
Die Haftung des Sachverständigen für fehlerhafte Gutachten im gerichtlichen und außergerichtlichen Bereich, aktuelle Rechtslage und Gesetzgebungsvorhaben.

80/24
Jagenburg, Walter
Architekt und Haftung.

80/32
Franzki, Harald
Die Stellung des Sachverständigen als Helfer des Gerichts, Erfahrungen und Ausblicke.

80/38
Schild, Erich
Veränderung des Leistungsbildes des Architekten im Zusammenhang, mit erhöhten Anforderungen an den Wärmeschutz.

80/44
Gertis, Karl A.
Auswirkung zusätzlicher Wärmedämmschichten auf das bauphysikalische Verhalten von Außenwänden.

80/49
Künzel, Helmut
Witterungsbeanspruchung von Außenwänden, Regeneinwirkung und thermische Beanspruchung.

80/57
Cammerer, Walter F.
Wärmedämmstoffe für Außenwände, Eigenschaften und Anforderungen.

80/65
Heck, Friedrich
Außenwand – Dämmsysteme, Materialien, Ausführung, Bewährung.

80/81
Rogier, Dietmar
Untersuchung der Bauschäden an Fenstern.

80/94
Klein, Wolfgang
Der Einfluß des Fensters auf den Wärmehaushalt von Gebäuden.

80/113
Seiffert, Karl
Die Erhöhung des optimalen Wärmeschutzes
von Gebäuden bei erheblicher Verteuerung der
Wärme-Energie.

81/7
Jagenburg, Walter
Nachbesserung von Bauschäden in juristischer
Sicht.

81/14
Müller, Klaus
Der Nachbesserungsanspruch – seine Gren-
zen.

81/25
Schild, Erich
Probleme für den Sachverständigen bei der
Entscheidung von Nachbesserungen.

81/31
Klocke, Wilhelm
Preisabschätzung bei Nachbesserungsarbei-
ten und Ermittlung von Minderwerten.

81/45
Rogier, Dietmar
Grundüberlegungen bei der Nachbesserung
von Dächern.

81/61
Grün, Eckard
Beispiel eines Bauschadens am Flachdach
und seine Nachbesserung.

81/70
Jürgensen, Nikolai
Beispiel eines Bauschadens am Balkon/Log-
gia und seine Nachbesserung.

81/75
Dartsch, Bernhard
Nachbesserung von Bauschäden an Bauteilen
aus Beton.

81/96
Arnds, Wolfgang
Grundüberlegungen bei der Nachbesserung
von Außenwänden.

81/103
Sand, Friedhelm
Beispiel eines Bauschadens an einer Außenwand mit nachträglicher Innendämmung und
seine Nachbesserung.

81/108
Oswald, Rainer
Beispiel eines Bauschadens an einer Außen-
wand mit Riemchenbekleidung und seine
Nachbesserung.

81/113
Schild, Erich
Grundüberlegungen bei der Nachbesserung
von erdberührten Bauteilen.

81/121
Höffmann, Heinz
Beispiel eines Bauschadens an einem Keller
in Fertigteilkonstruktion und seine Nachbesserung.

81/128
Schlotmann, Bernhard
Beispiel eines Bauschadens an einem Keller
mit unzureichender Abdichtung und seine
Nachbesserung.

82/7
Schild, Erich
Die besondere Situation des Architekten bei
der Anwendung neuer Regelwerke und DIN-
Vorschriften.

82/11
Döbereiner, Walter
Die Haftung des Sachverständigen im Zusam-
menhang mit den anerkannten Regeln der
Technik.

82/23
Pott, Werner
Haftung von Planer und Ausführendem bei
Verstößen gegen allgemein anerkannte Regeln
der Bautechnik.

82/30
Hummel, Rudolf
Die Abdichtung von Flachdächern.

82/36
Oswald, Rainer
Zur Belüftung zweischaliger Dächer.

82/44
Rogier, Dietmar
Dachabdichtungen mit Bitumenbahnen.

82/54
Dahmen, Günter
Die neue DIN 4108 und die Wärmeschutzverordnung, ihre Konsequenzen für Planer und Ausführende, winterlicher und sommerlicher Wärmeschutz.

82/63
Casselmann, Hans F.
Die neue DIN 4108 und die Wärmeschutzverordnung, ihre Konsequenzen für Planer und Ausführende, Tauwasserschutz im Inneren von Bauteilen nach DIN 4108, Ausg. 1981.

82/76
Schild, Erich
Zum Problem der Wärmebrücken; das Sonderproblem der geometrischen Wärmebrücke.

82/81
Trümper, Heinrich
Wärmeschutz und notwendige Raumlüftung in Wohngebäuden.

82/91
Künzel, Helmut
Schlagregenschutz von Außenwänden, Neufassung in DIN 4108.

82/97
Pohlenz, Rainer
Die neue DIN 4109 – Schallschutz im Hochbau, ihre Konsequenzen für Planer und Ausführende.

82/109
Knop, Wolf D.
Wärmedämm-Maßnahmen und ihre schalltechnischen Konsequenzen.

83/9
Jagenburg, Walter
Abweichen von vertraglich vereinbarten Ausführungen und Änderungen bei der Nachbesserung.

83/15
Schild, Erich
Verhältnismäßigkeit zwischen Schäden und Schadensermittlung, Ausforschung – Hinzuziehen von Sonderfachleuten.

83/21
Klopfer, Heinz
Bauphysikalische Betrachtungen zum Wassertransport und Wassergehalt in Außenwänden.

83/38
Cziesielski, Erich
Außenwände – Witterungsschutz im Fugenbereich – Fassadenverschmutzung.

83/57
Casselmann, Hans F.
Feuchtigkeitsgehalt von Wandbauteilen.

83/66
Knötel, Dietbert
Schäden und Oberflächenschutz an Fassaden.

83/78
Achtziger, Joachim
Meßmethoden – Feuchtigkeitsmessungen an Baumaterialien.

83/85
Dahmen, Günter
Kritische Anmerkungen zur DIN 18195.

83/95
Rogier, Dietmar
Abdichtung erdberührter Aufenthaltsräume.

83/103
Grube, Horst
Konstruktion und Ausführung von Wannen aus wasserundurchlässigem Beton.

83/113
Oswald, Rainer
Abdichtung von Naßräumen im Wohnungsbau.

83/119
Schumann, Dieter
Schlämmen, Putze, Injektagen und Injektionen. Möglichkeiten und Grenzen der Bauwerkssanierung im erdberührten Bereich.

84/9
Pott, Werner
Regeln der Technik, Risiko bei nicht ausreichend bewährten Materialien und Konstruktionen – Informationspflichten/-grenzen.

84/16
Jagenburg, Walter
Beratungspflichten des Architekten nach dem Leistungsbild des § 15 HOAI.

84/22
Schild, Erich
Fortschritt, Wagnis, Schuldhaftes Risiko.

84/33
Haferland, Friedrich
Wärmeschutz an Außenwänden – Innen-,
Kern- und Außendämmung, k-Wert und Spei-
cherfähigkeit.

84/47
Lühr, Hans Peter
Kerndämmung – Probleme des Schlagregens,
der Diffusion, der Ausführungstechnik.

84/59
König, Norbert
Bauphysikalische Probleme der Innendäm-
mung.

84/71
Oswald, Rainer
Technische Qualitätsstandards und Kriterien zu
ihrer Beurteilung.

84/76
Schild, Erich
Flaches oder geneigtes Dach – Weltanschau-
ung oder Wirklichkeit.

84/79
Rogier, Dietmar
Langzeitbewährung von Flachdächern, Pla-
nung, Instandhaltung, Nachbesserung.

84/89
Hummel, Rudolf
Nachbesserung von Flachdächern aus der
Sicht des Handwerkers.

84/94
Liersch, Klaus W.
Bauphysikalische Probleme des geneigten
Daches.

84/105
Dahmen, Günter
Regendichtigkeit und Mindestneigungen von
Eindeckungen aus Dachziegel und Dachstei-
nen, Faserzement und Blech.

85/9
Jagenburg, Walter
Umfang und Grenzen der Haftung des Archi-
tekten und Ingenieurs bei der Bauleitung.

85/14
Siegburg, Peter
Umfang und Grenzen der Hinweispflicht des
Handwerkers.

85/30
Schild, Erich
Inhalt und Form des Sachverständigengutach-
tens.

85/38
Pilny, Franz
Mechanismus und Erfassung der Rißbildung.

85/49
Oswald, Rainer
Rissebildungen in Oberflächenschichten, Be-
einflussung durch Dehnungsfugen und Haftverbund.

85/58
Rybicki, Rudolf
Setzungsschäden an Gebäuden, Ursachen
und Planungshinweise zur Vermeidung.

85/68
Schubert, Peter
Rißbildung in Leichtmauerwerk, Ursachen und
Planungshinweise zur Vermeidung.

85/76
Dahmen, Günter
DIN 18550 Putz, Ausgabe Januar 1985.

85/83
Künzel, Helmut
Anforderungen an die thermo-mechanischen
Eigenschaften von Außenputzen zur Vermei-
dung von Putzschäden.

85/89
Rogier, Dietmar
Rissebewertung und Rissesanierung.

85/100
Ruffert, Günther
Ursachen, Vorbeugung und Sanierung von
Sichtbetonschäden.

89/21
Soergel, Carl
Die Prüfungs- und Hinweispflicht der am Bau
Beteiligten.

89/27
Schild, Erich
Mauerwerksbau im Spannungsfeld zwischen
architektonischer Gestaltung und Bauphysik.

89/35
Kirtschig, Kurt
Zur Funktionsweise von zweischaligem Mau-
erwerk mit Kerndämmung.

89/41
Dahmen, Günter
Wasseraufnahme von Sichtmauerwerk, Prüf-
methoden und Aussagewert.

89/48
Pauls, Norbert
Ausblühungen von Sichtmauerwerk, Ursachen
– Erkennung – Sanierung.

89/55
Lamers, Reinhard
Sanierung von Verblendschalen, dargestellt an
Schadensfällen.

89/61
Pfefferkorn, Werner
Dachdecken- und Geschoßdeckenauflage bei
leichten Mauerwerkskonstruktionen, Erläuterungen zur DIN 18530 vom März 1987.

89/75
Jeran, Alois
Außenputz auf hochdämmendem Mauerwerk,
Auswirkung der Stumpfstoßtechnik.

89/87
Schubert, Peter
Aussagefähigkeit von Putzprüfungen an ausgeführten Gebäuden, Putzzusammensetzung
und Druckfestigkeit.

89/95
Cziesielski, Erich
Mineralische Wärmedämmverbundsysteme,
Systemübersicht, Befestigung und Tragverhal-
ten, Rißsicherheit, Wärmebrückenwirkung,
Detaillösungen.

89/109
Künzel, Helmut
Wärmestau und Feuchtestau als Ursachen von
Putzschäden bei Wärmedämmverbundsyste-
men.

89/115
Oswald, Rainer
Die Beurteilung von Außenputzen, Strategien
zur Lösung typischer Problemstellungen.

89/122
Weber, Helmut
Anstriche und rißüberbrückende Beschich-
tungssysteme auf Putzen.

90/9
Bleutge, Peter
Beweiserhebung statt Beweissicherung.

90/17
Jagenburg, Walter
Juristische Probleme bei Gründungsschäden.

90/25
Schild, Erich
Allgemein anerkannte Regeln der Bautechnik.

90/35
Bölling, Willy H.
Gründungsprobleme bei Neubauten neben
Altbauten, zeitlicher Verlauf von Setzungen.

90/41
Arnold, Karlheinz
Erschütterungen als Rißursachen.

90/49
Weber, Ulrich
Bergbauliche Einwirkungen auf Gebäude, Abgrenzungen und Möglichkeiten der Sanierung
und Vermeidung.

90/61
Prinz, Helmut
Grundwasserabsenkung und Baumbewuchs
als Ursache von Gebäudesetzungen.

90/69
Hilmer, Klaus
Ermittlung der Wasserbeanspruchung bei erd-
berührten Bauwerken.

90/80
Dahmen, Günter
Dränung zum Schutz baulicher Anlagen, Neufassung DIN 4095.

90/91
Cziesielski, Erich
Wassertransport durch Bauteile aus wasserundurchlässigem Beton, Schäden und konstruktive Empfehlungen.

90/101
Arendt, Claus
Verfahren zur Ursachenermittlung bei Feuchtigkeitsschäden an erdberührten Bauteilen.

90/108
Schumann, Dieter
Nachträgliche Innenabdichtungen bei erdberührten Bauteilen.

90/121
Hübler, Manfred
Bauwerkstrockenlegung, Instandsetzung feuchter Grundmauern.

90/130
Lamers, Reinhard
Unfallverhütung beim Ortstermin.

90/135
Kamphausen, P. A.
Bewertung von Verkehrswertminderungen bei Gebäudeabsenkungen und Schieflagen.

90/143
Kamphausen, P. A.
Bausachverständige im Beweissicherungsverfahren.

91/9
Werner, Ulrich
Auslegung von HOAI und VOB, Aufgabe des Sachverständigen oder des Juristen?

91/22
Mauer, Dietrich
Auslegung und Erweiterung der Beweisfragen durch den Sachverständigen.

91/27
Jagenburg, Walter
Die außervertragliche Baumängelhaftung.

91/35
Cziesielski, Erich
Gebäudedehnfugen.

91/43
Pfefferkorn, Werner
Erfahrungen mit fugenlosen Bauwerken.

91/49
Dahmen, Günter
Dehnfugen in Verblendschalen.

91/57
Schellbach, Gerhard
Mörtelfugen in Sichtmauerwerk und Verblendschalen.

91/72
Baust, Eberhard
Fugenabdichtung mit Dichtstoffen und Bändern.

91/82
Lamers, Reinhard
Dehnfugenabdichtung bei Dächern.

91/88
Hauser, Gerd; Maas, Anton
Auswirkungen von Fugen und Fehlstellen in Dampfsperren und Wärmedämmschichten.

91/96
Oswald, Rainer
Grundsätze der Rißbewertung.

91/100 Schießl, Peter
Risse in Sichtbetonbauteilen.

91/105
Fix, Wilhelm
Das Verpressen von Rissen.

91/111
Jürgensen, Nikolai
Öffnungsarbeiten beim Ortstermin.

92/9
Vogel, Eckhard
Europäische Normung, Rahmenbedingungen, Verfahren der Erarbeitung, Verbindlichkeit, Grundlage eines einheitlichen europäischen Baumarktes und Baugeschehens.

93/46
Liersch, Klaus W.
Die Belüftung schuppenförmiger Bekleidungen, Einfluß auf die Dauerhaftigkeit.

93/54
Schulze, Horst
Holz in unbelüfteten Konstruktionen des Wohnungsbaus.

93/65
Stauch, Detlef
Unbelüftete Dächer mit schuppenförmigen Eindeckungen aus der Sicht des Dachdeckerhandwerks.

93/69
Steger, Wolfgang
Die Tragkonstruktionen und Außenwände der Fertigungsbauarten in den neuen Bundesländern – Mängel, Schäden mit Instandsetzungs- und Modernisierungshinweisen.

93/75
Friedrich, Rolf
Die Dachkonstruktionen der Fertigteilbauweisen in den neuen Bundesländern, Erfahrungen, Schäden, Sanierungsmethoden.

93/92
Tanner, Christoph
Die Messung von Luftundichtigkeiten in der Gebäudehülle.

93/85
Dahmen, Günter
Leichte Dachkonstruktionen über Schwimmbädern – Schadenserfahrungen und Konstruktionshinweise.

93/100
Oswald, Rainer
Zur Prognose der Bewährung neuer Bauweisen, dargestellt am Beispiel der biologischen Bauweisen.

93/108
Lamers, Reinhard
Wintergärten, Bauphysik und Schadenserfahrung.

94/9
Motzke, Gerd
Mängelbeseitigung vor und nach der Abnahme – Beeinflussen Bauzeitabschnitte die Sachverständigenbegutachtung?

94/17
Weidhaas, Jutta
Die Zertifizierung von Sachverständigen.

94/21
Tredopp, Rainer
Qualitätsmanagement in der Bauwirtschaft.

94/26
Schlapka, Franz-Josef
Qualitätskontrollen durch den Sachverständigen.

94/35
Dahmen, Günter
Die neue Wärmeschutzverordnung und ihr Einfluß auf die Gestaltung von Neubauten.

94/46
Schickert, Gerald
Feuchtemeßverfahren im kritischen Überblick.

94/64
Kießl, Kurt
Feuchteeinflüsse auf den praktischen Wärmeschutz bei erhöhtem Dämmniveau.

94/72
Oswald, Rainer
Baufeuchte – Einflußgrößen und praktische Konsequenzen.

94/79
Schubert, Peter
Feuchtegehalte von Mauerwerkbaustoffen und feuchtebeeinflußte Eigenschaften.

94/86
Schnell, Werner
Das Trocknungsverhalten von Estrichen – Beurteilung und Schlußfolgerungen für die Praxis.

94/97
Grosser, Dietger
Feuchtegehalte und Trocknungsverhalten von Holz und Holzwerkstoffen.

94/111
Oswald, Rainer
Das aktuelle Thema: Gesundheitsrisiken durch Faserdämmstoffe? Konsequenzen für Planer und Sachverständige.

94/112
Lohrer, Wolfgang
Das aktuelle Thema: Gesundheitsrisiken durch Faserdämmstoffe? Konsequenzen für Planer und Sachverständige.

94/114
Muhle, Hartwig
Das aktuelle Thema: Gesundheitsrisiken durch Faserdämmstoffe? Konsequenzen für Planer und Sachverständige.

94/118
Draeger, Utz
Das aktuelle Thema: Gesundheitsrisiken durch Faserdämmstoffe? Konsequenzen für Planer und Sachverständige.

94/120
Royar, Jürgen
Das aktuelle Thema: Gesundheitsrisiken durch Faserdämmstoffe? Konsequenzen für Planer und Sachverständige.

94/124
Diskussion Gesundheitsgefährdung durch künstliche Mineralfasern?

94/128
Anhang zur Mineralfaserdiskussion Presseerklärung des Bundesministeriums für Umwelt, Naturschutz und Reaktorsicherheit und des Bundesministeriums für Arbeit vom 18. 3. 1994.

94/130
Lamers, Reinhard
Feuchtigkeit im Flachdach – Beurteilung und Nachbesserungsmethoden.

94/139
Hupe, Hans-Heiko
Leitungswasserschäden – Ursachenermittlung und Beseitigungsmöglichkeiten.

94/146 Jebrameck, Uwe
Technische Trocknungsverfahren.

95/9
Motzke, Gerd
Übertragung von Koordinierungs- und Planungsaufgaben auf Firmen und Hersteller, Grenzen und haftungsrechtliche Konsequenzen für Architekten und Ingenieure.

95/23
Kolb, E. A.
Die Rolle des Bausachverständigen im Qualitätsmanagement.

95/35
Erhorn, Hans
Die Bedeutung von Mauerwerksöffnungen für die Energiebilanz von Gebäuden.

95/51
Balkow, Dieter
Dämmende Isoliergläser – Bauweise und bauphysikalische Probleme.

95/55
Pohl, Wolf-Hagen
Der Wärmeschutz von Fensteranschlüssen in hochwärmegedämmten Mauerwerksbauten.

95/74
Schmid, Josef
Funktionsbeurteilungen bei Fenstern und Türen.

95/92
Memmert, Albrecht
Das Berufsbild des unabhängigen Fassadenberaters.

95/109
Pohlenz, Rainer
Schallschutz – Fenster und Lichtflächen.

95/119
Oswald, Rainer
Die Abdichtung von niveaugleichen Türschwellen.

95/125
Schulze, Jörg
Das aktuelle Thema: Der Streit um das „richtige" Fenster im Altbau.

95/127
Löfflad, Hans
Das aktuelle Thema: Der Streit um das „richtige" Fenster im Altbau.

01/42
Wetzel, Christian
Rechnerunterstützte, systematische Zustands-
beschreibung von Gebäuden – der EPIQRGe-
bäudepass

01/50
Cziesielski, Erich
Hinterlüftete Wärmedämmverbundsysteme im
Altbau – sinnvoll oder risikoreich?

01/57
Hegner, Hans-Dieter
Das aktuelle Thema: Wie luftdicht muss ein
Gebäude sein? Die Berücksichtigung der Luft-
dichtheit in der EnEV

01/59
Reiß, Johann
Das aktuelle Thema: Wie luftdicht muss ein
Gebäude sein? Effektivität von Lüftungsanla-
gen im praktischen Einsatz – Wie groß ist der
Einfluss des Nutzers?

01/67
Zeller, Joachim
Das aktuelle Thema: Wie luftdicht muss ein
Gebäude sein?
Möglichkeiten und Grenzen der Luftdichtheits-
prüfung

01/71
Dahmen, Günter
Das aktuelle Thema: Wie luftdicht muss ein
Gebäude sein?
Typische Schwachstellen der Luftdichtheit; die
Luftdichtheit als Beurteilungsproblem

01/76
Moriske, Heinz-Jörn
Das aktuelle Thema: Wie luftdicht muss ein
Gebäude sein?
Luftwechselrate und Auswirkungen auf die
Raumluftqualität

01/81
Venzmer, H.
Dauerthema aufsteigende Feuchte – Program-
mierte Fehlschläge, Lösungsansätze und
Perspektiven für die Baupraxis

01/95
Rahn, Axel C.
Bauteilheizung als Maßnahme gegen aufstei-
gende Feuchtigkeit

01/103
Arendt, Claus
Der Aussagewert und die Praxistauglichkeit
von Feuchtemessmethoden bei aufsteigender
Feuchtigkeit

01/111
Lamers, Reinhard
„Elektronische Wundermittel" und andere Exo-
tika zur Beseitigung von Mauerfeuchte

02/01
Motzke, Gerd
Konsequenzen der Schuldrechtsreform für die
Mangelbeurteilung durch den Sachverständi-
gen

02/15
Bleutge, Peter
Die Haftung und Entschädigung des Sachverständigen auf der Grundlage neuer gesetzli-
cher Regelungen

02/27
Oswald, Rainer
Produktinformation und Bauschäden

02/34
Schießl, Peter
Die Beurteilung und Behandlung von Rissen
in den neuen Regeln DIN 1045-1: 2001 und
der Instandsetzungsrichtlinie für Betonbauteile

02/41
Cziesielski, Erich/Schrepfer, Thomas
Risse in Industriefußböden – Ursachen und
Bewertung

02/50
Schießl, Peter
Streitpunkte bei Parkdecks: Gefällegebung
und Oberflächenschutz unter Berücksichtigung der neuen Regelungen von DIN 1045

02/58
Schlapka, Franz-Josef
Fugen und Überzähne bei Fertigteildecken,
Abweichungen bei Geschosshöhen und
Durchgangsmaßen – kritische Anmerkungen
zur Anwendung der Maßtoleranzen – Norm
DIN 18202

Stichwortverzeichnis

(die fettgedruckte Ziffer kennzeichnet das Jahr; die zweite Ziffer die erste Seite des Aufsatzes)

Printed in the United States
By Bookmasters